全国高等职业教育规划教材

工厂电气控制与PLC应用技术

主　编　田淑珍

机械工业出版社

本书作为高等职业教育的工厂电气控制与 PLC 应用技术的教材，充分体现了高等职业教育培养应用型、技能型人才的教学特色。

本书共分为 10 章，第 1~3 章介绍常用低压电器，三相异步电动机的运行与维护，三相异步电动机电气控制线路，第 4~5 章介绍 PLC 的基本知识、结构和编程软件的使用及实训，第 6~7 章介绍 PLC 的基本指令及应用，第 8 章介绍 PLC 的功能指令及指令向导的应用，常用指令后都配有例题、实训，第 9 章通过综合实例和实训，介绍 PLC 应用系统的设计，第 10 章介绍 S7-200 的通信与网络，并重点介绍了 PPI 通信及 NETR/NETW 指令及向导的应用并配有实训。每章后都有习题，既可作为课堂教学及书面练习，也可供实际操作。

本书根据维修电工的达标要求，强化了技能训练，实训、考工取证有机地结合起来，突出了职业教育的特点。

本书适合作为高职高专自动化、机电一体化、计算机控制和数控等相关专业的教材，也可作为从事相关专业的技术人员的自学用书。

本书配有授课电子课件，需要的教师可登录 www.cmpedu.com 免费注册，审核通过后下载，或联系编辑索取（QQ：1239258369，电话：010-88379739）。

图书在版编目（CIP）数据

工厂电气控制与 PLC 应用技术 / 田淑珍主编. —北京：机械工业出版社，2015.6

全国高等职业教育规划教材

ISBN 978-7-111-50511-2

Ⅰ. ①工⋯ Ⅱ. ①田⋯ Ⅲ. ①工厂－电气控制－高等职业教育－教材 ②plc 技术－高等职业教育－教材 Ⅳ. ①TM571.2②TM571.6

中国版本图书馆 CIP 数据核字（2015）第 129116 号

机械工业出版社（北京市百万庄大街 22 号 邮政编码 100037）

责任编辑：王 颖 责任校对：张艳霞

责任印制：刘 岚

涿州市京南印刷厂印刷

2015 年 7 月第 1 版 • 第 1 次印刷

184mm×260mm • 16.5 印张 • 409 千字

0001—3000 册

标准书号：ISBN 978-7-111-50511-2

定价：39.90 元

前　言

　　高职教育要以就业为导向，因此在教学中应根据专业的要求将理论与实践、知识与能力有机地结合起来，专业教学必须结合生产实际，学生的技术训练，必须结合工业现场的实际，因此在专业教学中合理地调整了实践教学在整个教学计划中的比重。在整个教学计划中，理论教学与实践教学应穿插进行，随时随地地将理论与实践结合起来讲授，使学生在做中学，在学中做，边学边做，教、学、做合一，并且按考证的要求对学生进行强化训练，在规定的时间内按规定的标准完成规定的任务。本书正是这样一本着重技术应用训练，讲练结合的教材。在理论够用的条件下，突出实训教学环节，力图做到便于教学，突出职业教育的特点。工厂电气控制及 PLC 应用技术是从事工厂电气自动化、自动控制及机电一体化专业工作的技术人员不可缺少的重要技能。在许多高职院校已将其作为一门主要的实用性很强的专业课。

　　本书重点介绍了工厂电气控制及电动机典型控制线路的制作，S7-200 PLC 的组成、原理、指令和应用，详细介绍了 PLC 的编程方法，并列举了大量应用示例。为了突出职业教育的特点，常用指令后都配有例题、实训，由浅入深地培养学生的学习兴趣，并通过综合实例和实训，介绍 PLC 应用系统的设计，提高学生的技能。本书体现了讲练结合、工学结合，淡化了理论和实践的界限。在内容安排上，精简理论，突出实用技能，培养学生的兴趣；同时通过进一步的综合实训和应用，让学生学会实现一定的控制任务，提高学生的应用技能。

　　对于本书的使用，各院校可以根据教学内容和实训内容的需要合理安排，最好是"现用现讲，用多少，讲多少"，特别是要和实训内容交织在一起讲，通过实操练习，教学效果更好。

　　本书由田淑珍主编并编写第 1、2、3、5、6、7、8、9 章，孙建东编写第 10 章，王延忠编写第 4 章并作了图文处理工作。全书由田淑珍整理定稿。

　　由于编者水平有限，书中错漏在所难免，恳请广大读者批评指正。

编　者

目　　录

第1章　常用低压电器

本章要点

● 常用低压电器的定义及分类
● 接触器、继电器、常用的开关电器、熔断器、主令电器的用途、基本结构、基本工作原理，主要技术参数，选用原则、运行维护及故障检修
● 组合开关和交流接触器拆装维修，时间继电器、热继电器的认识技能训练

1.1　概述

1. 低压电器的定义

凡是对电能的生产、输送、分配和使用起控制、调节、检测、转换及保护作用的电工器械均可称为电器。用于交流 50Hz 额定电压 1200V 以下，直流额定电压 1500V 以下的电路内起通断、保护、控制或调节作用的电器称为低压电器。

2. 低压电器的分类

（1）按用途分类

① 配电电器：用于配电系统，进行电能的输送和分配，如熔断器、刀开关、转换开关及低压断路器等。

② 控制电器：主要用于自动控制系统和用电设备中，如接触器、继电器、主令电器及电磁铁等。

（2）按动作方式分类

① 自动操作电器：依靠外部信号的作用或本身参数的变化自动完成接通或断开的操作，如：接触器、继电器等。

② 手动操作电器：用手直接进行操作的电器，如：按钮、转换开关等。

（3）按执行机构分类

① 有触点电器：利用触点的接通和分断来通断电路，如接触器、低压断路器等。

② 无触点电器：利用电子电路发出检测信号、执行指令，达到控制电路的目的，如接近开关、光电开关、电子式时间继电器等。

近年来，我国低压电器产品发展很快，通过自行设计新产品和从国外著名厂家引进技术，产品品种和质量都有明显的提高，符合新国家标准、部颁标准和达到国际电工委员会（IEC）标准的产品不断增加。当前，低压电器继续沿着体积小、重量轻、安全可靠、使用方便的方向发展，主要途径是利用微电子技术提高传统电器的性能；在产品品种方面，大力发展电子化的新型控制电器，如接近开关、光电开关、电子式时间继电器、固态继电器与接触器、漏电继电器、电子式电机保护器和半导体起动器等，以适应控制系统迅速电子化的需要。

1.2 接触器

1.2.1 接触器的用途及分类

接触器是一种通用性很强的电磁式电器，它可以频繁地接通和分断交、直流主电路，并可实现远距离控制，主要用来控制电动机，也可控制电容器、电阻炉和照明器具等电力负载。

接触器按主触点通过电流的种类，可分为交流接触器和直流接触器。交流接触器常用于远距离接通和分断电压至 660V、电流至 600A 的交流电路，以及频繁起动和控制交流电动机。直流接触器常用于远距离接通和分断直流电压至 440V、直流电流至 1600A 的直流电路，并用于直流电动机的控制。

按主触点的极数（主触点的对数）还可分为单极、双极、三极、四极和五极等多种。交流接触器的主触点通常是 3 极，直流接触器为 2 极。接触器的主触点一般置于灭弧罩内，有一种真空接触器则是将主触点置于密闭的真空泡中，它具有分断能力高，寿命长，操作频率高，体积小及重量轻等优点。近年来，还出现了由晶闸管组成无触点的接触器。

接触器的文字符号是 KM，接触器的图形符号如图 1-1 所示。

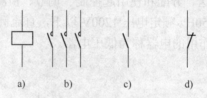

图 1-1　接触器的图形符号

a) 电磁线圈　b) 主触点　c) 常开辅助触点　d) 常闭辅助触点

1.2.2 接触器的工作原理及结构

1. 交流接触器

交流接触器主要由电磁机构、触点系统、弹簧和灭弧装置等组成。其工作原理是：当线圈中有工作电流通过时，在铁心中产生磁通，由此产生对衔铁的电磁力。电磁吸力克服弹簧力，使得衔铁与铁心闭合，同时通过传动机构由衔铁带动相应的触点动作。当线圈断电或电压显著降低时，电磁吸力消失或降低，衔铁在弹簧力的作用下返回，并带动触点恢复到原来的状态。

1）电磁机构。电磁机构的主要作用是将电磁能量转换成机械能量，带动触点动作，完成通断电路的控制作用。电磁机构由铁心（静铁心）、衔铁（动铁心）和线圈等部分组成。根据衔铁的运动方式不同，可以分为转动式和直动式、交流接触器电磁系统结构图如图 1-2 所示。交流接触器的铁心一般都是 E 形直动式电磁机构，也有的采用衔铁绕轴转动的拍合式。为了减少剩磁，保证断电后衔铁可靠地释放，E 形铁心中柱较短，铁心闭合后上下中柱间形成 0.1～0.2mm 的气隙。

交流接触器的线圈中通过交流电，产生交变的磁通，并在铁心中产生磁滞损耗和涡流损耗，使铁心发热。为了减少交变的磁场在铁心中产生的磁滞损耗和涡流损耗，交流接触器的铁心一般用硅钢片叠压而成；将线圈由绝缘的铜线绕成有骨架的短而粗的形状，将线圈与铁心隔开，也便于散热。

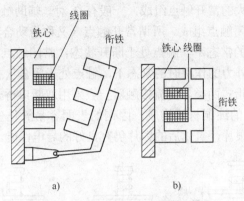

图 1-2　交流接触器电磁系统结构图

a) 衔铁转动式　b) 衔铁直动式

　　交流接触器的线圈中通过交流电，产生交变的磁通，其产生的电磁吸力在最大值和零之间脉动。因此当电磁吸力大于弹簧反力时衔铁被吸合，当电磁吸力小于弹簧的反力时衔铁开始释放，这样便产生振动和噪声。为了消除振动和噪声，在交流接触器的铁心端面上装入一个铜制的短路环，短路环的结构图如图 1-3 所示。

　　在铁心端面装入短路环后，交变的磁通 $\dot{\Phi}_m$ 经过铁心端面时被分成两部分 $\dot{\Phi}_{1m}$ 和 $\dot{\Phi}_{2m}$，且 $\dot{\Phi}_{1m}$ 和 $\dot{\Phi}_{2m}$ 同相位，短路环的作用原理如图 1-4 所示。$\dot{\Phi}_{2m}$ 经过短路环在其中产生感应电动势 $\dot{E}$，$\dot{E}$ 滞后于 $\dot{\Phi}_{2m}$ 90°，$\dot{E}$ 在短路环中产生感应电流 $\dot{I}$，$\dot{I}$ 在短路环附近产生磁通 $\dot{\Phi}$，$\dot{\Phi}$ 和 $\dot{I}$ 同相位，使得穿过短路环的磁通变为 $\dot{\Phi}_2 = \dot{\Phi}_{2m} + \dot{\Phi}$，而未经过短路环的磁通变为 $\dot{\Phi}_1 = \dot{\Phi}_{1m} - \dot{\Phi}$。由相量图可见，$\dot{\Phi}_2$ 和 $\dot{\Phi}_1$ 之间不再同相位，这样就使得 $\dot{\Phi}_2$ 和 $\dot{\Phi}_1$ 分别产生的电磁力 F_2 和 F_1 不会同时为 0，所以总吸力 F 不再为 0。如果短路环设计合理，总吸力 F 将比较平坦，衔铁就不会产生振动和噪声了。

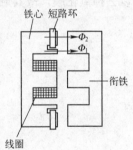

图 1-3　短路环的结构图

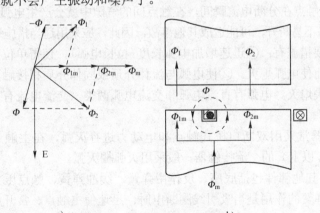

图 1-4　短路环的作用原理

a) 铁心端面磁通相量图　b) 铁心端面磁通分布

2）触点系统。交流接触器的触点由主触点和辅助触点构成。主触点用于通断电流较大的主电路，由接触面积较大的常开触点组成，一般有 3 对。辅助触点用以通断电流较小的控制电路，由常开触点和常闭触点组成。所谓常开触点（又称为动合触点）是指电器设备在未通电或未受外力的作用时的常态下，触点处于断开状态；常闭触点（又称为动断触点）是指电器设备在未通电或未受外力的作用时的常态下，触点处于闭合状态。

触点的结构有桥式和指式两类。交流接触器一般采用双断口桥式触点如图 1-5 所示。触点一般采用导电性能良好的纯铜材料构成，因铜的表面容易氧化生成一层不易导电的氧化铜，所以在触点表面嵌有银片，氧化后的银片仍有良好的导电性能。

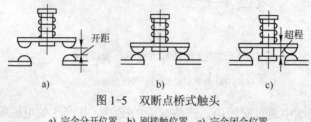

图 1-5　双断点桥式触头

a) 完全分开位置　b) 刚接触位置　c) 完全闭合位置

指形触点如图 1-6 所示。因指形触点在接通与分断时动触点沿静触点产生滚动摩擦，可以去掉氧化膜，故其触点可以用纯铜制造，特别适合于触点分合次数多、电流大的场合。

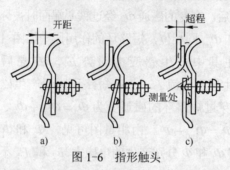

图 1-6　指形触头

a) 完全分开位置　b) 刚接触位置　c) 完全闭合位置

3）灭弧系统。触点在分断电流瞬间，在触点间的气隙中就会产生电弧，电弧的高温能将触点烧损，并且电路不易断开，可能造成其他事故，因此，应采用适当措施迅速熄灭电弧。

熄灭电弧的主要措施有：①迅速增加电弧长度（拉长电弧），使得单位长度内维持电弧燃烧的电场强度不够而使电弧熄灭。②使电弧与流体介质或固体介质相接触，加强冷却和去游离作用，使电弧加快熄灭。电弧有直流电弧和交流电弧两类，交流电流有自然过零点，故其电弧较易熄灭。

小容量的接触器常采用双断口桥式触点和电动力进行灭弧，在主触点上装有陶土灭弧罩。容量较大（20A 以上）的交流接触器一般采用灭弧栅灭弧。

4）其他部件。其他部件包括底座、反作用弹簧、缓冲弹簧、触点压力弹簧、传动机构和接线柱。反作用弹簧的作用是当吸引线圈断电时，迅速使主触点、常开触点分断；缓冲弹簧的作用是缓冲衔铁吸合时对铁心和外壳的冲击力；触点压力弹簧的作用是增加动静触点之间的压力，增大接触面积，降低接触电阻，避免触点由于接触不良而过热。

2．直流接触器

直流接触器主要用于控制直流电压至 440V、直流电流至 630A 的直流电力线路，常用于频繁地操作和控制直流电动机。直流接触器的结构和工作原理与交流接触器基本相同，在结构上也是由电磁机构、触点系统和灭弧装置等组成，但也有不同之处。

1）电磁机构。电磁机构由铁心、线圈和衔铁组成。线圈中通过的是直流电，产生的是恒定的磁通，不会在铁心中产生磁滞损耗和涡流损耗，所以铁心不发热，铁心可以用整块铸钢或铸铁制成。并且由于磁通恒定，其产生的吸力在衔铁和铁心闭合后是恒定不变的，因此在运行时没有振动和噪声，所以在铁心上不需要安装短路环。在直流接触器运行时，电磁机构中只有线圈产生热量，为了使线圈散热良好，通常将线圈绕制成长而薄的圆筒形，没有骨架，与铁心直接接触，便于散热。

2）触点系统。直流接触器的主触点要接通或断开较大的电流，常采用指形触点，一般有单极和双极两种。辅助触点开断电流较小，常做成双断口桥式触点。

3）灭弧装置。直流接触器的主触点在分断大的直流电时，会产生直流电弧，很难熄灭，一般采用灭弧能力较强的磁吹式灭弧。

1.2.3　接触器的主要技术参数及型号

1．接触器的主要技术参数

1）额定电压。接触器铭牌上标注的额定电压是指主触点正常工作的额定电压。交流接触器常用的额定电压等级有：127V、220V、380V 和 660V；直流接触器常用的额定电压等级有：110V、220V、440V 和 660V。

2）额定电流。接触器铭牌上标注的额定电流是指主触点的额定电流。交、直流接触器常用的额定电流的等级有：10A、20A、40A、60A、100A、150A、250A、400A 和 600A。

3）线圈的额定电压。指接触器吸引线圈的正常工作电压值。交流线圈常用的电压等级为：36V、110V、127V、220V 和 380V。直流线圈常用的电压等级为：24V、48V、110V、220V 和 440V。选用时交流负载选用交流接触器，直流负载选用直流接触器，但交流负载频繁动作时可采用直流线圈的交流接触器。

4）主触点的接通和分断能力。指主触点在规定的条件下能可靠地接通和分断的电流值。在此电流值下，接通时主触点不发生熔焊，分断时不应产生长时间的燃弧。

接触器的使用类别不同，对主触点的接通和分断能力的要求也不同。常见的接触器的使用类别、典型用途及主触点要求达到的接通和分断能力如表 1-1 所示。

表 1-1　常见的接触器的使用类别、典型用途及主触点要求达到的接通和分断能力

电流种类	使用类别	主触点接通和分断能力	典型用途
交流（AC）	AC1	允许接通和分断额定电流	无感或微感负载、电阻炉
	AC2	允许接通和分断 4 倍额定电流	绕线式感应电动机的起动和制动
	AC3	允许接通 6 倍额定电流和分断额定电流	笼型异步电动机的起动和分断
	AC4	允许接通和分断 6 倍额定电流	笼型异步电动机的起动、反转、反接制动
直流（DC）	DC1	允许接通和分断额定电流	无感或微感负载、电阻炉
	DC3	允许接通和分断 4 倍额定电流	并励电动机的起动、反转、反接制动
	DC5	允许接通和分断 4 倍额定电流	串励电动机的起动、反转、反接制动

5）额定操作频率。指接触器在每小时内的最高操作次数，交、直流接触器的额定操作频率为 1200 次/小时或 600 次/小时。

6）机械寿命。指接触器所能承受的无载操作的次数。

7）电寿命。指在规定的正常的工作条件下，接触器所能承受的带负载操作的次数。

2．交流接触器的主要型号

国产交流接触器的型号含义为：

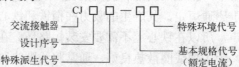

交流接触器的品种和规格很多，常用的有 CJ10、CJ20、B、3TB、LC1-D 和 CJ40 等系列交流接触器。CJ10 系列用于控制一般的电动机，CJ20 是我国生产的更新换代的产品，B 系列交流接触器是引进德国 BBC 公司的产品，3TB 是从德国西门子公司引进技术生产的产品，LC1-D 系列交流接触器是引进法国 TE 公司制造技术而生产的产品。

1）CJ10 系列交流接触器。CJ10 系列交流接触器如图 1-7 所示。其适用于交流 50Hz，电压至 380V，电流至 150A 的电力线路，作远距离接通与分断线路之用，并适于频繁地起动和控制交流电动机，并与适当的热继电器或电子式保护装置组合成电动机起动器，以保护可能发生的过载电路。其吸引线圈的额定电压交流为 36V、127V、220V、380V；直流为 110V、220V。吸引线圈在额定电压的 85%～105% 时可以正常工作，在线圈电流切断后，常开触点应完全断开，而不停留在中间位置。接触器主触点的接通能力与分断能力：在 105% 的额定电压下，功率因数为 0.35 时能承受接通与分断 10 倍额定电流 20 次，每次间隔 5s，通电时间 0.2s。接触器的操作频率为每小时 600 次，电寿命可达 60 万次，机械寿命为 300 万次。CJ10 型系列交流接触器为直动式，主触点采用双断点桥式触点，20A 以上的接触器均装有灭弧装置。电磁系统为双 E 形铁心，磁轭两边铁柱端面嵌有短路环，衔铁中柱较短，闭合后留有空气间隙，起到削弱剩磁的作用。

2）CJ20 系列交流接触器。CJ20 系列交流接触器如图 1-8 所示。CJ20 系列交流接触器适用于交流 50Hz、电压至 660V、电流至 630A 的电力线路，供远距离接通与分断线路之用，并适于频繁地起动和控制交流电动机。并与热继电器或电子式保护装置组成电磁起动器，以保护电路。CJ20 系列交流接触器为直动式，主触点采用双断点桥式触点，U 形铁心。辅助触点采用通用的辅助触点，根据需要可制成不同组合以适应不同需要。辅助触点的组合有两对常开触点两对常闭触点；4 对常开触点两对常闭触点；也可根据需要交换成 3 对常开触点 3 对常闭触点或两对常开触点 4 对常闭触点。CJ20 系列交流接触器的结构优点是体积小，重量轻，易于维护。

图 1-7　CJ10 系列交流接触器

图 1-8　CJ20 系列交流接触器

3）CDC10 系列交流接触器。CDC10 系列交流接触器如图 1-9 所示。产品的型号及含义如下：

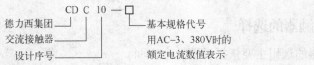

CD C 10 — □
德力西集团┘ │ │ │ └ 基本规格代号
交流接触器 ┘ │ │   用AC-3、380V时的
设计序号 ┘ │   额定电流数值表示

CDC10 系列交流接触器主要用于交流 50Hz，额定工作电压最高至 660V。使用类别 AC3。在额定工作电压为 380V 时的额定工作电流至 150A，额定工作电压为 660V 时的额定工作电流至 100A 的电力系统中接通和断开电路或控制交流电动机的运转。

CDC10 系列交流接触器的 40A 及以下规格为直动式、双断点立体布局，上层为触点系统，下层为电磁系统，辅助触点位于两侧；60A 及上规格为转动式，双断点平面布局，左边是触点系统，右边是电磁系统，辅助触点位于电磁系统的下部。

图 1-9　CDC10 系列交流接触器

CDC10 系列交流接触器在各接线处印有明确的接线端子数字字母标志，含义如下：

线圈进线端：A1

线圈出线端：A2

主电路的三相进线端：1、3、5（L1、L2、L3）

主电路的三相出线端：2、4、6（T1、T2、T3）

常开辅助触点进线端：23、43

常开辅助触点出线端：24、44

常闭辅助触点进线端：11、31

常闭辅助触点出线端：12、32

3．直流接触器的主要型号

常用的直流接触器的主要型号有 CZ0 系列和 CZ18 系列。直流接触器的型号含义为：

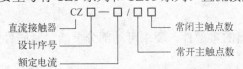

CZ □ — □ / □ □
直流接触器 ┘ │ │ │ └ 常闭主触点数
设计序号 ┘ │ └ 常开主触点数
额定电流 ┘

1）CZ0 系列直流接触器。CZ0 系列直流接触器如图 1-10 所示。CZ0 系列直流接触器适用于直流电压 440V 以下、电流 600A 及以下电路，供远距离接通和分断直流电力线路，及频繁起动、停止直流电动机及控制直流电动机的换向及反接制动。其主触点的额定电流有 40A、100A、150A、250A、400A 和 600A。主触点的灭弧装置由串联磁吹线圈和横隔板陶土灭弧罩组成。

2）CZ18 系列直流接触器。CZ18 系列直流接触器适用于直流电压 440V 以下、电流 1600A 及以下电路，供远距离接通和分断直流电力线路，及频繁起动、停止

图 1-10　CZ0 系列直流接触器

直流电动机及控制直流电动机的换向及反接制动。其主触点的额定电流有 40A、80A、160A、315A、630A 和 1000A。

1.2.4　接触器的选择

接触器的选用主要依据以下几个方面。

1）选择接触器的类型。根据负载电流的种类来选择接触器的类型。交流负载选择交流接触器，直流负载选用直流接触器。

2）选择主触点的额定电压。主触点的额定电压应大于或等于负载的额定电压。

3）选择主触点的额定电流。触点的额定电流应不小于负载电路的额定电流，如果用来控制电动机的频繁起动、正反转或反接制动，应将接触器的主触点的额定电流降低一个等级使用。在低压电气控制系统中，380V 的三相异步电动机是主要的控制对象，如果知道了电动机的额定功率，则控制该电动机的接触器的额定电流的数值大约是电动机功率值的两倍。

4）选择接触器吸引线圈的电压。交流接触器线圈额定电压一般直接选用 380/220V，直流接触器可选线圈的额定电压和直流控制回路的电压一致。直流接触器的线圈加直流电压，交流接触器的线圈一般加交流电压。如果把加直流电压的线圈加上交流电压，因线圈阻抗太大，电流太小，则接触器往往不吸合；如果将加交流电压的线圈加上直流电压，则因电阻太小，电流太大，会烧坏线圈。

5）根据使用类别选用相应产品系列。如生产中大量使用小容量笼型异步电动机，负载为一般任务，则选用 AC3 类；控制机床电动机起动、反转、反接制动的接触器，负载任务较重，则选用 AC4 类。

1.2.5　接触器的运行维护与故障检修

1. 安装注意事项

接触器在安装使用前应将铁心端面的防锈油擦净。接触器一般应垂直安装于垂直的平面上，倾斜度不超过 5°；安装孔的螺钉应装有垫圈，并拧紧螺钉防止松脱或振动；避免异物落入接触器内。

2. 日常维护

1）定期检查接触器的零部件，要求可动部分灵活，紧固件无松动。已损坏的零件应及时修理或更换。

2）保持触点表面的清洁，不允许沾有油污，当触点表面因电弧烧蚀而附有金属小颗粒时，应及时去掉。银和银合金触点表面因电弧作用而生成黑色氧化膜时，不必锉去，因为这种氧化膜的导电性很好，锉去反而缩短了触点的使用寿命。触点的厚度减小到原厚度的 1/4 时，应更换触点。

3）接触器不允许在去掉灭弧罩的情况下使用，因为这样在触点分断时很可能造成相间短路事故。陶土制成的灭弧罩易碎，避免因碰撞而损坏。要及时清除灭弧室内的炭化物。

3. 接触器的故障检修

接触器除了触点和电磁系统的故障外，还常见下列故障：

1）触点断相。由于某相触点接触不好或连接螺钉松脱，使电动机缺相运行，发出"嗡嗡"声，此时应立即停车检修。

2）触点熔焊。接触器的触点因为长时间通过过载电流而引起两相或三相触点熔焊，此时虽然按"停止"按钮，但触点不能断开，电动机不会停转，并发出"嗡嗡"声。此时应立即切断电动机控制的前一级开关，停车检查修理。

3）灭弧罩碎裂。原来带有灭弧罩的接触器决不允许不带灭弧罩使用，若发现灭弧罩碎裂应及时更换。

交流接触器常见故障、原因和排除方法如表1-2所示。

表1-2　交流接触器常见故障、原因和排除方法

故障现象	可能原因	排除方法
吸不上或吸不足（即触点已闭合而铁心尚未完全吸合）	1）电源电压太低或波动过大 2）线圈断线，配线错误及触点接触不良 3）线圈的额定电压与使用条件不符 4）衔铁或机械可动部分被卡住 5）触点弹簧压力过大	1）调高电源电压 2）更换线圈，检查线路，修理控制触点 3）更换线圈 4）清理卡阻物 5）按要求调整触点参数
不释放或缓慢释放	1）触点弹簧压力过小 2）触点熔焊 3）机械可动部分被卡住，转轴生锈或歪斜 4）反力弹簧损坏 5）铁心端面有油污或尘埃附着 6）E形铁心寿命结束，剩磁增大	1）调整触点压力 2）排除熔焊故障，更换触点 3）排除卡住现象，修理受损零件 4）更换反力弹簧 5）清理铁心端面 6）更换E形铁心
电磁铁噪声大	1）电源的电压过低 2）弹簧反作用力过大 3）短路环断裂（交流） 4）铁心端面有污垢 5）磁系统歪斜，使铁心不能吸平 6）铁心端面过度磨损而不平	1）提高操作回路电压 2）调整弹簧压力 3）更换短路环 4）清刷铁心端面 5）调整机械部分 6）更换铁心
线圈过热或烧损	1）电源电压过高或过低 2）线圈的额定电压与电源电压不符 3）操作频率过高 4）线圈由于机械损伤或附有导电灰尘而匝间短路	1）调整电源电压 2）调换线圈或接触器 3）选择其他合适的接触器 4）排除短路故障，更换线圈并保持清洁
触点灼伤或熔焊	1）触点压力过小 2）触点表面有金属颗粒异物 3）操作频率过高，或工作电压过大，断开容量不够 4）长期过载使用 5）负载侧短路，触点的断开容量不够大	1）调高触点弹簧压力 2）清理触点表面 3）调换容量较大的接触器 4）调换合适的接触器 5）改用较大容量的电器

1.3　继电器

继电器是一种根据电或非电信号的变化来接通或断开小电流（一般小于5A）控制电路的自动控制电器。继电器的输入量（如电流、电压、温度和压力等）变化到某一定值时继电器动作，其触点便接通或断开控制回路。由于继电器的触点用于控制电路中，通断的电流小，所以继电器的触点结构简单，不安装灭弧装置。

继电器的种类很多，用途广泛，按输入信号不同可以分为：电流继电器、电压继电器、时间继电器、热继电器以及温度、压力、速度继电器等。按工作原理又可以分为：电磁式继电器，感应式继电器、电动式继电器和电子式继电器等。按输出形式还可分为：有触点和无触点两类。下面介绍经常使用的几种继电器。

1.3.1 电磁式继电器

电磁式继电器结构示意图如图 1-11 所示。电磁式继电器的主要结构有电磁机构和触点系统。继电器的工作原理和接触器相似。不同之处在于，继电器可以通过反作用调节螺母5，来调节反作用力的大小，从而调节了继电器的动作值的大小。电磁式继电器是对电压信号、电流信号的变化做出反应，其触点用于切换小电流的控制电路。而接触器是其吸引线圈的电压信号达到一定值，触点动作，主触点用于通断大电流的主电路，主触点上装有灭弧装置，辅助触点用于通断小电流的控制电路。

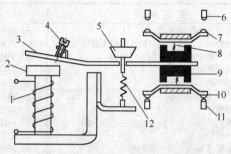

图 1-11　电磁式继电器结构示意图

1—线圈　2—铁心　3—衔铁　4—止动螺钉　5—反作用调节螺母　6、11—静触点　7、6—常开触点

8—触点弹簧　9—绝缘支架　10、11—常闭触点　12—反作用弹簧

1．电磁式电流继电器

电流继电器的文字符号是 KI，电流继电器的图形符号如图 1-12 所示。电流继电器的输入信号是电流，电流继电器的线圈串联在被测量的电路中，以反应电路电流的变化。电流继电器的线圈匝数少，导线粗，线圈阻抗小。电流继电器又分为过电流继电器和欠电流继电器两种。

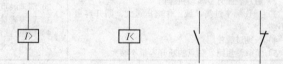

过电流继电器线圈　　过电流继电器线圈　　常开触点　　常闭触点

图 1-12　电流继电器的图形符号

1）过电流继电器。正常工作时，线圈中通过正常的负载电流，继电器不动作，即衔铁不吸合。当通过线圈的电流超过正常的负载电流，达到某一整定值时，继电器动作，衔铁吸合，同时带动触点动作，常开触点闭合，常闭触点断开。在电力系统中常用过电流继电器构成过电流和短路保护。

使过电流继电器动作的最小电流称为继电器的动作电流，用 I_{OP} 表示。

继电器动作以后，当流入线圈中的电流逐渐减小到某一电流值时，继电器因电磁力小于弹簧的反作用力而返回到原始位置的最大电流称为返回电流 I_{re}。

电流继电器的返回电流 I_{re} 和动作电流 I_{OP} 之比称为返回系数 K_{re}，即 $K_{re}=I_{re}/I_{OP}$。显然过电流继电器的返回系数小于1，继电器质量越好，返回系数的值越高。

2）欠电流继电器。正常工作时，线圈中通过正常的负载电流，衔铁吸合，其常开触点闭合，常闭触点断开。当通过线圈的电流降低到某一电流值时，衔铁动作（释放），同时带动触点动作，常开触点断开，常闭触点闭合。欠电流继电器常用于直流回路的断线保护，如直流电动机的励磁回路断线将会造成直流电动机飞车。在产品上只有直流欠电流继电器，没有交流欠电流继电器。

使欠电流继电器动作（衔铁释放）的最大电流称为继电器的动作电流，用 I_{OP} 表示。继电器动作（衔铁释放）以后，当流入线圈中的电流上升到某一电流值时，继电器返回到衔铁吸合状态的最小电流称为返回电流 I_{re}，欠电流继电器的返回系数大于1。

在电气控制控制系统中，用得较多的电流继电器有 JL14、JL15、JT3、JT9 和 JT10 等型号，主要根据主电路的电流的种类和额定电流来选择。

2．电压继电器

电压继电器的输入信号是电压，电压继电器的线圈并联在被测量的电路中，以反应电路电压的变化。电压继电器的线圈匝数多，导线细，线圈阻抗大。电压继电器又分为过电压继电器和欠电压继电器两种。电压继电器的文字符号是 KV，电压继电器的图形符号如图 1-13 所示。

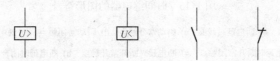

过电压继电器线圈　欠电压继电器线圈　常开触点　常闭触点

图 1-13　电压继电器的图形符号

1）过电压继电器。正常工作时，线圈的电压为额定电压，继电器不动作，即衔铁不吸合。当线圈的电压高于额定电压，达到某一整定值时，继电器动作，衔铁吸合，同时带动触点动作，常开触点闭合，常闭触点断开。直流电路一般不会产生过电压，所以在产品中只有交流过电压继电器，用于过电压保护。其动作电压、返回电压和返回系数的概念和过电流继电器的相似。过电压继电器的返回系数小于1。

2）欠电压继电器。在额定参数时，欠电压继电器的衔铁处于吸合状态，当其吸引线圈的电压降低到某一整定值时，欠电压继电器动作（衔铁释放），当吸引线圈的电压上升后，欠电压继电器返回到衔铁吸合状态。其动作电压、返回电压和返回系数的概念和欠电流继电器的相似。欠电压继电器的返回系数大于1。欠电压继电器常用于电力线路的欠电压和失电压保护。

电气控制系统中常用的有 JT3、JT4 型，主要根据电源的种类和额定电压来选择。

3．中间继电器

中间继电器触点数量多，触点容量大，在控制电路中起增加触点数量和中间放大的作用，有的中间继电器还有短延时功能。其线圈为电压线圈，要求当线圈电压为0时，衔铁能可靠释放，对动作参数无要求，中间继电器没有弹簧调节装置。中间继电器的文字符号是 KA，中间继电器的图形符号如图 1-14 所示。

中间继电器线圈　常开触点　常闭触点

图 1-14　中间继电器的图形符号

常用的中间继电器有 JZ7、JZ8、JZ11、JZ14 和 JZ15 系列，主要依据被控电路的电压等级，触点的数量、种类来选用。如 JZ7 系列中间继电器触点共有 8 对，可以组成 4 对常开触点 4 对常闭触点、6 对常开触点两对常闭触点或 8 对常开触点。新型中间继电器触点闭合过程中动、静触点间有一段滑擦、滚压过程，可以有效地清除触点表面的各种生成膜及尘埃，减小了接触电阻，提高了接触可靠性，有的还装了防尘罩。

1.3.2 时间继电器

从得到输入信号（线圈通电或断电）开始，经过一定的延时后才输出信号（触点闭合或断开）的继电器，称为时间继电器。时间继电器的文字符号为 KT，时间继电器的图形符号如图 1-15 所示。时间继电器有空气阻尼式、电子式等多种。

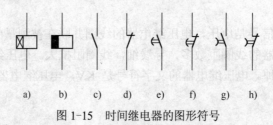

a)　　 b)　　 c)　　 d)　　 e)　　 f)　　 g)　　 h)

图 1-15　时间继电器的图形符号

a) 通电延时线圈　b) 断电延时线圈　c) 瞬动常开触点　d) 瞬动常闭触点　e) 通电延时闭合常开触点

f) 通电延时断开常闭触点　g) 断电延时断开常开触点　h) 断电延时闭合常闭触点

1. 空气阻尼式时间继电器

1）空气阻尼式时间继电器的工作原理。空气阻尼式时间继电器是利用空气的阻尼作用而达到延时目的的，JS7-A 系列空气阻尼式时间继电器外形和结构图如图 1-16 所示，JS7-A 系列空气阻尼式时间继电器由电磁系统、触点系统（由两个微动开关构成，包括两对瞬时触点和两对延时触点），空气室及传动机构等部分组成。

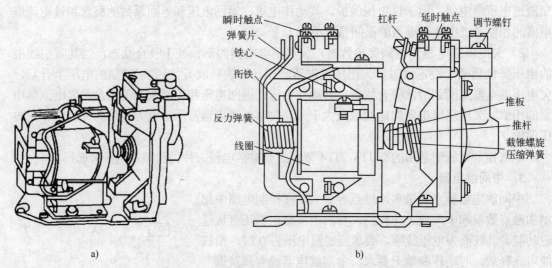

图 1-16　JS7-A 系列空气阻尼式时间继电器外形和结构图

a) 外形图　b) 结构图

JS7-A 系列空气阻尼式时间继电器的工作原理图用图 1-17 来说明。图 1-17a 为通电延时型时间继电器，当线圈 1 通电后，衔铁 3 吸合，微动开关 16 受压其触点瞬时动作，活塞杆 6 在弹簧 8 的作用下带动活塞 12 及橡皮膜 10 向上移动，这时橡皮膜下面空气稀薄，与橡皮膜上面的空气形成压力差，对活塞的向上移动产生阻尼作用，因此活塞杆 6 只能缓慢地向上移动，其移动速度取决于进气孔的大小，可通过调节螺杆 13 进行调整。经过一段延时后，活塞杆 6 才能移动到最上端。这时通过杠杆 7 压动微动开关 15，使其延时触点动作，常开触点闭合，常闭触点断开。当线圈 1 断电后，电磁力消失，衔铁 3 在反作用弹簧 4 的作用下释放，并通过活塞杆 6 将活塞 12 推向下端，这时橡皮膜 10 下方空气室内的空气通过橡皮膜 10、弱弹簧 9 和活塞 12 的肩部，迅速地从橡皮膜上方的空气室缝隙中排掉，微动开关 15、16 能迅速复位，无延时。

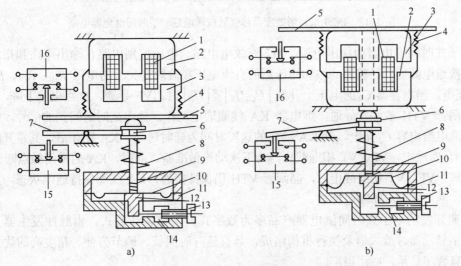

图 1-17　JS7-A 系列空气阻尼式时间继电器的工作原理图

a) 通电延时型　b) 断电延时型

1—线圈　2—铁心　3—衔铁　4—反作用力弹簧　5—推板　6—活塞杆　7—杠杆　8—塔形弹簧　9—弱弹簧

10—橡皮膜　11—空气室壁　12—活塞　13—调节螺钉　14—进气孔　15、16—微动开关

断电延时型时间继电器的结构与通电延时型的类似，只是电磁铁安装方向不同，即当衔铁吸合时推动活塞复位，排出空气，当衔铁释放时活塞杆在弹簧作用下使活塞向下移动，实现断电延时。

2）空气阻尼式时间继电器的特点。空气阻尼式时间继电器的特点是结构简单，价格较低，延时范围较大（0.4～180s），不受电源电压及频率波动的影响，有通电延时和断电延时两种，但延时误差较大，一般用于延时精度不高的场合。常用的有 JS7-A、JS23 等系列。

3）空气阻尼式时间继电器改变延时的方法。通过调整进气孔的大小来调整延时。

2. 电子式时间继电器

1）电子式时间继电器的工作原理。电子式时间继电器常用的有阻容式时间继电器。阻容式时间继电器是利用电容对电压变化的阻尼作用来实现延时的。图 1-18 所示为 JS20 系列场效应晶体管做成的通电延时型时间继电器电路。

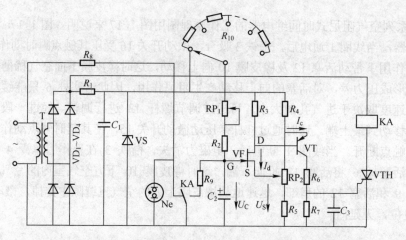

图 1-18　JS20 系列场效应晶体管做成通电延时型时间继电器电路

电子式时间继电器由稳压电源、RC 充放电电路、电压鉴别电路、输出电路和指示电路构成。接通电源后，经整流滤波和稳压后的直流电压经波段开关上的电阻 R_{10}、R_{P1}、R_2 向电容 C_2 充电。当电容器 C_2 的电压上升到 $|U_C\text{-}U_S|<|U_P|$ 时，VF 导通，D 点电位下降，VT 导通，晶闸管 VTH 被触发导通，继电器 KA 线圈通电动作，输出延时时间到的信号。从时间继电器通电给电容 C_2 充电，到 KA 动作的这段时间为延时时间。KA 动作后，其常开触点闭合，C_2 经 R_9 放电，VF、VT 相继截止，为下次动作做准备。同时，KA 的常闭触点断开，Ne 氖泡起辉。VF、VT 相继截止后，晶闸管 VTH 仍保持接通，KA 线圈保持通电状态，只有切断电源，继电器 KA 才断电释放。

近期开发的电子式时间继电器产品多为数字式，又称为计数式，由脉冲发生器、计数器、数字显示器、放大器及执行机构组成，具有延时时间长、调节方便、精度高的优点，有的还带有数字显示，应用很广。

2）电子式时间继电器的特点。电子式时间继电器的特点是延时时间较长（几分钟到几十分钟），延时精度比空气阻尼式的好，体积小、机械结构简单、调节方便、寿命长以及可靠性强。但延时受电压波动和环境温度变化的影响，抗干扰性差。常用的产品有：JS13、JS14、JS15、 JS20 和 ST3P 系列。JS20 系列有通电延时型、断电延时型及带有瞬动触点的通电延时型。ST3P 系列超级时间继电器是引进日本富士机电公司同类产品进行技术改进的新产品，其内部装有时间继电器专用的大规模集成电路，使用了高质量薄膜电容器和金属陶瓷可变电阻器，采用了高精度振荡回路和分频回路，它具有体积小、重量轻、精度高、延时范围宽、性能好以及寿命长等优点。广泛应用于自动化控制电路中。

3）电子式时间继电器调整延时的方法。调节单极多位开关，改变 R_{10} 的阻值，就可以改变延时时间的长短。

4）ST3P 系列时间继电器的产品介绍。ST3P 系列时间继电器适用于交流 50Hz，工作电压 380V 及以下或直流工作电压 24V 的控制电路中作延时元件，按预定的时间接通或分断电路。它通过电位器来设定延时，机械寿命达到 10^6 万次，电寿命为 10^5 次。ST3P 系列时间继电器有通电延时、断电延时多种规格，延时范围广。交流额定电压有 24V、110V、220V 几种。ST3P 系列时间继电器的接线图如图 1-19 所示。

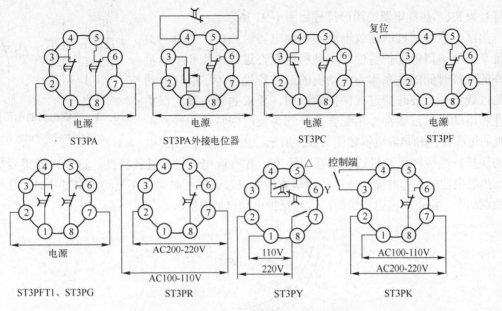

图1-19 ST3P系列时间继电器的接线图

ST3P系列时间继电器的型号含义：

ST3P系列时间继电器如图1-20所示。

图1-20 ST3P系列时间继电器

1.3.3 热继电器

1. 热继电器的作用和保护特性

　　热继电器是专门用来对连续运行的电动机进行过载及断相保护，以防止电动机过热而烧毁的保护电器。三相交流电动机在长期欠电压带负载运行或长期过载运行及缺相运行等都会导致电动机绕组过热而烧毁。但是电动机又有一定的过载能力，为了既发挥电动机的过载能力，又避免电动机长时间过载运行，就要用热继电器作为电动机的过载保护。热继电器的文字符号为 FR，热继电器的图形符号如图 1-21 所示。

热继电器中通过的过载电流和热继电器触点动作的时间关系就是热继电器的保护特性。电动机的允许过载电流和电动机允许的过载时间的关系称为电动机的过载特性。为了适应电动机的过载特性又要起到过载保护的作用，要求热继电器的保护特性和电动机的过载特性相配合，且都为反时限特性曲线，电动机的过载特性和热继电器如图 1-22 所示。由图可知，热继电

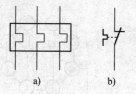

图 1-21　热继电器的图形符号
a) 热元件　b) 常闭触点

器的保护特性应在电动机过载特性的下方，并靠近电动机的过载特性。这样，如果发生过载，热继电器的动作时间小于电动机最大的允许过载运行时间，在电动机未过热时，热继电器触点动作，将电动机电源切断，达到保护电动机的目的。

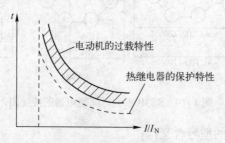

图 1-22　电动机的过载特性和热继电器的保护特性及其配合
I—热继电器实际通过的电流
I_N—热继电器的额定电流

2．热继电器的分类、主要技术参数和型号

按相数来分，热继电器有单相、两相和三相式三种类型。按功能来分，三相式的热继电器又有带断相保护装置和不带断相保护装置的。按复位方式分，热继电器有自动复位的和手动复位的，所谓自动复位是指触点断开后能自动返回。按温度补偿分为，带温度补偿的和不带温度补偿的。

热继电器的主要技术参数有：额定电压、额定电流、相数和整定电流等。热继电器的整定电流是指热继电器的热元件允许长期通过又不致引起继电器动作的最大电流值，超过此值热继电器就会动作。

型号含义：

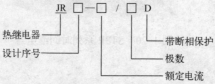

常用的热继电器有 JR20、JR36 和 JRS1 系列，这些系列具有断相保护功能，T 系列引进德国 ABB 技术生产的，3UA 系列引进德国西门子公司技术生产的、LR1-D 引进法国 TE 公司技术生产的。每一系列的热继电器一般只能和相应系列的接触器配套使用，如 JR20 热继电器和 CJ20 接触器配套使用。

JR20 系列热继电器如图 1-23 所示。JR20 系列热继电器适用于交流 50Hz，主电路额定电压至 660V，电流至 630A 的电力系统中作为三相交流电动机的过载和断相保护，有断相保

护、温度补偿、脱扣指示功能，能自动与手动复位，并
与 CJ20 系列交流接触器配合使用，组成电磁起动器。

3．热继电器的工作原理

热继电器主要由热元件、双金属片、触点系统和动
作机构等元件组成。双金属片是热继电器的测量元件。
它由两种不同膨胀系数的金属片采用热和压力结合或机
械碾压而成，高膨胀系数的铁镍铬合金作为主动层，膨
胀系数小的铁镍合金作为被动层。热继电器是利用测量
元件被加热到一定程度，双金属片将向被动层方向弯

图 1-23　JR20 系列热继电器

曲，通过传动机构带动触点动作的保护继电器，热继电器的结构示意图如图 1-24 所示。

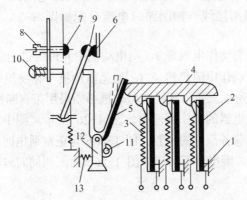

图 1-24　热继电器的结构示意图

1—推杆　2—主双金属片　3—加热元件　4—导板　5—补偿双金属片　6—常闭静触点　7—常开静触点

8—复位螺钉　9—动触点　10—按钮　11—调节旋钮　12—支撑件　13—压簧

图中，主双金属片 2 与加热元件 3 串接在电动机主电路的进线端，当电动机过载时，主
双金属片受热弯曲推动导板 4，并通过补偿双金属片 5，和传动机构将常闭触点（动触点 9
和静触点 6）断开，常开触点（动触点 9 和静触点 7）闭合。热继电器的常闭触点串接于电
动机的控制电路，热继电器动作，其常闭触点断开后，切断电动机的控制电路，电动机断
电，从而保护了电动机。热继电器的常开触点可以接入信号回路，当热继电器动作后，其常
开触点闭合，接通信号回路，发出信号。在电动机正常运行时，热元件产生的热量不会使触
点系统动作。调节旋钮 11 为偏心轮，转动偏心轮，可以改变补偿双金属片 5 与导板 4 的接
触距离，从而调节热继电器动作电流的整定值。

热继电器动作后可以手动复位，也可以自动复位。靠调节复位螺钉 8 来改变常开触点 7
的位置，使热继电器工作在手动复位或自动复位两种工作状态。热继电器动作后，应在
5min 内自动复位，或在 2min 内，可靠地手动复位。若调成手动复位时，在故障排除后要按
下按钮 10 恢复常闭触点闭合的状态。

补偿双金属片的作用是用来补偿环境温度对热继电器的影响。若周围环境温度升高，主
双金属片和补偿双金属片同时向左边弯曲，使导板和补偿双金属片之间的接触距离不变，热
继电器的特性将不受环境温度的影响。

4．带断相保护的热继电器

三相异步电动机的断相（三相电动机一相断线），是导致三相异步电动机长时间过载运行而烧坏的常见的故障。三相异步电动机为星形接线，线电流等于相电流，流过电动机绕组的电流和流过热继电器热元件的电流相同。当线路发生一相断线时，另外两相的电流过载，由于流过电动机绕组的电流和流过热继电器的电流增加的比例相同，因此普通的两相或三相热继电器动作，保护电动机。若三相异步电动机为三角形接线，正常运行时相电流等于线电流的 $1/\sqrt{3}$，即流过电动机绕组的电流是流过热继电器热元件电流的 $1/\sqrt{3}=\sqrt{3}/3$，而当发生断相时，流过电动机接于全压绕组的电流是线电流（即流过热继电器热元件电流）的 2/3，电动机为三角形型接线一相断路时电流分配如图 1-25 所示。

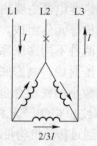

图 1-25　电动机为三角形接线一相断路时电流

如果热继电器的整定的动作电流是 I，则电动机中允许通过的最大电流为 $\sqrt{3}I/3$，但是当发生断相时，热继电器的动作电流仍然是 I，但是电动机一相绕组中的电流将达到 $2I/3$，这样便有烧毁绕组的危险。所以三角形接线的电动机必须采用带有断相保护的热继电器。

带有断相保护的热继电器的工作原理图如图 1-26 所示。图中将热继电器的导板改为差动机构。图 1-26a 为通电前各部件的位置；图 1-26b 为正常通电时的位置，三相双金属片都受热向左弯曲一小段距离，继电器不动作。图 1-26c 为三相同时过载，三相双金属片同时向

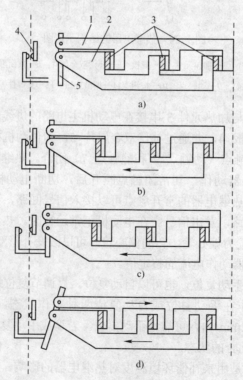

图 1-26　带有断相保护的热继电器的工作原理图

1—上导板　2—下导板　3—主双金属片　4—顶头　5—杠杆

左弯曲，通过传动机构使常闭触点打开；图 1-26d 为 C 相断线的情况，此时 C 相的双金属片逐渐冷却，其端部向右移动，推动上导板向右移动，而另外两相的双金属片在电流加热下，端部仍然向左移动，上下导板的差动作用经杠杆放大，迅速使常闭触点打开，实现了断相保护的作用。

5．热继电器的选用

1）一般情况下可以选用两相结构的热继电器。对于电网均衡性差的电动机，宜选用三相结构的热继电器。定子绕组做三角形联结，应采用有断相保护的三个热元件的热继电器作过载和断相保护。

2）热元件的额定电流等级一般应等于（0.95～1.05）倍电动机的额定电流，热元件选定后，再根据电动机的额定电流调整热继电器的整定电流，使整定电流与电动机的额定电流相等。

3）对于工作时间短、间歇时间长的电动机，以及虽长期工作，但过载可能性小的（如风机电动机），可不装设过载保护。

6．热继电器的故障及维修

热继电器的故障主要有热元件烧断、误动作和不动作三种情况。

1）热元件烧断。当热继电器负荷侧出现短路或电流过大时，会使热元件烧断。这时应切断电源检查线路，排除电路故障，重新选用合适的热继电器。更换后应重新调整整定电流值。

2）热继电器误动作。误动作的原因有：整定值偏小，以致未出现过载就动作；电动机起动时间过长，引起热继电器在起动过程中动作；设备操作频率过高，使热继电器经常受到起动电流的冲击而动作；使用场合有强烈的冲击及振动，使热继电器操作机构松动而使常闭触点断开；环境温度过高或过低，使热继电器出现未过载而误动作，或出现过载而不动作，这时应改善使用环境条件，使环境温度不高于+40℃，不低于-30℃。

3）热继电器不动作。由于整定值调整的过大或动作机构卡死、推杆脱出等原因均会导致出现过载而热继电器不动作。

4）接触不良。热继电器常闭触点接触不良，将会使整个电路不工作。这时应清除触点表面的灰尘或氧化物。

1.3.4 速度继电器

速度继电器是按速度原则动作的继电器，主要用于笼型异步电动机的反接制动控制，又称为反接制动继电器。感应式速度继电器主要由定子、转子和触点三部分组成，转子是一个圆柱形永久磁铁，定子是一个笼型空心圆环，由硅钢片叠成，并装有笼形绕组，速度继电器工作原理示意图如图 1-27 所示，转子轴与电动机的轴相连接，当电动机转动时，速度继电器的转子随之转动，产生旋转磁场，定子绕组切割旋转磁场产生感应电流，定子感应电流位于磁场中受到电磁力的作用，产生电磁转矩，使定子随转子的转动方向而旋转，当达到一定的转速时，定子转动到一定角度时，装在定子轴上的摆锤推动动触点动作，使常闭触点断开，常开触点闭合。当电动机的转速低于某一数值时，定子

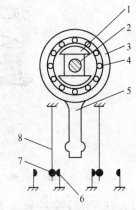

图 1-27　速度继电器工作原理示意图

1—转子　2—电动机的轴　3—定子　4—绕组
5—定子摆锤　6—静触点　7—动触点　8—簧片

产生的转矩减小，触点返回，即常开触点断开，常闭触点闭合。一般速度继电器的转速在130r/min 时触点动作，转速在 100r/min 时，触点返回。

常用的速度继电器有 JY1 和 JFZ0 型，都具有正转时动作的一组转换触点和反转时动作的一组转换触点。JY1 系列的额定工作转速在 100～3600r/min，JFZ0 系列的额定转速在 300～3600r/min。速度继电器的文字符号为 KS，速度继电器的图形符号如图 1-28 所示。

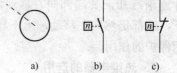

图 1-28　速度继电器的图形符号

a) 转子　b) 常开触点　c) 常闭触点

1.4　常用的开关电器

开关电器广泛用于配电系统，用作电源开关，起隔离电源、保护电气设备的和控制的作用。

1.4.1　组合开关

组合开关又称为转换开关。组合开关是一种多触点、多位置式，可以控制多个回路的电器。组合开关主要用作电源引入开关，或用于控制 5kW 以下小功率电动机的直接起动、停止、换向，每小时通断的换接次数不宜超过 20 次。组合开关的选用应根据电源的种类、电压等级、所需触点数及电动机的功率选用，组合开关的额定电流应取电动机额定电流的 1.5～2 倍。手柄能沿任意方向转动 90°，并带动三个动触片分别和三个静触片接通或断开。图 1-29 为 HZ10 系列组合开关的外形与结构图。

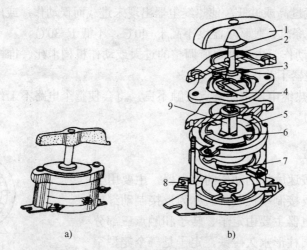

图 1-29　HZ10 系列组合开关的外形与结构图

a) 外形　b) 结构

1—手柄　2—转轴　3—弹簧　4—凸轮　5—绝缘垫板　6—动触片　7—静触片　8—接线柱　9—绝缘杆

组合开关的文字符号为 S，组合开关的图形符号如图 1-30 所示。组合开关在电路图中的触点状态图及状态表如图 1-31 所示。图中虚线表示操作位置，不同操作位置的各对触点的通断表示于触点右侧，与虚线相交的位置上涂黑点表示接通，没有图黑点表示断开。触点的通断状态还可以列表表示，表中 "+" 表示闭合，"-" 或无记号表示断开。

常用的组合开关有 HZ10、HZ5、HZ15 等系列，以及从德国西门子公司引进技术生产的 3ST、3LB 系列。

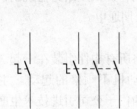

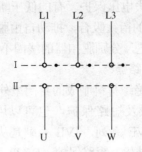

触点 \ 操作位置	I	II
L1-U	+	−
L2-V	+	−
L3-W	+	−

图 1-30　组合开关的图形符号　　　图 1-31　组合开关在电路图中的触点状态图及状态表

1.4.2　低压断路器

低压断路器俗称为低压自动开关，它用于不频繁地接通和断开电路，而且当电路发生过载、断路或失压等故障时，能自动断开电路。低压断路器的文字符号为 QF，低压断路器的图形符号如图 1-32 所示。

图 1-32　低压断路器的图形符号

1．低压断路器的结构和工作原理

低压断路器的结构主要包括三部分：带有灭弧装置的主触点、脱扣器和操作机构。低压断路器的原理结构和接线图如图 1-33 所示。

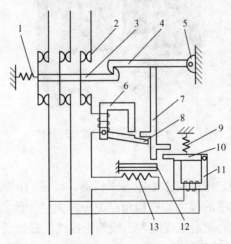

图 1-33　低压断路器的原理结构和接线图

1—弹簧　2—主触点　3—传动杆　4—锁扣　5—轴　6—电磁脱扣器　7—杠杆　8、10—衔铁
9—弹簧　11—欠压脱扣器　12—双金属片　13—发热元件

图中，主触点由操作机构手动或电动合闸，当操作机构处于闭合位置时，可由自由脱扣器（指图 1-33 中的 4、5、7 构成的整体装置）进行脱扣，将主触点断开。当线路上出现短

路故障时，其过流脱扣器动作，使开关跳闸进行短路保护。如果出现过负载时，串联在主电路的加热电阻丝升温，双金属片弯曲带动自由脱扣器动作，使开关跳闸进行过载保护。当主电路电压消失或降低到一定的数值，欠电压脱扣器的衔铁释放，衔铁的顶板推动自由脱扣器，使断路器跳闸进行欠电压和失电压保护。有的低压断路器还有分励脱扣器，主要用于远距离操作，按下 SB 分励脱扣器的衔铁吸合，推动自由脱扣器动作，低压断路器跳闸，主电路断开后，分励脱扣器的线圈断电，分励脱扣器的线圈不允许长期通电。

2. 塑壳式（装置式）低压断路器

塑壳式低压断路器具有模压绝缘材料制成的封闭型外壳，将所有构件组装在一起。作为配电、电动机和照明电路的过载及短路保护，也可以用于电动机不频繁的起动。主要有 DZ5、DZ10、DZ15、DZ20 和 3VE 系列，3VE 系列是从德国西门子公司引进技术生产的，主要用于小功率电动机和线路的过载及短路保护。DZ20 系列塑壳式低压断路器如图 1-34 所示，塑壳式低压断路器的操作手柄有三个位置：①合闸位置，手柄扳向上边，自由脱扣器锁住，触点在闭合状态。②自由脱扣位置，自由脱扣器脱扣，手柄移至中间位置，触点断开。③分闸和再扣位置，手柄扳向下边，触点在断开位置，自由脱扣器被锁住，完成"再扣"操作，为下次合闸做好准备。如果断路器自动跳闸后，不将手柄扳向再扣位置（即分闸位置）而直接合闸是合不上的。

图 1-34　DZ20 系列塑壳式低压断路器

3. 低压断路器的选用

断路器的额定电压和额定电流应大于或等于线路、设备的正常工作电压和电流。断路器的分断能力应大于或等于电路的最大的三相短路电流。欠电压脱扣器的额定电压应等于线路的额定电压。过电流脱扣器的额定电流应大于或等于线路的最大负载电流。

4. 低压断路器常见的故障及排除

低压断路器常见的故障有：不能合闸、不能分闸、自动掉闸等。

1）不能合闸。合闸时，操作手柄不能稳定在接通的位置上。产生不能合闸的原因有：电源电压太低、失电压脱扣器线圈开路、热脱扣器的双金属片未冷却复原以及机械原因。排除的方法是：将电源电压调到规定值；更换失电压脱扣器线圈；双金属片复位后再合闸；更换锁链及搭钩，排除卡阻。

2）失压脱扣器不能使低压断路器分闸。当操作失压脱扣器的按钮时，低压断路器不动作，仍保持接通，产生此故障的原因是：传动机构卡死，不能动作，或主触点熔焊。排除的方法是：检修传动机构，排除卡死故障，更换主触点。

3）自动掉闸。当起动电动机时自动掉闸，可能的原因是：热脱扣器的整定值太小，应重新整定。若是工作一段时间后自动掉闸，造成电路停电，则可能的原因是：过载脱扣装置长延时整定值调得太短，应重新调整；或者是热元件损坏，应更换热元件。

1.5 熔断器

熔断器是一种结构简单，使用方便，价格低廉的保护电器，广泛用于供电线路和电气设备的短路保护。熔断器串入电路，当电路发生短路或过载时，通过熔断器的电流超过限定的数值后，由于电流的热效应，使熔体的温度急剧上升，超过熔体的熔点，熔断器中的熔体熔断而分断电路，从而保护了电路和设备。熔断器的图形符号和文字符号如图 1-35 所示。

图 1-35　熔断器的图形符号和文字符号

1. 熔断器的结构及分类

熔断器由熔体和安装熔体的熔管两部分组成，熔体是熔断器的核心，熔体的材料有两类，一类为低熔点材料：铅锡合金、锌等；另一类为高熔点材料：银丝或铜丝等。低熔点材料熔化时所需热量小，有利于过载保护，但由于低熔点的熔体电阻系数大，熔体的截面积较大，熔断时产生的金属蒸汽多，不利于灭弧，所以分断能力较低。高熔点的金属材料，熔化时所需热量大，不利于过载保护，但是高熔点材料的电阻系数小，熔体的截面积较小，熔断时产生的金属蒸汽少，有利于灭弧。

熔管一般由硬制纤维或瓷制绝缘材料制成，既便于安装熔体，又有利于熔体熔断时电弧的熄灭。

熔断器按用途来分，有保护一般电器设备的熔断器，如在电气控制系统中经常选用的螺旋式熔断器；还有保护半导体器件用的快速熔断器，如用以保护半导体硅整流元件及晶闸管的 RLS2 产品系列。

1）螺旋式熔断器。螺旋式熔断器的熔管内装有石英砂或惰性气体，有利于电弧的熄灭，因此螺旋式熔断器具有较高的分断能力。熔体的上端盖有一熔断指示器，熔断时红色指示器弹出，可以通过瓷帽上的玻璃孔观察到。常用的有 RL6、RL7 系列，多用于电动机主电路中。螺旋式熔断器的结构图如图 1-36 所示。螺旋式熔断器的优点是有明显的分断指示，并且不用任何工具就可取下或更换熔体等。

2）快速熔断器。快速熔断器主要用于保护半导体器件或整流装置的短路保护。半导体器件的过载能力很低，因此要求短路保护具有快速熔断的能力。快速熔断器的熔体采用银片冲成的变截面的 V 形熔片，熔管采用有填料的密闭管。常用的有 RLS2、RS3 等系列，NGT 是我国引进德国技术生产的一种分断能力高、限流特性好、功耗低和性能稳定的熔断器。

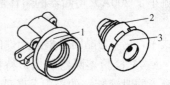

图 1-36　螺旋式熔断器的结构图

1—底座　2—熔体　3—瓷帽

2. 熔断器的技术参数

1）额定电压。熔断器的额定电压是指熔断器长期工作时和分断后，能正常工作的电压，其值一般应等于或大于熔断器所接电路的工作电压。否则熔断器在长期工作中可能造成绝缘击穿，或熔体熔断后电弧不能熄灭。

2）额定电流。熔断器的额定电流是指熔断器长期工作，温升不超过规定值时所允许通过的电流。为了减少熔断器的规格，熔管的额定电流的规格比较少，而熔体的额定电流的等级比较多，一个额定电流等级的熔管，可以配合选用不同的额定电流等级的熔体。但熔体的额定电流必须小于等于熔断器的额定电流。

3）极限分断能力。熔断器极限分断能力是指在规定的额定电压下能分断的最大的短路电流值。它取决于熔断器的灭弧能力。

3. 熔断器的选择

熔断器的选择主要是选择熔断器的种类、额定电压、熔断器额定电流和熔体额定电流等。熔断器的种类主要由电控系统整体设计时确定。

1）熔断器类型的选择。主要根据负载的过载特性和短路电流的大小来选择熔断器的类型。例如，对于容量较大的照明电路或电动机的保护，短路电流较大的电路或有易燃气体的地方，则应采用螺旋式或有填料密闭管式熔断器，用于半导体元件保护的，则应采用快速熔断器。

2）熔断器额定电压的选择。熔断器的额定电压应大于或等于实际电路的工作电压。

3）熔断器额定电流的选择。熔断器的额定电流应大于等于所装熔体的额定电流，因此确定熔体电流是选择熔断器的主要任务，具体来说有下列几条原则：

① 对于照明线路或电阻炉等没有冲击性电流的负载，熔断器作过载和短路保护用，熔体的额定电流应大于或等于负载的额定电流，即 $I_{RN} \geq I_N$。式中，I_{RN} 为熔体的额定电流，I_N 为负载的额定电流。

② 电动机的起动电流很大，熔体在短时通过较大的起动电流时，不应熔断，因此熔体的额定电流选的较大，熔断器对电动机只宜作短路保护而不用作过载保护。

保护一台异步电动机时，考虑电动机冲击电流的影响，熔体的额定电流：$I_{RN} \geq (1.5 \sim 2.5) I_N$。式中，$I_N$ 为电动机的额定电流。

保护多台异步电动机时，出现尖峰电流时，熔断器不应熔断，则应按下式计算：

$$I_{RN} \geq (1.5 \sim 2.5) I_{Nmax} + \sum I_N$$

式中，I_{Nmax} 为容量最大的一台电动机的额定电流；$\sum I_N$ 为其余各台电动机额定电流的总和。

③ 快速熔断器熔体额定电流的选择。在小容量变流装置中（晶闸管整流元件的额定电流小于 200A）熔断器的熔体额定电流则应按下式计算：

$$I_{RN} = 1.57 I_{SCR}$$

式中，I_{SCR} 为晶闸管整流元件的额定电流。

4）校验熔断器的保护特性。熔断器的保护特性与被保护对象的过载特性要有良好的配合，同时熔断器的极限分断能力应大于被保护线路的最大电流值。

5）熔断器的上、下级的配合。为使两级保护相互配合良好，两级熔体额定电流的比值不小于 1.6∶1，或对于同一个过载或短路电流，上一级熔断器的熔断时间至少是下一级的 3 倍。

4. 熔断器的运行与维修

熔断器在使用中应注意：

1）检查熔管有无破损变形现象，有无放电的痕迹，有熔断信号指示器的熔断器，其指示是否保持正常状态。

2）熔体熔断后，应首先查明原因，排除故障。一般过载保护动作，熔断器的响声不大，熔丝熔断部位较短，熔管内壁没有烧焦的痕迹，也没有大量的熔体蒸发物附在管壁上。变截面熔体在小截面倾斜处熔断，是因为过负荷引起。反之，熔丝爆熔或熔断部位很长，变截面熔体大截面部位被熔化，一般为短路引起。

3）更换熔体时，必须将电源断开，防止触电。更换熔体的规格应和原来的相同。

1.6 主令电器

主令电器是用来发布命令，以接通和分断控制电路的电器。主令电器只能用于控制电路，不能用于通断主电路。主令电器种类很多，本节主要介绍控制按钮、行程开关、接近开关和光电开关。

1.6.1 控制按钮

控制按钮是发出短时操作信号的主令电器。一般由按钮帽、复位弹簧、桥式动触点和静触点以及外壳等组成，复合按钮的结构图如图 1-37 所示。控制按钮的文字符号是 SB，控制按钮的图形符号如图 1-38 所示。

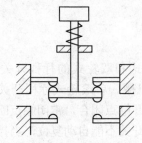

图 1-37　复合按钮的结构图

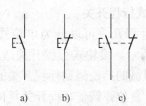

a)　　　　b)　　　　c)

图 1-38　控制按钮的图形符号

a) 常开按钮　b) 常闭按钮　c) 复合按钮

按下按钮时，其常闭触点先断开，常开触点后闭合，当松开按钮时在复位弹簧的作用下，其常开触点先断开，常闭触点后闭合。常用按钮的规格一般为交流额定电压 380V，额定电流 5A。控制按钮可以做成单式和复合式按钮。为了便于操作，根据按钮的作用不同，按钮帽常做成不同的颜色和形状。通常，红色表示停止按钮，绿色表示起动按钮，黄色表示应急或干预，如抑制不正常的工作情况，红色蘑菇形表示急停按钮等。控制按钮在结构上有按钮式、紧急式、自锁式、钥匙式，旋钮式及保护式等。

1.6.2 行程开关

行程开关又称为限位开关或位置开关，其原理和按钮相同，只是靠机械运动部件的挡铁碰压行程开关而使其常开触点闭合，常闭触点断开，从而对控制电路发出接通、断开的转换命令。行程开关主要用于控制生产机械的运动方向、行程的长短和限位保护。行程开关可以分为直动式，滚轮式和微动行程开关。行程开关的文字符号为 SQ，图形符号如图 1-39 所示。

1. 直动式行程开关

直动式行程开关的结构图如图 1-40 所示，它是靠运动部件的挡铁撞击行程开关的推杆发出控制命令的。当挡铁离开行程开关的推杆，直动式行程开关可以自动复位。直动式行程开关的缺点是其触点的通断速度取决于生产机械的运动速度，当运动速度低于 0.4m/min 时，触点通断太慢，电弧存在的时间长，触点的烧蚀严重。

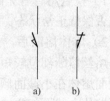

图 1-39　行程开关的图形符号

a) 常开触点　b) 常闭触点

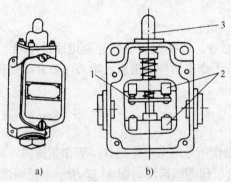

图 1-40　直动式行程开关的结构图

a) 外形图　b) 结构图

1—动触点　2—静触点　3—推杆

2. 滚轮式行程开关

滚轮式行程开关可以分为单轮式和双轮式，单轮式和双轮式的行程开关外形图外形如图 1-41 所示。滚轮式行程开关适用于低速运动的机械。单滚轮式行程开关可以自动复位，当运动机械的挡铁碰到行程开关的滚轮时，使其常开触点闭合，常闭触点断开；当挡铁离开滚轮后，复位弹簧使行程开关复位。双轮式的行程开关不能自动复位，当挡铁压其中一个轮时，摆杆转动一定的角度，使其触点瞬时切换，挡铁离开滚轮后，摆杆不会自动复位，触点也不复位。当部件返回，挡铁碰动另一只轮，摆杆才回到原来的位置，触点再次切换。

3. 微动开关

微动开关是具有瞬时动作和微小行程的灵敏开关。微动行程开关采用弓簧片的顺动机构，靠弓簧片发生变形时存储的能量完成快速动作。微动行程开关结构如图 1-42 所示。

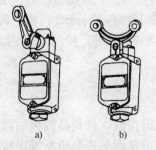

图 1-41　单轮式和双轮式的行程开关外形图

a) 单轮旋转式　b) 双轮旋转式

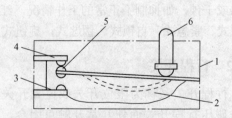

图 1-42　微动行程开关的工作原理

1—壳体　2—弓簧片　3—常开触点　4—常闭触点　5—动触点　6—推杆

当推杆被压下时，弓簧片变形存储能量，当推杆被压下一定距离时，弓簧片瞬时动作，使触点快速切换，当外力消失，推杆在弓簧片的作用下迅速复位，触点也复位。

1.6.3 接近开关

接近开关是一种无触点的行程开关，当物体与之接近到一定距离时就发出动作信号。接近开关也可作为检测装置使用，用于高速计数、测速、检测金属等。接近开关的文字和图形符号如图 1-43 所示。

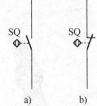

图 1-43 接近开关的文字和图形符号
a) 常开触点 b) 常闭触点

当有物体移向接近开关，并接近到一定距离时，开关才会动作，通常把这个距离称为"检出距离"。不同的接近开关检出距离也不同。有时被检测物体是按一定的时间间隔，一个接一个地移向接近开关，又一个一个地离开，这样不断地重复，不同的接近开关，对检测对象的响应能力是不同的，这种响应特性被称为"响应频率"。

接近开关按输出形式分 NPN 二线、NPN 三线、NPN 四线、PNP 二线、PNP 三线、PNP 四线和 AC 二线等。接近开关按工作原理可以分为高频振荡型、电容型、磁感应式接近开关和非磁性金属接近开关几种。

1）高频振荡型接近开关（又称为涡流式接近开关或电感式接近开关）应用最广。高频振荡型主要由高频振荡器组成的感应头，放大电路和输出电路组成。其原理是，高频振荡器在接近开关的感应头产生高频交变的磁场，当金属物体进入高频振荡器的线圈磁场时，即金属物体接近感应头时，在金属物体内部感应产生涡流损耗，吸收振荡器的能量，破坏了振荡器起振的条件，使振荡停止。振荡器起振和停振两个信号经放大电路放大，转换成开关信号输出。这种接近开关所能检测的物体必须是导电体。高频振荡型接近开关常用的接线型式如图 1-44 所示。其中 BN 为棕色线，BK 为黑色线，BU 为蓝色线，WH 为白色线。

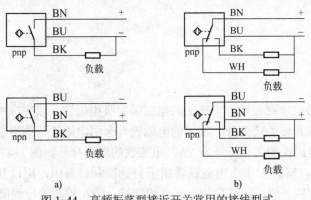

图 1-44 高频振荡型接近开关常用的接线型式
a) 三线直流 b) 四线直流

2）电容型接近开关主要由电容式振荡器和电子电路组成，电容接近开关的感应面由两同轴金属电极构成，电极 A 和电极 B 连接在高频振荡器的反馈回路中，该高频振荡器没有物体经过时不感应，当测试物体（不论它是否为导体）接近传感器表面时，它就进入由这两个电极构成的电场，引起 A、B 之间的耦合电容增加，电路开始振荡，振荡的振幅均由数据分析电路测得，并形成开关信号。这种接近开关检测的对象，不限于导体，可以是绝缘的液体或粉状物等。图 1-45 所示为电容式接近开关，LED 为工作指示灯，使用电位器来调节电容式接近开关灵敏度。电容型接近开关基本接线型式和电感型接近开关基本接线型式相同。

3）磁感应式接近开关。磁感应式接近开关：适用于气动、液动、气缸和活塞泵的位置测定，也可作限位开关用。磁感应式接近开关内部电路如图 1-46 所示。当磁性目标接近时，舌簧闭合经放大输出开关信号。

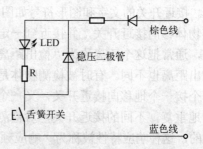

图 1-45　电容式接近开关　　　　　　　图 1-46　磁感应式接近开关内部电路

磁性开关上设有 LED 显示，用于显示磁性开关的信号状态，供调试使用。磁性开关动作时，输出信号"1"，LED 灯亮；磁性开关不动作时，输出信号"0"，LED 灯不亮。磁性开关有蓝色和棕色两根引出线，棕色线接"+"，蓝色线接"-"。为了防止错误接线损坏磁性开关，可以在磁性开关的棕色引出线上串入电阻和二极管，使用时若引出线极性接反，磁性开关不能正常工作。

4）非磁性金属接近开关。由振荡器、放大器组成，当非磁性金属（如：铜、铝、锡、金、银等）靠近检测面时，引起振荡频率的变化，经差频后产生一个信号，经放大、转换成二进制开关信号，起到开关作用，而对磁性金属（如：铁、钢等）则不起作用，可以在铁金属中埋入式安装。

1.7　执行电器

1.7.1　电磁铁

电磁铁是利用通电线圈在铁心中产生的电磁吸力吸引衔铁，以完成所需要的动作。衔铁的运动方式有直动式和转动式两种。常用的电磁铁有牵引电磁铁、阀用电磁铁、制动电磁铁和起重电磁铁等。电磁铁的文字符号为 YA，电磁铁的图形符号如图 1-47 所示。

1）牵引电磁铁。MQ 型牵引电磁铁常用于自动控制设备中，用以开关阀门或牵引其他机械装置。牵引电磁铁一般采用开启的交流单相螺管，能在较长的行程保持较大的吸引力。

2）制动电磁铁。MZ 型制动电磁铁通常与闸瓦制动器组成电磁制动器，以实现对电动机机械制动的控制。电磁制动器的文字符号为 YB，电磁制动器的图形符号如图 1-48 所示。

图 1-47　电磁铁的图形符号　　　　　　　图 1-48　电磁制动器的图形符号

电磁制动器的示意图如图 1-49 所示。当电动机通电起动时，电磁制动器的线圈也通电，吸引衔铁动作，克服弹簧力推动杠杆，使闸瓦松开闸轮，电动机便能正常运转。当电源切断时，线圈也同时断电，衔铁与铁心分离，在弹簧的作用下，使闸瓦与闸轮紧紧抱住，电动机被迅速制动而停转。

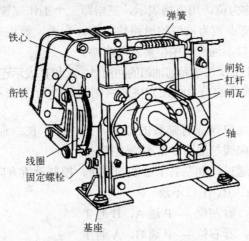

图 1-49　电磁制动器的示意图

1.7.2　电磁换向阀

电磁换向阀是利用电磁铁的吸力推动阀芯改变阀的工作位置，简称为电磁阀。电磁阀的文字符号为 YV。电磁阀用于液压阀或气动阀的远距离控制。当线圈通电时，电磁力使阀杆移动，控制油路或气路的开闭。线圈断电时，靠弹簧的弹力复位。根据电磁线圈所用的电源不同，电磁阀可以分为交流型和直流型。直流型工作可靠，换向冲击小、噪声小，但需要直流电源。

图 1-50 是三位四通电磁阀。

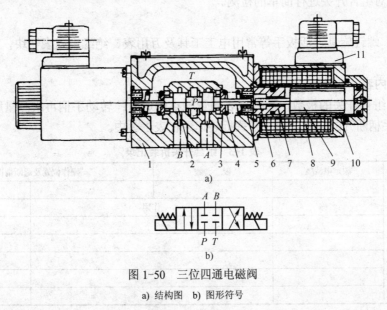

图 1-50　三位四通电磁阀

a) 结构图　b) 图形符号

1—阀体　2—阀芯　3—定位套　4—对中弹簧　5—挡圈　6—推杆　7—环　8—线圈　9—铁心　10—导套　11—插头组件

该电磁阀是双向电控的，即两边都有电磁线圈。两边电磁铁都不通电时，阀芯在两边对中弹簧的作用下处于中位，P、T、A、B 口互不相通；当右边的电磁铁通电时，推杆将阀芯推向左端，P 通 B，A 通 T；当左边电磁铁通电时，推杆将阀芯推向右端，P 通 A，B 通 T。

说明：

1）阀的工作位置数称为位，用方格表示，三格即三个工作位置。

2）与一个方格的相交点数为油口的通路数，简称为通。箭头"↑"表示两油口相通，堵塞符号"⊤"表示该油口不通流，中位箭头可省略。

3）P 表示通泵或压力油口，T 表示通油箱的回油口，A 和 B 表示连接两个工作油路的油口。

4）控制方式和复位弹簧的符号画在方格的两侧（如"▢"表示电磁铁控制，"⋁⋁"表示复位弹簧）。

5）三位阀的中位、二位阀靠有弹簧的位为常态位。二位二通阀有常开型和常闭型两种。在液压系统图中，换向阀与油路在常态位连接。

如三位四通电磁阀：通过控制左右电磁铁的通断，控制液流方向。

不通电：中位—P、A、B、T 口不通

左边通电：阀芯向右，看左位 —P 通 A，B 通 T

右边通电：阀芯向左，看右位 —P 通 B，A 通 T

1.8 技能训练

1.8.1 组合开关的拆装与维修

1. 训练目的

1）熟悉组合开关的基本结构，了解各组成部分的作用。

2）掌握组合开关拆卸组装的方法，并对其进行维护。

3）学会对组合开关进行简单的检测。

2. 器材

尖嘴钳、螺钉旋具、活扳手等常用电工工具及万用表、绝缘电阻表一块，HZ10 系列组合开关一只。

3. 训练内容

1）记录组合开关的极数，用万用表测量触点的通断；转动手柄再次测量触点通断的情况，并记录手柄断开的位置。组合开关拆装记录在表 1-3 中。

表 1-3 组合开关拆装记录

型 号	额定电流/A	极 数	操作位置及通断情况
	名称	作用	检查记录
主 要 零 部 件			

2）拆装组合开关，观察组合开关的基本结构，了解各部分的作用并进行维护。

松去手柄紧固螺钉，取下手柄。松去支架上紧固螺母，取下顶盖，转轴弹簧和凸轮等操作机构。抽出绝缘杆，取下绝缘垫板上盖。拆卸三对动静触点。检查触点有无烧毛，如有烧毛，应用 0 号砂布或砂纸进行修整。更换损坏的触点。检查转轴弹簧是否松脱，检查消弧垫是否严重磨损，根据情况调换新的。装配组合开关按拆卸的逆顺序进行。装配时，应注意活动触点和固定触点的相互位置是否正确及叠片连接是否紧密。已修复和装配好的组合开关，进行通断试运行，手柄置于不同位置，用万用表测试触点通断情况。合上组合开关，用绝缘电阻表测量每两相触点之间的绝缘电阻，如不合格应重新装配。

注意：拆下的零部件应放入容器，以免丢失。

1.8.2　接触器的拆装与维修

1．训练目的

1）掌握交流接触器的结构，了解各组成部分的作用。

2）学会用万用表检测交流接触器。

3）学会更换触点、电磁线圈等部件。

2．器材

CJ10-20 型交流接触器、万用表及螺钉旋具、尖嘴钳、锉刀等常用工具。

3．训练内容

1）拆卸和组装交流接触器的电磁系统，观察其组成，将交流接触器拆装记录在表 1-4 中。

表 1-4　交流接触器拆装记录

<table>
<tr><td>型号及含义</td><td colspan="3"></td><td>容量/A</td><td colspan="3"></td></tr>
<tr><td rowspan="5">触点系统</td><td colspan="3">主触点</td><td colspan="4">辅助触点</td></tr>
<tr><td colspan="2">数量</td><td>结构</td><td>常开数量</td><td>常闭数量</td><td colspan="2">结构</td></tr>
<tr><td></td><td></td><td></td><td></td><td></td><td colspan="2"></td></tr>
<tr><td rowspan="3">测量触点</td><td colspan="2">动作前</td><td colspan="5">动作后</td></tr>
<tr><td>常开触点</td><td>常闭触点</td><td colspan="3">常开触点</td><td colspan="2">常闭触点</td></tr>
<tr><td></td><td></td><td colspan="3"></td><td colspan="2"></td></tr>
<tr><td rowspan="5">电磁机构</td><td colspan="7">电磁线圈</td></tr>
<tr><td>工作电压/V</td><td colspan="2">直流电阻/Ω</td><td colspan="2">线径/mm</td><td>匝数</td><td>形状</td></tr>
<tr><td></td><td colspan="2"></td><td colspan="2"></td><td></td><td></td></tr>
<tr><td colspan="7">电磁铁</td></tr>
<tr><td colspan="2">铁心形状</td><td colspan="2">衔铁的形状</td><td colspan="3">短路环的位置及大小</td></tr>
<tr><td rowspan="2">灭弧罩</td><td colspan="2">材料</td><td colspan="3">位置</td><td colspan="2">灭弧方式</td></tr>
<tr><td colspan="2"></td><td colspan="3"></td><td colspan="2"></td></tr>
</table>

拆下灭弧罩，观察灭弧罩内部的结构，并检查灭弧罩有无炭化现象，如有炭化现象，用锉刀或小刀刮掉，并将灭弧罩内吹刷干净。记录主触点和常开、常闭辅助触点的数量，用万

用表检测触点的通断情况，并记录。用手或工具压下主触点，模拟触点吸合，观察辅助触点的动作情况，并再次用万用表测量其通断情况。

拆底盖螺钉，取下盖板，取出铁心（注意衬垫纸片不要丢弃），铁皮支架，缓冲弹簧。用尖嘴钳拔出线圈与接线柱之间的连接线，取出电磁线圈、反作用弹簧、衔铁和胶木支架。检查动静铁心结合处是否紧密，检查短路环是否完好。

注意：拆下的零部件应放入容器，以免丢失。

按与拆卸的相反顺序进行安装：装反作用弹簧，装电磁线圈，装缓冲弹簧，装铁心，装底盖，上螺钉。

2）更换和修整触点。

① 更换辅助触点。拆下辅助触点，松开压线螺钉，拆下静触点，用尖嘴钳夹住动触点向外拆，拆下动触点；安装辅助触点，将静触点插在应装位置上，将螺钉拧紧，用镊子或尖嘴钳夹住动触点插入原位，注意应插在触点弹簧两端金属片与胶木框之间。

② 更换主触点。首先拆下固定螺钉取下静触点，然后将金属框向上拉起，触点弹簧被压缩，然后将动触点翻转一定角度即可撤出动触点。检查触点的磨损状况，决定是否需要修整或调换触点。组装时应注意各部分零件必须组装到位，无卡阻现象。最后安装灭弧罩。在整个拆装过程中不允许硬撬，拆装灭弧罩时要轻拿轻放，避免碰撞。

3）装配后进行通断试运行，测量主触点和辅助触点的接触电阻。

4）最后清点、整理用具。

1.8.3 认识时间继电器

1. 实训目的

1）熟悉空气阻尼式时间继电器的基本结构和各部分的作用。

2）学会用万用表检测继电器的触点，并记录。

2. 器材

空气阻尼式时间继电器、万用表及常用电工工具。

3. 训练内容

观察时间继电器的结构及动作过程，并记录于表 1-5 中。

表 1-5 时间继电器的结构及动作过程记录

型号及含义	主 要 结 构		延 时 范 围	
触点组合	瞬动触点的数量		延时动作触点的数量	
	常开触点	常闭触点	常开触点	常闭触点
用手操作电磁机构，用万用表测量触点动作情况 吸合				
释放				
反转电磁机构重复上述操作 吸合				
释放				

1.8.4 认识热继电器、按钮

1. 实训目的

1）掌握热继电器的基本结构及各组成部分的作用，学会对其进行检测和整定值的调整。

2）学会按钮的检测和接线方法。

2. 器材

热继电器、按钮、万用表、绝缘电阻表和常用电工工具。

3. 实训内容

1）拆开热继电器的外壳，观察其内部结构，并将各部分的作用记录在表 1-6 中。

表 1-6　热继电器观察记录表

型　号		额 定 电 流		相　数	
主要元件的名称		作用			
加热元件					
主双金属片					
导板					
补偿双金属片					
调节旋钮					
手动复位按钮					
触点数目					

2）用螺钉旋具轻轻推动双金属片，模拟其动作，观察其触点的动作情况。

3）调整热继电器的整定值调节旋钮，观察其内部结构的动作。

4）拆开按钮盒观察其内部结构并测量其动作情况。

1.9　习题

1. 什么是低压电器？怎样分类？常用的低压电器有哪些？
2. 画出接触器的符号并叙述接触器的用途。
3. 叙述交流接触器的组成部分及各部分的作用。
4. 交流接触器的主要技术参数有哪些？各如何定义？
5. 交流接触器和直流接触器是如何划分的？在结构上有何不同？
6. 如何选用接触器？
7. 接触器在运行维护中有哪些注意事项？
8. 交流接触器的短路环断裂后会出现什么现象？
9. 画出时间继电器的符号，并写出名称。
10. 画出热继电器的符号并叙述热继电器的作用、主要结构。
11. 如何选用热继电器，在什么情况下选用带断相保护的热继电器？

12. 低压断路器有何作用？有哪些主要组成部分？各有什么作用？
13. 安装螺旋式熔断器应注意些什么？
14. 画出复合按钮的符号，并说明其动作特点。
15. 画出行程开关的符号，并简述其作用。
16. 画出接近开关的符号，并简述其作用。
17. 常用的电磁铁有几种？
18. 电磁阀的作用是什么？画出三位四通阀的图形符号并说明符号的意义。

第 2 章　三相异步电动机的运行与维护

本章要点
- 三相异步电动机的基本知识
- 三相异步电动机运行前的检查与试车
- 三相异步电动机运行中的监视与维护
- 电动机技能训练

2.1　三相异步电动机的基本知识

2.1.1　三相异步电动机的分类及基本结构

三相异步电动机种类繁多，若按转子结构分为笼型和绕线转子异步电动机两大类，按冷却方式异步电动机可以分为自冷式、自扇冷式、管道通风式和液体冷却式。异步电动机分类方法虽不同，但各类三相异步电动机的基本结构却是相同的。三相笼型异步电动机的结构如图 2-1 所示，主要由定子、转子和气隙三大部分组成。

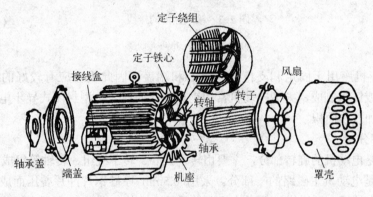

图 2-1　三相笼型异步电动机的结构图

1. 定子部分

定子部分是异步电动机静止不动部分，主要包括定子铁心、定子绕组和机座。

1）定子铁心。它是电机主磁路的一部分，为减小铁耗常采用 0.5mm 厚的两面涂有绝缘漆的硅钢片冲片叠压而成，定子机座和铁心冲片如图 2-2 所示。铁心内圆上有均匀分布的槽，用以嵌放三相定子绕组。

2）定子绕组。它是电动机的电路部分，常用高强度漆包铜线按一定规律绕制成线圈，分布均匀地嵌入定子内圆槽内，用以建立旋转磁场，实现能量转换。

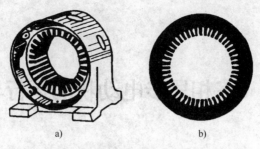

图 2-2 定子机座和铁心冲片

a) 定子机座 b) 铁心冲片

三相绕组（U、V、W）六个出线端引至机座上的接线盒内与六个接线柱相连，再根据设计要求可接成星形或三角形，接线盒内的接线如图 2-3 所示。在接线盒内，三个绕组的六个线头排成上下两排，并规定下排的三个接线柱自左至右排列的编号为 U1、V1、W1，上排自左至右的编号为 W2、U2、V2。不论是制造和维修时都按这个序号排列。

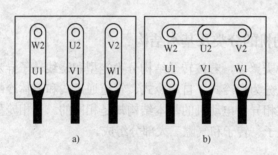

图 2-3 接线盒内的接线

a) 三角形联接 b) 星形联接

3）机座。机座用于固定和支撑定子铁心和端盖，因此机座应有较好的机械强度和刚度，常用铸铁或铸钢制成，大型电动机常用钢板焊接而成。小型封闭式异步电动机表面有散热筋片，以增加散热面积。

2. 转子部分

转子部分是电动机的旋转部分，主要由转子铁心、转子绕组、转轴等组成。

转子铁心是电动机主磁路的一部分。采用 0.5mm 厚硅钢片冲片叠压而成，转子铁心外圆上有均匀分布的槽，用以嵌放转子绕组，转子铁心冲片如图 2-4 所示。一般小型异步电动机转子铁心直接压装在转轴上。

转子绕组是转子的电路部分，用以产生转子电动势和转矩，转子绕组有笼型和绕线转子两种。根据转子绕组的结构形式，异步电动机分为笼型转子和绕线转子两种。

1）笼型转子。笼型转子绕组是在转子铁心每个槽内插入等长的裸铜导条。两端分别用铜制短路环焊接成一个整体，形成一个闭合的多相对称回路。若去掉铁心，很像一个装老鼠的笼子，故称笼型转子，如图 2-5a 所示。大型电动机采用铜条绕组，而中小型异步电

图 2-4 转子铁心冲片

动机笼型转子槽内常采用铸铝，将导条、端环同时一次浇注成型，如图 2-5b 所示。

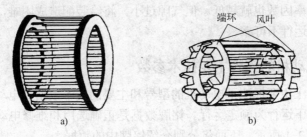

图 2-5　笼式转子

a) 铜条绕组　b) 铸铝绕组

2）绕线转子。绕线转子异步电动机的定子绕组与笼型定子绕组相同，而转子绕组与定子绕组类似，采用绝缘漆包铜线绕制成三相绕组嵌入转子铁心槽内，将它接成星形联结，三个端头分别固定在转轴上的三个相互绝缘的滑环（称为集电环）上，再经压在滑环上的三组电刷与外电路相连，一般绕线转子电动机在转子回路中串电阻，以改变电动机的起动和调速性能。三个电阻的另一端也接成星形，绕线式转子如图 2-6 所示。

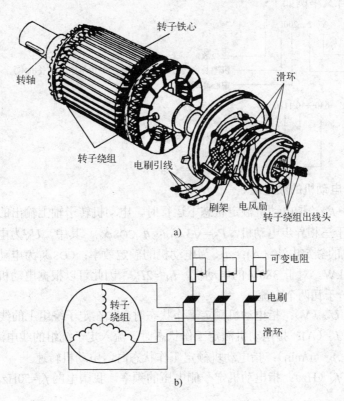

图 2-6　绕线式转子

a) 绕线式转子　b) 绕线转子串接电阻接线图

3. 气隙

异步电动机定、转子之间的气隙很小，中小型异步电动机一般为 0.2～1.5mm。气隙大小对电动机性能影响很大，气隙越大，磁阻也越大，产生同样大的磁通，所需的励磁电流 I_0 也越大，电动机的功率因数也就越低。但气隙过小，将给装配造成困难，运行时定、转子发生摩擦，而使电动机运行不可靠。

2.1.2　三相异步电动机的铭牌主要技术参数

在电动机的铭牌上主要标注了电动机的型号和主要的技术数据，电动机在铭牌上规定的技术参数和工作条件下运行为额定运行。铭牌数据是正确选用和维修电动机的参考。三相异步电动机的铭牌如表 2-1 所示。下面将分别介绍铭牌中的数据。

表 2-1　三相异步电动机的铭牌

三相异步电动机			
型号 Y2—200L—4	功率 30kW	电流 57.63A	电压 380V
频率 50Hz	接法△	转速 1470r/min	LW79dB/A
防护等级 IP54	工作制 S1	F 级绝缘	重量 270kg
×× 电 机 厂			

电动机型号含义举例如下：

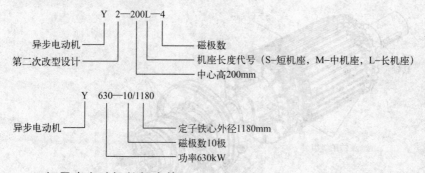

1．三相异步电动机的额定值

1）额定功率 P_N：指电动机额定状态下运行时，电动机转子轴上输出的机械功率。单位为 kW 或 W。对于三相异步电动机，$P_N = \sqrt{3}\, U_N I_N\, \eta_N \cos\phi_N$。其中，$U_N$ 为电动机的额定电压（V）；I_N 为电动机的额定电流（A）；η_N 为电动机的额定效率；$\cos\phi_N$ 为电动机的额定功率因数；P_N 的单位为 kW。对于 380V 的电动机，$I_N \approx 2P_N$，因此可以根据电动机的额定功率估算出额定电流，即一千瓦两个电流。

2）额定电压 U_N（V）：指电动机额定工作状态时，加在定子绕组上的线电压。

3）额定电流 I_N（A）：指电动机额定工作状态时，流入定子绕组的线电流。

4）额定转速 n_N（r/min）：指电动机额定工作状态时，电动机转速。

5）额定频率 f_N（Hz）：指电动机定子侧电压的频率。我国电网 f_N=50Hz。

2．接线

接线是指在额定电压下运行时，电动机定子三相绕组的联结方式，有三角形联结和星形联结两种。定子绕组采用哪种接线方式取决于定子绕组的耐压等级，若定子绕组能承受 380V 的电压，电源电压为 220V 则采用三角形联结，若电源电压为 380V，则采用星形联结。

3．工作制

工作制可分为额定连续工作制（S1）、短时工作制（S2）和断续工作制（S3）3 种。

4．防护等级

"IP"和其后面的数字表示电动机外壳的防护等级。IP 表示国际防护等级，其后面的第一个数字代表防尘等级，共分 0～6 七个等级；其后面的第二个数字代表防水等级，共分 0～8 九个等级，数字越大，表示防护的能力越强。

2.1.3　异步电动机的选用原则

1）电动机功率要严格按机械设备的实际需要选配，不可任意增加或减小容量。在具有同样功率的情况下，要选用电流小的电动机。

电动机的容量（功率）应当根据所拖动的机械负载选择。如果电动机的容量选得过小，则造成电动机过载发热。长时间的过载将引起电动机绝缘破坏，甚至烧毁电动机。所以选择电动机容量时应留有余地，一般应使电动机的额定功率比拖动的负荷稍大一些，当然也不可过大，否则会使电动机的效率、功率因数下降，造成电力的浪费。

当电动机在恒定负荷状态运行时，其功率计算公式为：$P = \dfrac{P_L}{\eta_L \eta}$，式中 P 为电动机的功率（kW）；P_L 为负荷的机械功率（kW）；η_L 为生产机械的效率；η 为电动机的效率。

应根据计算结果选择最接近计算结果的产品，其容量不小于所计算出的功率值。

2）电动机的转速应根据机械设备的要求选配，可选择高速电动机或齿轮减速电动机，还可以选用多速电动机。

3）电动机工作电压的选定，应以不增加起动控制设备的投资为原则。

要求电动机的额定电压必须与电源电压相符。电动机只能在铭牌上规定的电压条件下使用，允许工作电压的上下偏差为－5%～+10%。例如，额定电压为 380V 的异步电动机，当电源电压在 361～418V 范围内波动时，此电动机可以使用。如超出此范围，电压过高时将引起电动机绕组过载发热；电压过低时电动机出力下降，甚至拖不动机械负载而引起"堵转"，"堵转"电流很大，可能引起电动机的绕组发热烧毁。如果电动机铭牌上标有两个电压值，写作 220V/380V，则表示这台电动机有两种额定电压。当电源电压为 380V 时，将电动机绕组接成Y使用；而电源电压为 220V 时，将绕组接成△使用。

4）电动机温升的选择，应根据具体使用环境的实际要求。高温高湿和通风不良等环境，应选用具有较高温升的电动机，当然电动机允许温度越高，价格也越高。

2.2　电动机运行前的检查和试车

2.2.1　起动前的检查

电动机起动前的检查内容如下。

1）测量绝缘电阻。新安装的或停用三个月以上的电动机，用绝缘电阻表测量电动机各相绕组之间及每相绕组与地（机壳）之间的绝缘电阻，对于绕线转子电动机，还要测量转子绕组、滑环对机壳和滑环之间的绝缘电阻。通常对 500V 以下的电动机用 500V 的绝缘电阻表测量，对 500～3000V 电动机用 1000V 绝缘电阻表测量，对 3000V 以上的电动机用 2500V 绝缘电阻表测量。

测量前应首先检查绝缘电阻表，具体方法是：先把绝缘电阻表端点开路，摇动手柄，观察指针是否指向∞，再把绝缘电阻表端点短接，摇动手柄，观察指针是否指向 0 处。如果不正常说明绝缘电阻表有故障。

验表后，测试前应拆除电动机出线端子上的所有外部接线。按要求，电动机每 1kV 工作电压，绝缘电阻不得低于 1MΩ，电压在 1kV 以下、功率为 1000kW 及以下的电动机，其绝缘电阻应不低于 0.5MΩ。如绝缘电阻较低，则应先将电动机进行烘干处理，然后再测绝缘电阻，合格后才可通电使用。

2）检查二次回路接线是否正确，二次回路接线检查可以在未接电动机情况下先模拟动作一次，确认各环节动作无误，包括信号灯显示正确。检查电动机引出线的连接是否正确，相序和旋转方向是否符合要求，接地或接零是否良好，导线截面积是否符合要求。

3）检查电动机内部有无杂物，用干燥、清洁的 200～300kPa 的压缩空气吹净内部（可使用吹风机等来吹），但不能碰坏绕组。

4）检查电动机铭牌所示电压、频率与所接电源电压、频率是否相符，电源电压是否稳定（通常允许电源电压波动范围为±5%），绕组接法是否与铭牌所示相同。如果是降压起动，还要检查起动设备的接线是否正确。

5）检查电动机紧固螺栓是否松动，轴承是否缺油，定子与转子的间隙是否合理，间隙处是否清洁和有无杂物。检查机组周围有无妨碍运行的杂物，电动机和所传动机械的基础是否牢固。

6）检查保护电器（断路器、熔断器、交流接触器和热继电器等）整定值是否合适。动、静触头接触是否良好。检查控制装置的容量是否合适，熔体是否完好，规格、容量是否符合要求和装接是否牢固。

7）电刷与换向器或滑环接触是否良好，电刷压力是否符合制造厂的规定。

8）检查起动设备是否完好，接线是否正确，规格是否符合电动机要求。用手扳动电动机转子和所传动机械的转轴（如水泵、风机等），检查转动是否灵活，有无卡涩、摩擦和扫膛现象。确认安装良好，转动无碍。

9）检查传动装置是否符合要求。传动带松紧是否适度，联轴器连接是否完好。

10）检查电动机的通风系统、冷却系统和润滑系统是否正常。观察是否有泄漏印痕，转动电动机转轴，看转动是否灵活，有无摩擦声或其他异声。拆下轴承盖，检查润滑油质、油量。一般润滑脂的填充量应不超过轴承盒容积的 70%，也不得少于容积的 50%。

11）检查电动机外壳的接地或接零保护是否可靠和符合要求。

电动机经以上检查合格，便可进行试车。

2.2.2 电动机的空载试车

空载试车的目的是检查电动机通电空转时的状态是否合格。空载试车的检查项目及要求如下：

1）运行时检查电动机的通风冷却和润滑情况。电动机的进风口和出风口应畅通无阻，通风良好，电风扇与电风扇罩无互相擦碰现象，轴承应转动均匀，润滑良好。

2）判断电动机运行音响是否正常。电动机运行音响应均匀、正常，不得有嗡嗡声、碰擦声等异常的声音。

3）测量空载电流。电动机空载试车过程中，应监视电源电压和电动机的空载电流。一般在电源配电柜上都装有电压表和电压换相开关，可以检测三相电压是否平衡。这样当电动机三相电流异常时，可以判断是不是电源引起的。电动机试车时，可以用电流表配用电流换相开关测定三相空载电流，检测时应注意两个问题，一是空载电流与额定电流的百分比，符合表 2-2 规定范围的为合格；二是三相电流的不平衡程度，如果电动机空载运行三相电流不平衡程度在 5% 左右即为合格，各相电流不平衡程度超过 10% 应视为故障。

如果试车电源没有设电流表，也可以用钳形表来检测电动机的空载电流。

表 2-2　电动机空载电流与额定电流的百分比

极数 ＼ 功率/kW	0.125	0.5 以下	2 以下	10 以下	50 以下	100 以下
2	70～95	45～70	40～55	30～45	23～35	18～30
4	80～96	65～85	45～60	35～55	25～40	20～30
6	85～98	70～90	50～65	35～65	30～45	22～33
8	90～98	75～90	50～70	37～70	35～50	25～35

4）测量电动机各部分温升。空载试车时，在电动机机壳各部位用手贴住片刻，如果没有明显发烫的感觉，即认为正常。如需较准确地测定电动机的温度，可采用温度计法测定铁心温度。

5）检查电动机的振动。空载试车时，电动机的振动不应超过规定。

6）检查绕线转子电动机电刷与滑环工作情况。绕线转子电动机空载试车时，应经常检查电刷和滑环的接触情况，不允许有严重的火花，否则应调整电刷弹簧的压力或清理滑环，必要时进行修磨或更换。

空载试车的时间一般为 1h 左右，对重复短时工作制的电动机可适当减少空载运行时间。电动机经过空载试运行，各项检查都合格，即可带负载试运行。

2.3　电动机运行中的监视与维护

电动机在运行时，要通过听、看、闻等及时监视电动机的运行状况，当电动机出现不正常现象时能及时切断电源，排除故障。具体项目如下：

1）听电动机在运行时发出的声音是否正常。电动机正常运行时，发出的声音应该是平稳、轻快、均匀、有节奏的。如果出现尖叫、沉闷、摩擦、撞击以及振动等异声时，应立即停机检查。如当电动机过负载，则发出较大的嗡嗡声，当三相电流不平衡或缺相运行则嗡嗡声特别大等。

2）观察电动机有无振动。电动机若出现振动，会引起与之相连的负载部分不同心度增高，形成电动机负载增大，出现超负载运行，就会烧毁电动机。因此，电动机在运行中，尤其是大功率电动机更要经常检查地脚螺栓、电动机端盖、轴承压盖等是否松动，接地装置是否可靠，发现问题及时解决。

3）闻电动机运行时的气味。电动机过热时，绕组的绝缘物分解，可以闻到特殊的绝缘漆的气味；如轴承缺油严重发热或润滑油填充过量使轴承发热，可以闻到润滑油挥发的气味，噪声和异味是电动机运转异常、随即出现严重故障的前兆，必须及时发现并查明原因排除。

4）监视电动机运行中的温度。电动机运行时的允许温度范围由电动机所使用的绝缘材料的极限温度决定，电动机运行时不得超过规定的温度。检查电动机的温度及电动机的轴承、定子、外壳等部位的温度有无异常变化，尤其对无电压、电流指示及没有过载保护的电动机，温升的监视更为重要。电动机轴承是否过热、缺油，若发现轴承附近的温升过高，就应立即停机检查。注意电动机在运行中是否发出焦臭味，如有，说明电动机温度过高，应立即停机检查原因。

5）注意电动机的清洁和通风。保持电动机的清洁，特别是接线端和绕组表面的清洁。不允许水滴、油污及杂物落到电动机上，更不能让杂物和水滴进入电动机内部。要定期检修电动机，清洁内部，更换润滑油等。电动机在运行中，进风口周围至少 3m 内不允许有尘土、水渍和其他杂物，以防止吸入电动机内部，形成短路介质，或损坏导线绝缘层，造成匝间短路，电流增大，温度升高而烧毁电动机。所以，要保证电动机有足够的绝缘电阻，以及良好的通风冷却环境，才能使电动机在长时间运行中保持安全稳定的工作状态。

6）要定期测量电动机的绝缘电阻，特别是电动机受潮时，如发现绝缘电阻过低，要及时进行干燥处理。

7）对绕线转子电动机，要经常注意电刷与滑环间的火花是否过大，如火花过大要及时停机检修。若火花是由于电刷弹簧压力不足、电刷碎裂或磨损过度引起，应进行调整、修磨或更换；若火花是由于滑环脏污引起，则应清理。

8）监视电动机运行时的电流。监视电动机运行时的电流目的之一是保持电动机在额定电流下工作。电动机过载运行，主要原因是由于拖动的负载过大，电压过低，或被拖动的机械卡滞等造成的。若过载时间过长，电动机将从电网中吸收大量的有功功率，电流便急剧增大，温度也随之上升，在高温下电动机的绝缘便老化失效而烧毁。因此，电动机在运行中，要注意检查传动装置运转是否灵活、可靠；联轴器的同心度是否标准；齿轮传动的灵活性等，若发现有卡滞现象，应立即停机查明原因排除故障后再运行。

监视电动机运行时的电流目的之二是检查电动机三相电流是否平衡，其三相电流的任何一相电流与其他两相电流平均值之差不允许超过 10%，这样才能保证电动机安全运行。如果超过则表明电动机有故障，必须查明原因及时排除。

9）对电动机起动控制设备的维护。起动设备正常工作和电动机起动设备技术状态的好坏，对电动机的正常运行起着决定性的作用。实践证明，绝大多数烧毁的电动机，其原因大都是起动设备工作不正常造成的。如起动设备出现缺相起动，接触器触头拉弧、打火等。而起动设备的维护主要是清洁、紧固。如接触器触点不清洁会使接触电阻增大，引起发热烧毁触点，造成缺相而烧毁电动机；接触器电磁线圈的铁心锈蚀和尘积，会使衔铁吸合不严，并发出强烈噪声，增大线圈电流，烧毁线圈而引发故障。因此，电气控制柜应设在干燥、通风和便于操作的位置，并定期除尘。经常检查接触器触点、线圈铁心、各接线螺钉等是否可靠，机械部位动作是否灵活，使其保持良好的技术状态。

电动机的保护往往与控制设备及其控制方式有一定关系，即保护中有控制，控制中有保护。如电动机直接起动时，往往产生 4～7 倍额定电流的起动电流。若由接触器或断路器来控制，则电器的触头应能承受起动电流的接通和分断考验，即使是可频繁操作的接触器也会引起触头磨损加剧，以致损坏电器；对塑壳式断路器，即使是不频繁操作，也很难达到要求，因此，使用中往往与起动器串联在主回路中一起使用，此时由起动器中的接触器来承载接通起动电流的考验，而其他电器只承载通常运转中出现的电动机过载电流分断的考核，至于保护功能，由配套的保护装置来完成。

此外，对电动机的控制还可以采用无触点方式，即采用软起动控制系统。电动机主回路由晶闸管来接通和分断。有的为了避免在这些元器件上的持续损耗，正常运行中采用真空接触器承载主回路（并联在晶闸管上）负载。这种控制有程控或非程控；近控或远控；慢速起动或快速起动等多种方式。另外，依赖电子线路，很容易做到如电子式继电器那样的各种保护功能。最后指出不管采用何种保护装置，必须考虑过载保护装置与电动机、过载保护装置与短路保护装置的协调配合。还需要在实际工作中不断积累经验，判断电动机及控制设备存在的问题与故障处理，找出故障原因并加以分析，及时采取对策，以保证电动机及传动设备的正常运行。

2.4 实训

2.4.1 电动机绕组的检测技能训练

1. 实训目的

1）学习电动机绕组出线端的判断方法。

2）学习测量电动机绕组电阻值的方法。

3）掌握调压器、万用表及电桥的使用方法。

2. 实训设备及器材

三相电动机（JO2-42-4，7.5kW）、单相调压器、直流双臂电桥（QJ26-1）、万用表（MF47）、24V指示灯、导线、白胶布若干及电工常用工具一套。

3. 实训内容

1）判断电动机出线端的组别

方法一：导通法。万用表拨到电阻 $R \times 1k\Omega$ 档，一支表笔接电动机任一根出线，另一支表笔分别接其余出线，测得有阻值时两表笔所接的出线即是同一绕组。同样可区分其余出线的组别。判断后做好标记。

方法二：电压表法。将小量程电压表一端接电动机任一根出线，另一端分别接其余出线，同时转动电动机轴。当表针摆动时，交流电压表所接的两根出线属同一绕组。同样可区分其余出线的组别。判断后做好标记。

用万用表的电压 1V 档代替交流电压表也可以进行判断。但应注意，必须缓慢转动电动机轴，防止指针大幅度反打损坏表头。

2）电动机绕组首末端判断。用万用表检查绕组的首、尾端可参见图 2-7 进行接线，用万用表的毫安档测试。转动电动机的转子，如表的指针不动，说明三相绕组是首首相联，尾尾相联。如指针摆动，可将任一相绕组引出线首尾位置调换后再试，直到表针不动为止。

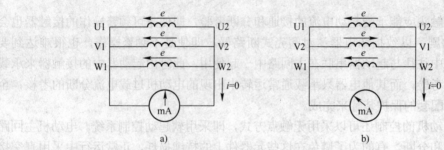

图 2-7 用万用表检查绕组的首尾端

a) 指针不动，绕组头尾联结正确　b) 指针摆动，绕组头尾联结不对

3）测量电动机绕组的电阻值。

方法一：万用表法。用万用表的电阻档测量电动机绕组的电阻值误差很大。例如：7.5kW 电动机的一相绕组电阻值约为 1.2Ω，而万用表的电阻 $R×1$ 档最小刻度为 1（Ω），所以测量结果的准确值为 1Ω，而其余的 0.2Ω 是估计值。这对于需要检查各绕组的电阻值差别时就不符合要求了。用万用表测量功率为几十到几百瓦的小电动机绕组时尚可，但也不很准确。测量前先进行万用表的机械调零，根据待测电动机的阻值选用适当的档位后，再将两支表笔短接进行调零。如指针摆不到 0 位时，则应更换电池。

方法二：电桥法。用电桥测量电动机绕组的电阻可以得到准确的测量值。使用 QJ26-1 型直流双臂电桥可以测量 11Ω 以下的电阻，相对误差仅±2%。具体操作步骤如下：

① 验表。检查电桥的两组电源，如电池电压不足则应更换。按下检流计按钮 G，调节检流计上方的零位调节旋钮，使指针指零位；然后打开 9V 电压开关 W，如指针偏离零位，则调节 W 使指针回零，松开按钮 G。

② 接线。图 2-8 为电桥法测量电动机绕组。从待测绕组的首端和末端接线端子各引出两根连线（使用的导线应尽量粗一些，截面 2.5mm² 以上，尽量短些，以能接入电桥为限）。两根导线不得绞接。应各自弯成圆环状，两导线圆环中间加一圆垫片，依次套入接线端子紧固牢靠。将两接线端子上、下面的两根连线分别接入电桥的电流端钮（C1、C2）和电位端（P1、P2）。

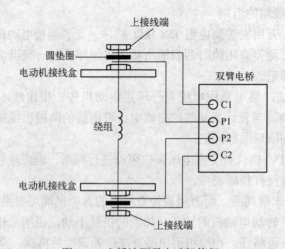

图 2-8　电桥法测量电动机绕组

③ 根据万用表测得的绕组电阻值适当选择比较臂的电阻值、比率臂的比值。

④ 测量。按下电源按钮 B，稍候再按下检流计按钮 G，如检流计指针偏向"＋"方向，则增大比较臂阻值（反之则减小较臂的阻值），直到电桥平衡（即检流计指针指零）。先松开 G，再松开 B，防止绕组感应电动势损坏检流计。

⑤ 读取比较臂阻值和比率臂的比值，按下式计算：

待测绕组的电阻值＝比率×比较臂阻值（两读数盘数值之和）

同样，可测得其余两相绕组的阻值。并记录测量结果：

第一相绕组电阻（　　）Ω；第二相绕组电阻（　　）Ω；第三相绕组电阻（　　）Ω。

2.4.2 测量电动机的绝缘电阻、空载电流技能训练

1. 实训目的

1）掌握用绝缘电阻表测量电动机绝缘电阻的方法。

2）掌握使用钳形表测量电动机的空载电流。

2. 实训设备

绝缘电阻表、钳形表、电动机及常用电工工具一套。

3. 实训内容

1）测量三相笼型异步电动机绝缘电阻。

① 选用绝缘电阻表。测量额定电压 500V 以下的旧电动机的绝缘电阻可选用 500V 绝缘电阻表；测量额定电压 500V 以下的新电机或额定电压在 500V 以上的电动机可选用 1000V 绝缘电阻表。

② 对绝缘电阻表进行检查。绝缘电阻表的外观应清洁、无破损；摇把应灵活；表针无卡死现象；各端钮齐全；测试线绝缘应良好。将绝缘电阻表水平放置，两支表笔分开，摇动手柄，表针指向无穷大（∞）处。做短路试验，将两表笔短接、轻摇手柄，表指针应指零欧（0）处。注意：做绝缘电阻表短路试验时，表针指零后不要继续摇手柄，以防损坏绝缘电阻表；不能使用双股绝缘导线或绞型线做测量线，以避免引起测量误差。

③ 摇测定子绕组相间绝缘。将绝缘电阻表水平放置，把两支表笔中的一支接到电动机一相绕组的接线端上（如 U 相），另一支接到电动机另一相绕组的接线端上（如 V 相），顺时针由慢到快摇动手柄至转速 120r/min，摇动手柄 1min，读取数据。数据读完后，先撤表笔后停摇。按以上方法再测 U 相与 W 相，V 相与 W 相之间的绝缘电阻，三相笼型异步电动机绝缘电阻并记录在表 2-3 中。

表 2-3　三相笼型异步电动机绝缘电阻

项　　目	U-V	V-W	W-U	U-地	W-地	V-地
测量值						
结果分析						

④ 摇测绕组对机壳的绝缘。将绝缘电阻表的黑色表笔（E）接于电动机外壳的接地螺栓上，红色表笔（L）接于绕组的接线端上。摇动手柄转速至 120r/min，摇动手柄 1min，读取数据。然后，先撤表笔后停摇。按以上方法再摇测 V 相对机壳，W 相对机壳的绝缘电阻。并记录测量结果。

⑤ 绝缘电阻合格值。新电机绝缘电阻值不应小于 1MΩ；旧电机定子绕组绝缘电阻值每伏工作电压不小 1kΩ；绕线式电动机转子绕相每伏工作电压不小于 0.5kΩ。

将测量数据与上述合格值进行比较。绝缘电阻值大于合格值的电动机可以使用。

2）测量电动机的空载电流。

① 选表：测量笼型异步电动机空载电流可选用磁电式钳形电流表，而测量绕线式电动机转子绕组电流应选用电磁式钳形电流表；根据被测电机铭牌上的额定电流值选择合适量程的钳形电流表。

② 验表：钳形电流表的外壳应清洁完整、绝缘良好、干燥；钳口应能紧密闭合；使用前应进行机械调零。

③ 测量：根据被测电流的大小，选择钳形电流表适当的档位，如无法估计被测电流大小，则应先将量程置于最大档；使被测导线位于钳口内的中央读数，如果测量使表针过于偏向表盘两端时，应打开钳口使表退出，更换量程后重新嵌入进行测量，读数时眼睛的视线应垂直于表盘，将读数乘以倍率得出测量结果。三相笼型异步电动机的空载电流如表 2-4 所示。

表 2-4　三相笼型异步电动机的空载电流

项　　目				
测量值				
结果分析				

注意：测量者应戴绝缘手套或干燥的线手套；注意与带电体的安全距离；测量电动机电流时仅钳入电源一根相线，如测量值太小（钳形电流表已换到最小量程）；可将导线绕几圈放入钳口测量，然后将测量结果除以放进钳口内的导线根数；如测量时有杂音，可将钳口打开一下再闭合即可消除；测量完毕应将量程放于最大量程，防止再次使用时未转换量程而损坏电表；不宜用钳形表去测裸导体中的电流。

2.5　习题

1. 电动机的铭牌标明：电动机的接线型式为丫/△接线，额定电压为 380/220V，若电源电压为 380V，此时电动机应采用哪种接线型式？

2. 对照电动机实物，画出其接线端子，标出首尾端并画图表示星型如何联结？三角形接线如何联结？

3. 判断电动机绕组的出线端有哪几种常用的方法？

4. 使用钳形电流表测量电动机空载电流时如何操作?有哪些注意事项？

5. 电动机绝缘电阻是怎样测量的？有哪些测量项目?应注意哪些问题？一般异步电动机绝缘电阻合格值是多少？

第3章 三相异步电动机电气控制线路

本章要点

● 制作电动机控制线路的步骤
● 三相异步电动机典型的控制线路及检查试车
● 三相异步电动机典型控制线路的安装技能训练

3.1 制作电动机控制线路的步骤

制作电动机控制线路包括根据控制要求绘制电气原理图、电器元件布置图和电气安装接线图,并照图进行安装接线,最后进行检查试车。

3.1.1 电气原理图、电器元件布置图和接线图

1. 电气原理图

电气原理图是用国家统一规定的图形符号和文字符号,表示各个电器元件的连接关系和电气控制线路的工作原理的图形。电气原理图结构简单、层次分明便于阅读和分析电路的工作原理。图3-1所示为CW6132型普通车床的电气原理图。

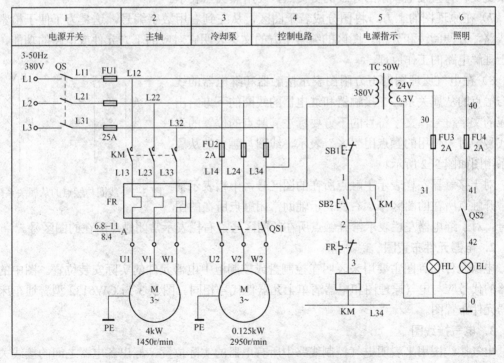

图3-1 CW6132型普通车床的电气原理图

绘制电气原理图应遵守下面的基本原则：

1）电气原理图包括主电路和辅助电路两部分。主电路是从电源到电动机的大电流通过的路径，一般从电源开始，经过电源引入的刀开关（或组合开关）、熔断器、接触器的主触点、热继电器的热元件到电动机。辅助电路包括控制电路、信号回路、保护电路和照明电路。辅助电路中经过的电流比较小，一般不超过 5A。控制电路一般由熔断器、主令电器（如按钮）、接触器的线圈及辅助触点、继电器线圈和触点、热继电器的常闭触点、保护电器的触点等组成。信号回路主要由接触器的辅助触点、继电器的触点和信号灯等组成。

2）在电气原理图中，电器元件采用展开的形式绘制，如属于同一接触器的线圈和触点分开来画，但同一元件的各个部件必须标以相同的文字符号。电气原理图包括所有电器元件的导电部件和接线端子，但并不是按照各电器元件的实际位置和实际接线情况绘制的。

3）电气原理图中所有的电气元件必须采用国家标准中规定的图形符号和文字符号。属于同一电器的各个部件要用同一个文字符号表示。当使用多个相同类型的电器时，要在文字符号后面标注不同的数字序号。

4）电气原理图中所有的电器设备的触点均在常态下绘出，所谓常态是指电器元件没有通电或没有外力作用时的状态，此时常开触点断开，常闭触点闭合。

5）电气原理图的布局安排应便于阅读分析。采用垂直布局时，动力电路的电源线绘成水平线，主电路应垂直于电源电路画出。控制回路和信号回路应垂直地画在两条电源线之间，耗能元件（如线圈、电磁铁和信号灯等）应画在电路的最下面。且交流电压线圈不能串联。

6）在原理图中，各电器元件应按动作顺序从上到下，从左到右依次排列，并尽量避免线条交叉。有直接电联系的导线的交叉点，要用黑圆点表示。

7）在原理图的上方，将图分成若干图区，从左到右用数字编号，这是为了便于检索电气线路，方便阅读和分析。图区的编号下方的文字表明它对应的下方元件或电路的功能，以便于理解电路的工作原理。

8）在电气原理图的下方附图表示接触器和继电器的线圈与触点的从属关系。在接触器和继电器的线圈的下方给出相应的文字符号，文字符号的下方要标注其触点的位置的索引代号，对未使用的触点用"×"表示，线圈与触点的从属关系附图如图 3-2 所示。

KM			KA	
4	6	×	9	×
4	×	×	13	×
4			×	×
			×	×

图 3-2 线圈与触点的从属关系附图

对于接触器左栏表示主触点所在的图区号，中栏表示辅助常开触点所在的图区号，右栏表示辅助常闭触点所在的图区号。对于继电器左栏表示常开触点所在的图区号，右栏表示常闭触点所在的图区号。

2．电器元件布置图

电器元件布置图主要用来表明在控制盘或控制柜中电器元件的实际安装位置。图中的各电器的代号应与电气原理图和电器清单上元器件代号相同。图 3-3 为 CW6132 型普通车床的电器元件布置图。

3．电气接线图

电气接线图用来表明电气控制线路中所有电器的实际位置，标出各电器之间的接线关系和接线去向。接线图主要用于安装电器设备和电器元件时进行配线。接线图根据表达对象和用途不同，可以分为单元接线图、互连接线图和端子接线图。单元接线图表示单元内部的连接关系，不包括单元之间的外部连接，应根据位置图布置各个电器元件，根据电器位置布置最合理，连接导线最经济的原则绘制。图 3-4 为 CW6132 型普通车床的互连接线图。绘制接线图时应注意：

1）在接线图中各电器以国家标准规定的图形符号代表实际的电器，各电器的位置与实际安装位置一致。一个元件的所有部件应画在一起，并用虚线框起来。

2）接线图中的各电器元件的图形符号及文字代号必须与原理图完全一致，并要符合国家标准。

3）各电器元件上凡是需要接线的部件端子都应绘出，并且一定要标注端子编号，各接线端子的编号必须与原理图上相应的线号一致；同一根导线上连接的所有端子的编号应相同，即等电位点的标号相同。

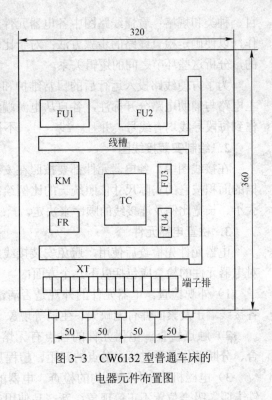

图 3-3　CW6132 型普通车床的
电器元件布置图

4）同一控制盘上的电器元件可以直接连接，而盘内和外部元器件连接时必须经过接线端子排进行，走向相同的相邻导线可绘成一股线。在接线图中一般不表示导线的实际走线途径，施工时由操作者根据实际情况选择最佳走线方式。

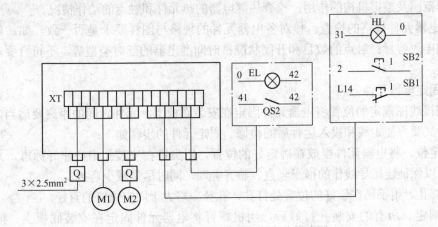

图 3-4　CW6132 型普通车床的互连接线图

3.1.2　制作电动机控制线路的步骤

1. 熟悉电气原理图

为了顺利地安装接线、检查调试和排除故障，必须认真阅读原理图，明确电器元件的数目、种类和规格；看懂线路图中各电器元件之间的控制关系及连接顺序；分析线路的控制动作，以便确定检查线路的步骤方法；对于比较复杂的线路，还应看懂是由哪些基本环节组成的，分析这些环节之间的逻辑关系。

为了方便线路投入运行后的日常维护和排除故障，必须按规定给原理图标注线号。应将主电路与辅助电路分开标注，各自从电源端起，各相线分开，顺次标注到负荷端。标注时应作到每段导线均有线号，并且一线一号，不得重复。

2. 绘制安装接线图

在接线图中，各电器元件都要按照在安装板或控制柜中的实际安装位置绘出，元件所占据的面积按它的实际尺寸依照统一的比例绘制；各电器元件之间的位置关系视安装盘的面积大小、长宽比例及连接线的顺序来决定。

3. 检查电器元件

电器元件先检查后使用，避免安装接线后发现问题再拆换，提高制作线路的工作效率。对电器元件的检查应包括以下几个方面：

1）外观检查。电器元件的外观是否清洁完整；外壳有无碎裂；零部件是否齐全有效；各接线端子及紧固件有无缺失、生锈等现象。

2）触点检查。电器元件的触点有无熔焊粘连、变形严重氧化锈蚀等现象；触点的闭合、分断动作是否灵活；触点的开距、超程是否符合标准；接触压力弹簧是否有效。

3）电磁机构和传动机构的检查。电器的电磁机构和传动部件的动作是否灵活；有无衔铁卡阻、吸合位置不正等现象；新产品使用前应拆开清除铁心端面的防锈油；检查衔铁复位弹簧是否正常。用万用表检查所有元器件的电磁线圈的通断情况，测量它们的直流电阻并做好记录，以备检查线路和排除故障时参考。

4）其他器件的检查。检查有延时作用的所有电器元件的功能，如时间继电器的延时动作、延时范围及整定机构的作用；检查热继电器的热元件和触点的动作情况。

5）电器元件规格的检查。核对各电器元件的规格与图样要求是否一致。如：电器的电压等级和电流容量；触点的数目和开闭状况；时间继电器的延时类型等。不符合要求的应更换或调整。

4. 固定电器元件

按照接线图规定的位置将电器元件固定在安装底板上。元件之间的距离要适当，既要节省板面，又要方便走线和投入运行后的检修。固定元件的步骤如下：

1）定位。将电器元件摆放在确定好的位置，用尖锥在安装孔中心作好标志，元件应排列整齐，以保证连接导线作的横平竖直、整齐美观，同时尽量减少弯折。

2）打孔。用手钻在做好的位置处打孔，孔径应略大于固定螺钉的直径。

3）固定。所有的安装孔打好后，用机螺钉将电器元件固定在安装底板上。固定元件时，应注意在螺钉上加装平垫圈和弹簧垫圈。紧固螺钉时将弹簧垫圈压平即可，不要过分用力。防止用力过大将元件塑料底板压裂造成损失。

5. 接线

接线时，必须按照接线图规定的方位进行。一般从电源端起，按线号顺序做，先做主电路，然后做控制电路。

接线前应先做好准备工作：按主电路、控制电路的电流容量选好规定截面的导线；准备适当的线号管；使用多股线时应准备烫锡工具或压线钳。

接线应按以下步骤进行：

1）选适当截面的导线，按接线图规定的方位，在规定好的电器元件之间测量所需的长度，截取适当长短的导线，剥去两端绝缘外皮。为保证导线与端子接触良好，要用电工刀将芯线表面的氧化物刮掉；使用多股芯线时要将线头绞紧，必要时应烫锡处理。

2）走线时应尽量避免导线交叉。先将导线校直，把同一走向的导线汇成一束，依次弯向所需的方向。走线应作到横平竖直，拐直角弯。做线时要将拐角作成 90°的"慢弯"，导线的弯曲半径为导线直径的 3～4 倍，不要用钳子将导线作成"死弯"，以免损伤绝缘层和线芯。做好的导线束用铝线卡垫上绝缘物卡好。

3）将成型好的导线套上线号管，根据接线端子的情况，将芯线围成圆环或直接压进接线端子。

4）接线端子应紧固好，必要时加装弹簧垫圈紧固，防止电器动作时因振动而松脱。接线过程中注意按照图纸核对，防止错接。必要时用万用表校线。同一接线端子内压接两根以上导线时，可以只套一只线号管；导线截面不同时，应将截面大的放在下层，截面小的放在上层。

3.1.3 检查线路和试车

制作好控制线路必须经过认真地检查后才能通电试车，以防止错接、漏接及电器故障引起线路动作不正常，甚至造成短路事故。检查线路应按以下步骤进行：

1．核对接线

对照原理图、接线图、从电源端开始逐段核对端子接线的线号，排除漏接、错接现象。重点检查控制线路中易接错处的线号，还应核对同一根导线的两端是否错号。

2．检查端子接线是否牢固

检查所有端子上的接线的接触情况，用手一一摇动、拉拔端子上的接线，不允许有松脱现象。避免通电试车时因虚接造成麻烦，将故障排除在通电之前。

3．电阻测量法检查线路

电阻测量法必须断电进行。电阻测量法可以分为分段测量法和分阶测量法。检查时，把万用表拨到电阻档，若用分段测量法，就逐段测量各个触点之间的电阻。若所测电路并联了其他电路，测量时必须将被测电路与其他电路断开，电阻测量法检查线路如图 3-5 所示。

用手动来模拟电器的操作动作，根据线路的动作来确定检查步骤和内容；若测得某两点间的电阻很大，说明该触点接触不良或导线断开，对于接触器线圈，其进出线两端的电阻值应与铭牌上标注的电阻值相符，若测得 KM1 线圈间的电阻为无穷大，则线圈断线或接线脱落。若测得 KM1 线圈间的电阻接近 0，则线圈内部绝缘损坏，线圈可能短路。测

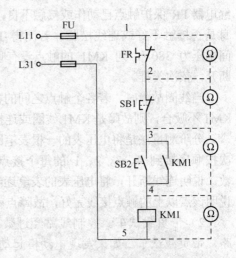

图 3-5 电阻测量法检查线路

量时根据原理图和接线图选择测量点。一般情况下，按下列步骤进行：

1）断开控制电路，检查主电路。断开电源开关，取下控制电路的熔断器的熔体，断开控制电路，用万用表检查下述内容：主电路不带负荷（电动机）时相间应绝缘；摘下灭弧罩，用手按下接触器主触点支架，检查接触器主触点动作的可靠性；正反转控制线路的电源换相线路及热继电器热元件是否良好、动作是否正常等。

2）断开主电路，检查控制电路的动作情况。主要检查下列内容：控制电路的各个控制环节及自锁、联锁装置的动作情况及可靠性；与设备的运动部件联动的元件（如行程开关、速度继电器等）动作的正确性和可靠性；保护电器动作的准确性等。

4．通电试车与调整

通电试车步骤如下：

1）空操作试验。先切除主电路（可断开主电路熔断器），装好控制电路熔断器，接通三相电源，使线路不带负载（电动机）通电操作，以检查辅助电路工作是否正常。操作各按钮检查它们对接触器、继电器的控制作用；检查接触器的自锁、联锁等控制作用；用绝缘棒操作行程开关，检查它的行程控制或限位控制作用等。同时观察各电器操作动作的灵活性，有无过大的噪声，线圈有无过热等现象。

在空操作试验时，若出现故障，可以采用电压测量法检查故障。电压测量法可以分为分阶测量法和分段测量法。

电压测量法检查故障如图 3-6 所示。将万用表调到交流 500V 档，接通电源，按下起动按钮 SB2，正常时，KM1 吸合并自锁。这时电路中（1-2）、（2-3）、（3-4）各段电压均为 0，（4-5）两点之间为线圈的工作电压 380V。

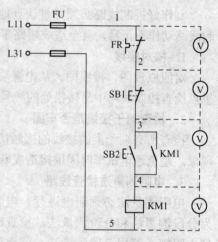

图 3-6　电压测量法检查故障

当触点故障时，按下按钮 SB2，若 KM1 不吸合，先测电源两端的电压，若测得电压为 380V，说明电源电压正常，熔断器完好。接着测量各个触点之间的电压，若测得热继电器触点之间的电压为 380V，说明热继电器 FR 保护触点已动作或接触不良，应检查触点本身是否接触不好或连线松脱，若测得 KM1（3-4）之间电压为 380V，则 KM1 的触点没有吸合或连接导线断开，依次类推。

当线圈故障时，若各个触点之间的各段电压均为 0，KM1 线圈两端的电压为 380V，而 KM1 不吸合，则故障是 KM1 线圈或连接导线断开。

分阶测量法是将电压表的一根表笔固定在线路电源的一端，如图中 5 点，另一根表笔依次按顺序接到 4、3、2、1 的每个接点上。正常时，电压表的读数为电源电压；若没有读数，说明连线断开，将电压表的表笔逐级上移，当移至某点，电压表的读数又为电源电压，说明该点以上的触点接线完好，故障点就是刚跨过的接点。

2）带负载试车。控制线路经过数次空操作试验动作无误，即可切断电源，接通主电路，带负载试车。如果发现电动机起动困难、发出噪声及线圈过热等异常现象，应立即停车，切断电源后进行检查。

3.2 三相异步电动机直接起动控制线路及检查试车

笼型异步电动机直接起动是一种简便、经济的起动方法。但直接起动时的起动电流为电动机额定电流的 4～7 倍，过大的起动电流会造成电压明显下降，直接影响在同一电网工作的其他负载的正常工作，所以直接起动的电动机的容量受到一定限制。可根据电动机起动频繁程度、供电变压器容量大小来决定允许直接起动电动机的容量，对于起动频繁，允许直接起动的电动机容量应不大于变压器容量的 20%；对于不经常起动者，直接起动的电动机容量不大于变压器容量的 30%。通常功率小于 11kW 的笼型电动机可采用直接起动。

3.2.1 点动控制线路及检查试车

点动控制是指按下按钮电动机才会运转，松开按钮即停转的电路。生产机械有时需要作点动控制，如用于电动葫芦、地面操作的小型行车及某些机床辅助运动的电气控制。

1. 点动控制线路

图 3-7 是电动机单向点动控制线路的原理图，由主电路和控制电路两部分组成。

主电路中开关 QS 为电源开关起隔离电源的作用；熔断器 FU1 对主电路进行短路保护，主电路由接触器 KM 的主触点接通或断开。由于点动控制，电动机运行时间短，有操作人员在近处监视，所以一般不设过载保护环节。

控制电路中熔断器 FU2 进行短路保护；常开按钮 SB 控制接触器 KM 电磁线圈的通断。

线路控制动作如下：合上隔离开关 QS，①按下 SB→KM 线圈通电→KM 主触点闭合→电动机 M 得电起动并进入运行状态；②松开 SB→KM 线圈断电→KM 主触点断开→电动机 M 失电停转。

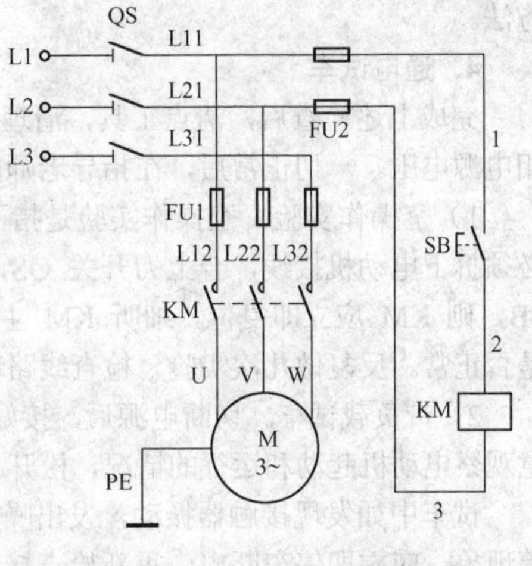

图 3-7 电动机单向点动控制线路的原理图

2. 按照原理图接线

在原理图上，按规定标好线号，如图 3-7 所示。按照原理图进行接线。在试验台上接线，从开关 QS 的下接线端子开始，先做主电路，后做控制电路的连接线。主电路使用导线的横截面积应按电动机的工作电流适当选取。将导线先校直，剥好两端的绝缘皮后成型。套上线号管接到对应端子上。做线时要注意水平走线时尽量靠近底板；中间一相线路的各段导线成一直线，左右两相导线对称。三相电源线直接接入开关 QS 的上接线端子。电动机接线盒至安装盘上的接线端子排之间应使用护套线连接。注意做好电动机外壳的接地保护线。

对中小功率电动机控制线路而言，一般可以使用截面积为 1.5mm² 左右的导线连接。将同一走向的相邻导线并成一束。要用螺钉压接的一端的导线先套好线号管。将芯线按顺时针方向围成圆环压接入端子，避免旋紧螺钉时将导线挤出，造成虚接。

3. 检查线路

接线完成后首先对照原理图逐线检查，核对线号，用手拨动导线，检查所有端子接线的接触情况，排除虚接处。接着用万用表检查，检查步骤如下：

断开 QS，摘下接触器的灭弧罩，以便用手操作来模拟触点的分合动作，万用表拨到 $R \times 1$ 档。

1）检查主电路。拔去 FU2 以切除辅助电路，万用表笔分别测量开关下端 L11～L21、L21～L31 和 L11～L31 之间的电阻，结果均应该为断路（$R \to \infty$）。如果某次测量的结果为短路（$R \to 0$），则说明所测量的两相之间的接线有短路问题，应仔细逐线检查。

用手按压接触器主触点架，使三极主触点都闭合，重复上述测量，应分别测得电动机各相绕组的阻值。若某次测量结果为断路（$R \to \infty$），则应仔细检查所测两相的各段接线。例如，测量 L21～L31 之间电阻值 $R \to \infty$，则说明主电路 L2、L3 两相之间的接线有断路处。可将一支笔接 L21 处，另一支表笔依次测 L22、V 各段导线两端的端子，再将表笔移到 W、L32、L31 各段导线两端测量，这样即可准确地查出断路点，并予以排除。

2）检查控制电路。装好 FU2，万用表表笔接刀开关下端子 L11、L21（辅助电路电源线）处，应测得断路；按下按钮 SB，应测得接触器 KM 线圈的电阻值。如所测得的结果不正常，则将一支表笔接 L11 处，另一支表笔依次接 1 号、2 号……各段导线两端端子，即可查出短路或断路点，并予以排除。移动表笔测量、逐步缩小故障范围是一种快速可靠的探查方法。

4．通电试车

完成上述检查后，清点工具，清理实验板上的线头杂物，装好接触器的灭弧罩，检查三相电源电压。一切正常后，在指导老师的监护下通电试车。

1）空操作实验。空操作实验是指不接电动机，只检查控制电路的实验方法。在实验时必须拆下电动机接线，合上刀开关 QS，按下点动按钮 SB，接触器 KM 应立即动作；松开 SB，则 KM 应立即复位。细听 KM 主触点的分合动作的声音和接触器线圈电动运行的声音是否正常。反复做几次实验，检查线路动作的可靠性。

2）带负载试车。切断电源后，接好电动机接线，重新通电试车。合 QS，按下 SB 后注意观察电动机起动和运行的情况，松开 SB 观察电动机能否停车。

试车中如发现接触器振动，发出噪声、主触点燃弧严重，以及电动机嗡嗡响，不能起动等现象，应立即停车断电。重新检查接线和电源电压，必要时拆开接触器检查电磁机构，排除故障后重新试车。

5．线路故障检查及排除

1）线路进行空操作实验时，按下 SB 后，接触器 KM 衔铁剧烈振动，发出严重噪声。

分析：线路经过万用表检测未见异常，电源电压也正常。怀疑控制电路熔断器 FU2 接触不实，当接触器动作时，振动造成辅助电路电源时通时断，使接触器振动；或接触器电磁机构有故障造成振动。

检查：先检查熔断器接触情况，将各熔断器瓷盖上的触刀向内按紧，保证与静插座接触良好。装好后通电试验，接触器振动如前。再将接触器拆开，检查电磁机构，发现铁心端面的短路环断裂。

处理：更换短路环（或更换铁心）后装复，将接触器装回线路。重新检查后试验，故障排除。

2）线路空操作试验正常，带负荷试车时，按下 SB 发现电动机嗡嗡响不能起动。

分析：线路空操作试验未见异常，带负载试车时接触器动作正常，而电动机起动异常现象是缺相造成的。怀疑线路中间有一相连接线有断路点，因主电路、辅助电路共用 L1、L2 相电源，而接触器电磁机构工作正常，表明 L1、L2 相电源正常。

检查：用万用表检查各接线端子之间连接线，未见异常。摘下接触器灭弧罩，发现一极主触点歪斜，接触器动作时，这一极触点无法接通，致使电动机缺相无法起动。

处理：仔细装好接触器主触点，装回灭弧罩后重新试车，故障排除。

3.2.2 全压起动连续运转控制线路及检查试车

1. 全压起动连续运转控制线路

图 3-8 为电动机全压起动连续运转控制电路。图中 QS 为电源开关，FU1、FU2 为主电路与控制电路熔断器，KM 为接触器，FR 为热继电器，SB1、SB2 分别为停止按钮与起动按钮，M 为三相笼型感应电动机。

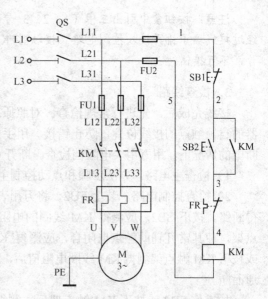

电动机控制如下：合上电源开关 QS，①起动时，按下起动按钮 SB2（2-3），接触器线圈 KM（4-5）通电吸合，其主触点闭合，电动机接通三相电源起动。同时，与起动按钮 SB2 并联的接触器常开辅助触点 KM（2-3）闭合，使 KM 线圈经 SB2 触点与接触器 KM 自身常开辅助触点 KM（2-3）通电，当松开 SB2 时，KM 线圈仍通过自身常开辅助触点继续保持通电，从而使电动机获得连续运转。这种依靠接触器自身辅助触点保持线圈通电的电路，称为自锁电路，而这对常开辅助触点称为自锁

图 3-8　电动机全压起动连续运转控制电路

触点。②电动机需停转时，可按下停止按钮 SB1，接触器 KM 线圈断电释放，KM 主触点与常开辅助触点均断开，切断电动机主电路及控制电路，电动机停止旋转。

继电器、接触器电路中常用的保护有：

1）短路保护。由熔断器 FU1、FU2 分别实现主电路与控制电路的短路保护。

2）过载保护。由热继电器 FR 实现电动机的长期过载保护。当电动机出现长期过载时，串接在电动机主电路中的发热元件使双金属片受热弯曲，热继电器动作，使串接在控制电路中的热继电器的常闭触点断开，切断 KM 线圈电路，KM 主触点断开，使电动机断电，实现电动机过载保护。

3）欠电压和失电压保护。当电源电压严重下降或电压消失时，接触器电磁吸力急剧下降或消失，衔铁释放，各触点复原，断开电动机电源，电动机停止旋转。一旦电源电压恢复时，电动机也不会自行起动，从而避免事故发生。因此，具有自锁电路的接触器控制具有欠电压与失电压保护作用。

2. 照图接线

在原理图上，按规定标好线号（见图 3-8）。在实验台上按照原理图进行接线。

1）接主电路。从刀开关 QS 的下接线端子开始，先做主电路。电动机的连续运转要考虑电动机的过载保护，若用 JR16 系列有三相热元件的热继电器，主电路接触器 KM 主触点三只端子（L13、L23、L33）分别与三相热元件上端子连接；如使用其他系列只有两相热元件的热继电器，则 KM 主触点只有两只端子与热元件端子连接，而第三只端子直接经过端子排 XT 相应端子接电动机。注意：切不可将热继电器触点的接线端子当成热元件端子接入主电路，否则将烧毁触点。

2）接控制电路。在连续运转的控制电路中，增加了自锁触点和热继电器的常闭触点。在控制电路中出现了并联支路，则应先接串联支路，在串联支路接完后，检查无误，再连接并联支路，如并联连接接触器的自锁触点 KM（2-3）。

注意：按钮盒中引出三根（1、2、3 号线）导线，使用三芯护套线与接线端子排连接。经过接线端子排再接入控制电路；接触器 KM 的自锁触点上、下端子接线分别为 2 号和 3 号，不可接错。

3. 检查线路

接线完成后，先进行常规检查。对照原理图逐线核查。重点检查按钮盒内的接线和接触器的自锁触点的接线位置，防止错接。用手拨动各接线端子处接线，排除虚接故障。接着在断电的情况下，用万用表电阻档检查。断开 QS，摘下接触器灭弧罩。

1）检查主电路。方法步骤和点动控制主电路的检查相同。

2）检查控制电路。装上 FU2，将万用表笔跨接在刀开关 QS 下端子 L11、L21 处，应测得断路。按下 SB2，应测得 KM 线圈的电阻值。检查自锁线路，松开 SB2 后，按下 KM 触点架，使其常开辅助触点也闭合，应测得 KM 线圈的电阻值。检查停车控制，在按下 SB2 或按下 KM 触点架测得 KM 线圈电阻值后，同时按下停车按钮 SB1，则应测得出辅助电路由通而断。

如操作 SB2 或按下 KM 触点架后，测得结果为断路，应检查按钮及 KM 自锁触点是否正常，连接线是否正确、有无虚接及脱落。必要时用移动表笔缩小故障范围的方法探查断路点。

如上述测量中测得短路，则重点检查不同线号的导线是否错接到同一端子上了。例如：起动按钮 SB2 下端子引出的 3 号线如果错接到 KM 线圈下端的 5 号端子上，则控制电路的两相电源不经 KM 线圈直接连通，只要按下 SB2 就会造成短路。再如：停止按钮 SB1 下接线端子引出的 2 号线如果错接到接触器 KM 自锁触点下接线端子 3 号，则起动按钮 SB2 被短接，不起作用。此时只要合上隔离开关 QS（未按下 SB2），线路就会自行起动而造成危险。

如检查停车控制时，停止按钮不起作用，则应检查自锁触点的连接位置和检查按钮盒内接线，并排除错接。

3）检查过载保护环节。摘下热继电器盖板后，按下 SB2 测得 KM 线圈阻值，同时用小螺钉旋具缓慢向右拨动热元件自由端，在听到热继电器常闭触点分断动作的声音同时，万用表应显示辅助电路由通而断。否则应检查热继电器的动作及连接线情况，并排除故障。检查结束后，要按下复位按钮让热继电器复位。

4. 通电试车

完成上述各项检查后，清理好工具和安装板，将接触器的灭弧罩装好，检查三相电源。将热继电器电流整定值按电动机的需要调节好，在指导老师的监护下试车。

1) 空操作试验。在实验时必须拆下电动机接线，合上 QS，按下 SB2 后，接触器 KM 应立即得电动作，松开 SB2，接触器 KM 能保持吸合状态；按下停止按钮 SB1，KM 应立即释放。反复操作几次，以检查线路动作的可靠性。

2) 带负载试车。切断电源后，接好电动机，合上 QS，按下 SB2，电动机 M 应立即得电起动后进入运行；松开 SB2，电动机继续运转；按下 SB1 时电动机停车。

5. 线路故障检查及排除

1) 合上刀开关 QS（未按下 SB2）接触器 KM 立即得电动作；按下 SB1 则 KM 释放，松开 SB1 时，KM 又得电动作。

故障现象说明停止按钮 SB1 停车控制功能正常，而起动按钮 SB2 不起作用。从原理图分析可知，故障是由于 SB1 下端连接线 2 直接接到 SB2 下端 3 或接触器自锁触点的下端 3 引起。

先检查线路，拆开按钮盒，核对接线，再检查接触器辅助触点接线，找到接错的线，改正，再重新试车。

2) 试车时合上 QS，没有按下起动按钮，接触器剧烈振动（振动频率低，约 10～20Hz），主触点严重起弧，电动机轴时转时停，按下 SB1 则 KM 立即释放。松开 SB1 接触器又剧烈振动。

故障现象表明起动按钮 SB2 不起作用，而停止按钮 SB1 有停车控制作用，接触器剧烈振动且频率低，不像是电源电压低（噪声约 50Hz）和短路环损坏（噪声约 100Hz），是由于接触器反复的接通、断开造成，可能是自锁触点接错。若把接触器的常闭触点错当自锁触点使用，合上 QS 时，电流经 QS→SB1→KM 的常闭触点→FR 的常闭触点→KM 的线圈→电源形成回路，使 KM 线圈立即得电动作，其常闭触点分断，又使 KM 线圈失电，常闭触点又接通而使线圈得电，这样就引起接触器剧烈振动。因为是接触器的衔铁在全行程内往复运动，因而振动频率低。

检查自锁触点，找到错误的接线，将 KM 常开辅助触点的端子并接在起动按钮 SB2 的两端，经检查核对后重新试车。

3) 试车时，操作按钮 SB2 时 KM 不动作，而同时按下 SB1 时 KM 动作，松开 SB1 则 KM 释放。

故障现象表明，SB1 是一个常开按钮。打开按钮盒核对接线，将 1 号、2 号线接到停止按钮常闭触点接线端子上。

4) 试车时按下 SB2 后 KM 不动作，检查接线无错接处；检查电源，三相电压均正常，线路无接触不良处。

故障现象表明，问题出在电器元件上，怀疑按钮的触点，接触器线圈、热继电器触点有断路点。分别用万用表 $R \times 1$ 档测量上述元件，表笔跨接辅助电路 SB1 上端子和 SB2 下端子（1 号和 3 号端子），按下 SB2 时测得 $R \rightarrow 0$，证明按钮完好；测量 KM 线圈阻值正常；测量热继电器常闭触点，测得结果为断路。说明 FR 没有复位，其常闭触点断开，切断了辅助电路，因此 KM 不能起动。按下 FR 复位按钮，重新试车。

3.2.3 既能点动控制又能连续运转的控制电路

1. 既能点动控制又能连续运转的控制电路

图 3-9 为既能点动控制又能连续运转的控制电路。

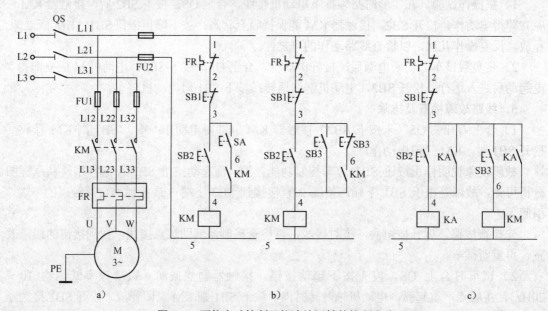

图 3-9　既能点动控制又能连续运转的控制电路

a) 手动开关 SA 控制　b) 用两个按钮分别控制　c) 用中间继电器控制

图 3-9a 由手动开关 SA 控制。当 SA 闭合时为连续控制，SA 断开时则为点动控制。这种控制电路由于点动和连续运转的控制共用 SB2 按钮，若是忘记操作开关 SA，就会导致操作错误。

图 3-9b 则改为采用两个按钮，分别实现连续与点动的控制电路，其中 SB2 为连续运转起动按钮，复合按钮 SB3 为点动按钮，利用 SB3 的常闭触点来断开自锁电路，实现点动控制，SB1 为连续运转的停止按钮。操作时先合上电源开关 QS。

若进行连续控制，起动时按下 SB2，KM 线圈得电吸合，KM 主触点闭合，电动机 M 起动，KM 自锁触点（4-6）闭合，进行自锁，电动机连续运转。停止时按下 SB1，KM 线圈断电，其主触点断开，电动机停止，自锁触点 KM（4-6）断开，切断自锁回路。

若进行点动控制，按下点动控制按钮 SB3，其常闭触点 SB3（3-6）先断开，切断自锁回路，其常开触点 SB3（3-4）后闭合，接通 KM 线圈回路，KM 线圈得电，其主触点闭合，电动机运转。当松开点动按钮 SB3 时，其常开触点 SB3（3-4）先断开，KM 线圈断电释放，自锁触点 KM（6-4）断开，KM 主触点断开，电动机停止。常闭触点 SB3（3-6）后闭合，此时自锁触点 KM（6-4）已经断开，KM 线圈不会得电动作。

这种控制方式中，在松开 SB3 时，必须在 KM 自锁触点断开后 SB3 的常闭触点再闭合，如果接触器发生缓慢释放，KM 的自锁触点还没有断开，SB3 的常闭触点已经闭合，KM 线圈就不会断电，这样就变成连续控制了。

图 3-9c 是用中间继电器实现既能点动控制又能连续运转控制的。其中 SB1 为连续运转

的停止按钮，SB2 为连续运转起动按钮， SB3 为点动按钮。操作时先合上电源开关 QS。

若进行连续控制，起动时按下 SB2，KA 线圈得电吸合，其触点 KA（3-4）闭合自锁，KA（3-6）闭合，接通 KM 线圈回路，KM 线圈得电，其主触点吸合，电动机连续运转。停止时，按下 SB1，KA 线圈断电释放，KA（3-4）断开，切断自锁回路，KA（3-6）断开，切断 KM 线圈回路，KM 线圈断电，其主触点断开，电动机停止。

若点动控制时，按下 SB3，KM 线圈得电，其主触点闭合，电动机运转。松开 SB3，KM 线圈断电，其主触点断开，电动机停止。

2．照原理图接线

在原理图上，按规定标好线号（见图 3-9）。在实验台上按照图 3-9b 进行接线。在图 3-9b 中，使用了复合按钮。接线时先接串联支路：FU2（L11-1）→FR（1-2）→SB1（2-3）→SB2（3-4）→KM 线圈（4-5）→FU2（5-L21），在串联支路接完后，检查无误，再将复合按钮 SB3 的常开触点并联连接在 SB2 两端，将 SB3 的常闭触点的一端连接 SB3 的常开触点的一端（3 号），将 SB3 的常闭触点的另一端串联接触器 KM 常开触点，KM 常开触点的另一端接 KM 线圈的进线端。

接线时注意：按钮盒中引出三根（2、4、6 号线）导线，使用三芯护套线与接线端子排连接。经过接线端子排再接入控制电路；接触器 KM 的常开触点上、下端子接线分别为 6 号和 4 号，不可接错。

3．检查线路

接线完成后，先进行常规检查。对照原理图逐线核查。重点检查按钮盒内的接线和接触器的常开自锁触点的接线位置，防止错接。用手拨动各接线端子处接线，排除虚接故障。接着在断电的情况下，用万用表电阻档检查。断开 QS，摘下接触器灭弧罩。

1）检查主电路。方法步骤和点动控制主电路的检查相同。

2）检查控制电路。装好 FU2 的熔体，万用表表笔接刀开关下端子 L11、L21（辅助电路电源线）处，应测得断路；按下按钮 SB2，应测得接触器 KM 线圈的电阻值；松开 SB2，按下 SB3，同样应测得接触器 KM 线圈的电阻值；松开 SB3，用手按下接触器主触点的支架，此时接触器主触点闭合，其常开辅助触点也闭合，同样应测得接触器 KM 线圈的电阻值；在用手按下接触器主触点的支架后，再用手按下 SB3 按钮，这时万用表的指针应该是先指向无穷大（即测得断开），随后万用表应测得接触器线圈的电阻值。若在检查中测得的结果和上述不符，则移动万用表的表笔进行逐段检查。

4．通电试车

完成上述各项检查后，清理好工具和安装板，将接触器的灭弧罩装好，检查三相电源。将热继电器电流整定值按电动机的需要调节好，在指导老师的监护下试车。

1）空操作试验。在试验时必须拆下电动机接线，合上 QS，按下 SB2 后，接触器 KM 应立即得电动作，松开 SB2，接触器 KM 能保持吸合状态；按下停止按钮 SB1，KM 应立即释放。若按下 SB3 接触器 KM 立即得电动作，松开 SB3， KM 应立即释放。在操作过程中注意听接触器动作的声音。反复操作几次，以检查线路动作的可靠性。

2）带负载试车。切断电源后，接好电动机，合上 QS，按下 SB2，电动机 M 应立即得电起动后进入运行；松开 SB2，电动机继续运转；按下 SB1 时电动机停车。若按下 SB3，电动机 M 应立即得电起动后进入运行，松开 SB3，电动机立即停车。

5．线路故障检查及排除

1）合上刀开关 QS，按下 SB2，接触器 KM 得电动作；松开 SB2，接触器 KM 保持通电状态；但是按下 SB1 则 KM 不释放；按下 SB3（没有按到底时），接触器 KM 先断电释放，当 SB3 按到底时，接触器 KM 又通电吸合，松开 SB3，接触器 KM 断电。

故障现象说明起动按钮工作正常，并且能够自锁；停止按钮 SB1 不起作用；点动控制按钮 SB3 也能实现点动控制。从原理图分析可知，故障是由于 SB3 上端错接到 SB1 上端引起。

先检查线路，拆开按钮盒，核对接线，重新试车。

2）合上刀开关 QS（未按下 SB2）接触器 KM 立即得电动作；按下 SB1 则 KM 释放，松开 SB1 时，KM 又得电动作，按下 SB3，KM 接触器断电，松开 SB3，KM 又得电动作。

故障现象说明停止按钮 SB1 停车控制功能正常，而起动按钮 SB2 不起作用。点动控制按钮没有起到点动控制的作用，只起到停车的作用。从原理图分析可知，起动按钮不起作用是由于被短接造成的，同时点动控制按钮 SB3 没有实现点动控制，所以故障是由于 SB3 复合按钮接错造成。

用万用表的电阻档在断电时逐段测量，测量 SB3（3-4）端点之间应为断开，SB3（3-6）两端之间应为闭合，实测结果相反。

拆开按钮盒，核对接线，看是否把 SB3 的常闭按钮并接在 SB2 两侧，而把 SB3 的常开接点和 KM 的自锁触点串联。改正接线后重新试车。

3.2.4 多点控制线路及检查试车

1．多点控制线路

多点控制就是要在两个及以上的地点根据实际情况设置控制按钮，在不同的地点可以进行相同的控制。如有的机床在正面和侧面都安装起动或停止操作按钮。

如果要在两个地点对同一台电动机进行控制，必须在两个地点分别装一组按钮，这两组按钮连接的方法是：常开的起动按钮要并联，常闭的停止按钮要串联，这个原则对多个地点的控制同样适用。实现多地控制的控制电路如图 3-10 所示。

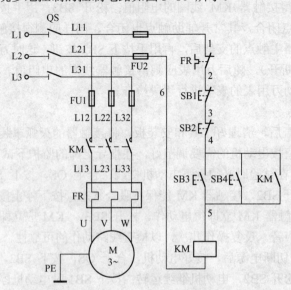

图 3-10　实现多地控制的控制电路

2．按照原理图接线

在原理图上，按规定标好线号，接线时选用两个按钮盒，并放置在接线端子排的两侧，经接线端子排连接，两地控制的控制电路接线图如图 3-11 所示。

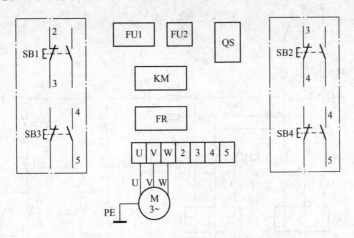

图 3-11　两地控制的控制电路接线图

3．检查线路

接线完成后，先进行常规检查。对照原理图逐线核查。重点检查按钮的串并联的接线，防止错接。用手拨动各接线端子处接线，排除虚接故障。接着在断电的情况下，用万用表电阻档检查。断开 QS，摘下接触器灭弧罩。

检查主电路：方法步骤和点动控制主电路的检查相同。

检查控制电路：插好 FU2 的瓷盖，万用表笔接刀开关下端子 L11、L21（辅助电路电源线）处，应测得断路；按下按钮 SB3，应测得接触器 KM 线圈的电阻值；松开 SB3，按下 SB4，同样应测得接触器 KM 线圈的电阻值；松开 SB4，用手按下接触器主触点的支架，此时接触器主触点闭合，其常开辅助触点也闭合，同样应测得接触器 KM 线圈的电阻值；用手按下接触器主触点的支架，再按下 SB1（SB2），线路断开，松开 SB1（SB2），线路接通。若检查结果不符，仔细检查接线情况。

4．通电试车

经检查无误后，通电试车若操作中出现故障或没有实现控制要求，自行分析加以排除。

3.2.5　顺序控制线路及检查试车

在生产实践中常常要求控制生产机械的各个运动部件的电动机之间能够按顺序工作。因此在控制电路中就要反映出多台电动机之间的起动顺序和停止顺序，这就是顺序控制。

1．常用的几种顺序控制电路

1）两台电动机 M1，M2，要求 M1 起动后，M2 才能起动，M1 停止后，M2 立即停止，M1 运行时，M2 可以单独停止。顺序控制电路（1）如图 3-12 所示。

图 3-12 中将 M1 电动机的控制接触器 KM1 的常开辅助触点串入电动机 M2 的控制接触器 KM2 的线圈回路。这样就保证了在起动时，只有在电动机 M1 起动后，即 KM1 吸合，其

常开辅助触点 KM1（8-9）闭合后，按下 SB4 才能使 KM2 的线圈通电动作，其主触点才能起动电动机 M2。实现了电动机 M1 起动后，M2 才能起动。

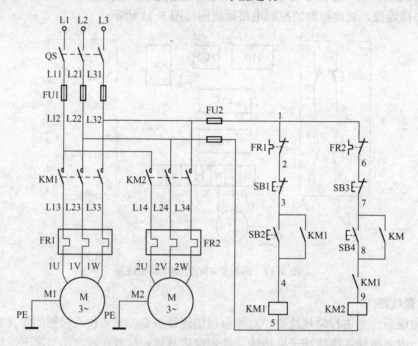

图 3-12　顺序控制电路（1）

在停止时，按下 SB1，KM1 线圈断电，其主触点断开，电动机 M1 停止，同时 KM1 的常开辅助触点 KM1（3-4）断开，切断自锁回路，KM1 的常开辅助触点 KM1（8-9）断开，使 KM2 线圈断电释放，其主触点断开，电动机 M2 断电。实现了当电动机 M1 停止时，电动机 M2 立即停止。当电动机 M1 运行时，按下电动机 M2 的停止按钮 SB3，电动机 M2 可以单独停止。

2）两台电动机 M1，M2，其主电路如图 3-12 所示，顺序控制电路（2）如图 3-13 所示。要求 M1 起动后，M2 才能起动，M1 和 M2 同时停止。

这种顺序起动，同样是通过将接触器 KM1 的常开辅助触点串入 KM2 线圈回路实现；M1 和 M2 同时停止，只需要一个停止按钮控制两台电动机的停止。若一台电动机发生过载时，则两台电动机同时停止。

3）两台电动机 M1，M2，要求 M1 起动后，M2 才能起动，M1 和 M2 可以单独停止，顺序控制电路（3）如图 3-14 所示。这种顺序起动，同样是通过将接触器 KM1 的常开辅助触点 KM1（7-8）串入 KM2 线圈回路实现；M1 和 M2 可以单独停止，需要两个停止按钮分别控制两台电动机的停止，但是 KM2 自锁回路应将 KM1 的常开辅助触点 KM1（7-8）自锁在内，这样当 KM2 通电后，其自锁触点 KM2（6-8）闭合，KM1（7-8）则失去了作用。SB1 和 SB3 可以单独使电动机 M1 和 M2 停止。

4）两台电动机 M1，M2，要求 M1 起动后，M2 才能起动，M2 停止后 M1 才能停止。过载时两台电动机同时停止。

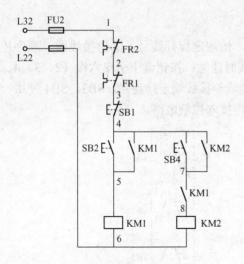

图 3-13 顺序控制电路（2）

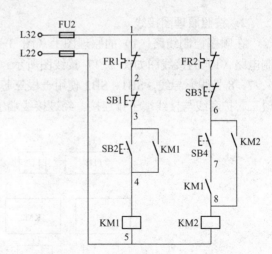

图 3-14 顺序控制电路（3）

　　顺序控制电路（4）如图 3-15 所示，在 M1 的停止按钮 SB1 两端并联 KM2 的常开辅助触点 KM2（3-4），只有 KM2 接触器线圈断电（既 M2 电动机停止后），其常开辅助触点 KM2（3-4）断开，M1 的停止按钮 SB1 才起作用，此时按下 SB1，电动机 M1 停止。这种控制线路的特点是：电动机顺序起动，而逆序停止，当发生过载时，两台电动机同时停止。

　　5）按时间顺序控制电动机按顺序起动。两台电动机 M1，M2，要求 M1 起动后，经过 5s 后 M2 自行起动，M1 和 M2 同时停止。

　　这种控制需要用时间继电器实现延时，时间继电器的延时时间设置为 5s，顺序控制电路（5）如图 3-16 所示。按下 M1 的起动按钮 SB2，接触器 KM1 的线圈通电并自锁，其主触点闭合，电动机 M1 起动，同时时间继电器 KT 线圈通电，开始延时。经过 5s 的延时后，时间继电器的延时闭合的常开触点 KT（7-8）闭合，接触器 KM2 的线圈通电，其主触点闭合，电动机 M2 起动，其常开辅助触点 KM2（7-8）闭合自锁，同时其常闭辅助触点 KM2（4-6）断开，时间继电器的线圈断电，退出运行。

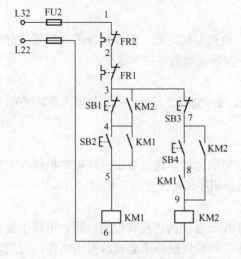

图 3-15 顺序控制电路（4）

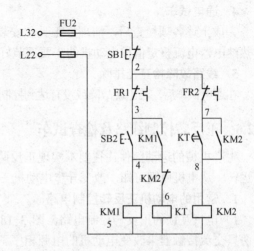

图 3-16 顺序控制电路（5）

2．按照原理图接线

在顺序控制线路（1）的原理图上（图 3-12），按规定标好线号，画出接线图，顺序控制电路（1）的接线图如图 3-17 接线图所示。接线时注意：按钮盒中引出六根（2、3、4、6、7、8 号线）导线，SB1、SB2 使用一根三芯护套线与接线端子排连接，SB3、SB4 使用一根三芯护套线与接线端子排连接。经过接线端子排再接入控制电路。

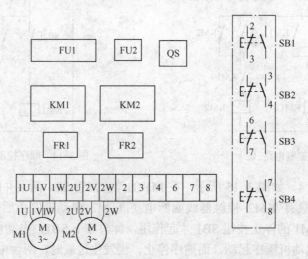

图 3-17　顺序控制电路（1）的接线图

3．检查线路

接线完成后，先进行常规检查。对照原理图逐线核查。用手拨动各接线端子处接线，排除虚接故障。接着在断电的情况下，用万用表电阻档检查。断开 QS，摘下接触器灭弧罩。先检查主电路，再检查控制电路，方法同前。重点检查控制电路中顺序控制的触点：将万用表的一只表笔放在 SB3 的上端，另一只表笔放在 KM2 线圈的下端，按下 SB4 此时应为断开。按下接触器 KM1 的触点支架，再按下 SB4，此时应测得 KM2 线圈的电阻值，即电路为接通状态，松开 KM1 的触点支架，电路断开。

4．通电试车

完成上述各项检查后，清理好工具和安装板，检查三相电源。将接触器的灭弧罩装好，将热继电器电流整定值按电动机的需要调节好，在指导老师的监护下试车。

5．线路故障检查及排除

在通电试车后，若出现故障或没有达到控制要求，应立即停车检查，排除故障，重新试车。

3.2.6　正反转控制线路及检查试车

生产机械的运动部件往往要求实现正反两个方向的运动，这就要求拖动电动机能作正反向运转。从电机原理可知，改变异步电动机三相电源相序即可改变电动机旋转方向。

1．常用的电动机正反转控制电路

1）电气互锁的正反转控制电路。图 3-18 所示电气互锁的正反转控制电路。电路中要使用两只交流接触器来改变电动机的电源相序。显然，两只接触器不能同时得电动作，否则将造成电源短路。因而必须设置互锁电路。

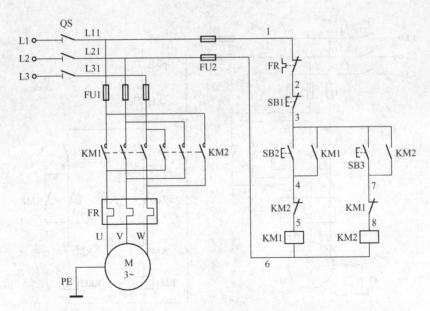

图 3-18　电气互锁的正反转控制电路

图 3-18 是辅助触点互锁的正反向控制线路的电气原理图。主电路中使用两个接触器来改变电源的相序，KM1 闭合时，接通电动机的正序电源，电动机正转；KM2 闭合时，将 L1、L3 两相电源反接后接入电动机，电动机反转。辅助电路中的 SB2 是正转的起动按钮，SB3 是反转的起动按钮，KM1、KM2 使用一副常开触点进行自锁，另外 KM1、KM2 将常闭触点串在对方线圈电路中，形成电气互锁。当 KM1 先接通时，其常闭触点 KM1（7-8）断开，KM2 线圈则无法通电；当 KM2 先接通时，其常闭触点 KM2（4-5）断开，KM1 线圈无法接通，这样两只接触器不能同时得电动作，便防止了电源短路。要想实现由正转到反转的控制或由反转到正转的控制，都必须先按下停止按钮 SB1，使接触器断电释放，互锁的常闭触点闭合，再按下正转或反转的起动按钮，这就构成了正转-停止-反转，反转-停止-正转的控制。

线路控制动作如下：合上刀开关 QS。①正向起动：按下 SB2→KM1 线圈得电：常闭辅助触点 KM1（7-8）断开，实现互锁；KM1 主触点闭合，电动机 M 正向起动运行；常开辅助触点 KM1（3-4）闭合，实现自锁。②反向起动：先按停止按钮 SB1→KM1 线圈失电：常开辅助触点 KM1（3-4）断开，切除自锁；KM1 主触点断开，电动机断电；KM1（7-8）常闭辅助触点闭合。③再按下反转起动按钮 SB3→KM2 线圈得电：KM2（4-5）常闭辅助触点分断，实现互锁；KM2 主触点闭合，电动机 M 反向起动；KM2（3-7）常开辅助触点闭合，实现自锁。

2）按钮电气双重互锁的正反转控制电路。在电气互锁的正反转控制电路中，进行电动机由正转变反转或由反转变正转的操作中须先按下停止按钮 SB1 而后再进行反向或正向起动的控制，对于要求电动机直接由正转变反转或反转直接变正转时，可采用按钮电气双重联锁的正反转控制电路，如图 3-19 所示。它是在电气互锁的正反转控制电路基础上，采用了复合按钮，用起动按钮的常闭触点构成按钮互锁，形成具有电气、按钮双重互锁的正反转控制电路，该电路既可实现正转-停止-反转、反转-停止-正转操作，又可实现正转-反转-停止、反转-正转-停止的操作。

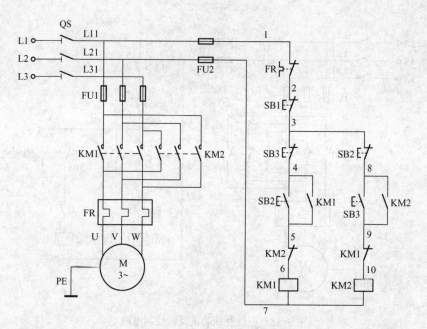

图 3-19　按钮电气双重联锁的正反转控制电路

2. 按照原理图接线

在按钮电气双重互锁的正反转控制电路的原理图上（见图 3-19），按规定标好线号，画出互联接线图，按钮电气双重互锁的正反转控制电路的互联接线图如图 3-20 所示。接线时应注意以下几个问题：

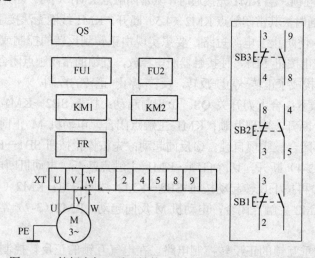

图 3-20　按钮电气双重互锁的正反转控制电路的互联接线图

1）主电路从 QS 到接线端子板 XT 之间的走线方式与单向起动线路完全相同。两只接触器主触点端子之间的连线可以直接在主触点高度的平面内走线，不必向下贴近安装底板，以减少导线的弯折。

2）做辅助电路接线时，可先接好两只接触器的自锁线路，然后做按钮联锁线，核查无误后，最后做辅助触点联锁线。每做一条线，就在图上标一个记号，随做随核查，反复核

66

对，避免漏接、错接和重复接线。按钮盒的接线可以参考图 3-20。

3．检查线路

首先对照原理图、接线图逐线核查。重点检查主电路两只接触器之间的换相线，辅助电路的自锁、按钮互锁及接触器辅助触点的互锁线路，特别注意自锁触点用接触器自身的常开触点，互锁触点是将自身的常闭触点串入对方的线圈回路。同时检查各端子处接线是否牢靠，排除虚接故障。接着在断电的情况下，用万用表电阻档检查。断开 QS，摘下 KM1、KM2 的灭弧罩。

1）检查主电路。断开 FU2 以切除辅助电路。首先检查各相通路：两支表笔分别接 L11～L21、L21～L31 和 L11～L31 端子，测量相间电阻值。未操作前应测得断路；分别按下 KM1、KM2 的触点架，均应测得电动机绕组的直流电阻值。接着检查电源换相通路：两支表笔分别接 L11 端子和接线端子板上的 U 端子，按下 KM1 的触点架时应测得 $R{\to}0$；松开 KM1 而按下 KM2 触点架时，应测得电动机绕组的电阻值。用同样的方法测量 L21～V、L31～W 之间通路。

2）检查辅助电路。拆下电动机接线，接通 FU2 将万用表笔接于 QS 下端 L11、L21 端子，操作按钮前应测得断路。

按下 SB2 应测得 KM1 线圈电阻值，同时再按下 SB1，万用表应显示线路由通而断，这样是检查正转停车控制，同样的方法可以检查反转停车控制线路。

按下 KM1 触点支架应测得 KM1 线圈电阻值，说明自锁回路正常，用同样的方法检测 KM2 线圈的自锁回路。

检查电气互锁线路，按下 SB2（或 KM1 触点架），测得 KM1 线圈电阻值后，再同时按下 KM2 触点架使其常闭触点分断，万用表应显示线路由通而断；说明 KM2 的电气互锁触点工作正常，用同样方法检查 KM1 对 KM2 的互锁作用。

检查按钮互锁线路，按下 SB2（或 KM1 触点架），测得 KM1 线圈电阻值后，再同时按下反转起动按钮 SB3，万用表应显示线路由通而断，说明 SB3 的互锁按钮工作正常，用同样方法检查 SB2 的互锁按钮的工作情况。

按前述的方法检查 FR 的过载保护作用，然后使 FR 触点复位。

4．通电试车

上述检查一切正常后，检查三相电源，装好接触器的灭弧罩，清理试验台上的杂物，在老师监护下试车。

5．常见的故障

1）将 KM1 的常开辅助触点，并接在 SB3 常开按钮上，KM2 的常开辅助触点并接到 SB2 的常开按钮上。使 KM1、KM2 均不能自锁，常见的故障（1）如图 3-21 所示。这种故障现象是：按下 SB2，KM1 动作，但松开按钮时接触器释放，按下 SB3 时，KM2 动作，松开按钮，KM2 释放。

2）将 KM1 的常闭互锁触点接入 KM1 线圈的回路，将 KM2 常闭互锁触点接入 KM2 线圈回路，常见的故障（2）如图 3-22 所示。这种故障的现象是：按下 SB2 接触器 KM1 剧烈振动，主触点严重起弧，电动机时转时停；松开 SB2 则 KM1 释放。按下 SB3 时 KM2 的现象与 KM1 相同。因为当按下按钮时，接触器得电动作后，常闭互锁触点断开，切断自身线圈通路，造成线圈失电，其触点复位，又使线圈得电而动作，接触器将不断地接通、断开，产生振动。

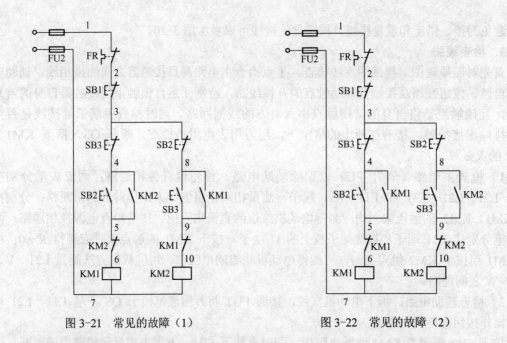

图 3-21　常见的故障（1）　　　　　　　　图 3-22　常见的故障（2）

3.2.7　限位控制和自动往复循环控制电路及检查试车

1. 限位控制电路

限位控制电路是指电动机所拖动的运动部件达到规定位置后自动停止，然后按返回按钮使机械设备返回到起始位置后自动停止。停止信号是由安装在规定位置的行程开关发出的，当运动部件到达规定的位置，其挡铁压下行程开关，行程开关的常闭触点断开，发出停止的信号。限位控制电路如图 3-23 所示。

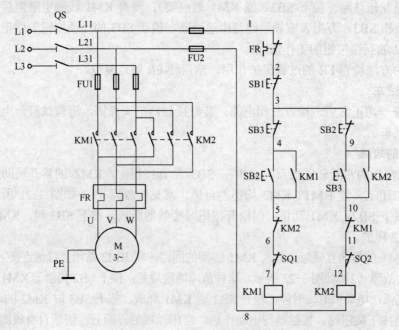

图 3-23　限位控制电路

图 3-23 中，SB1 为停止按钮，SB2 为电动机正转起动按钮，SB3 为电动机反转起动按钮，SQ1 为前行到位行程开关，SQ2 为后退到位行程开关。线路控制动作如下：合上刀开关 QS，当按下正转起动按钮 SB2 时，KM1 线圈通电吸合，电动机正向起动，拖动运动部件前进，到达规定的位置后，运动部件的挡铁压下行程开关 SQ1，其常闭触点 SQ1（6-7）断开，KM1 线圈断电释放，电动机停止，运动部件停止在行程开关的安装位置。此时如果操作人员再按下 SB2，KM1 线圈也不会通电，电动机也不会正向起动。当需要运动部件后退、电动机反转时，按下电动机反转起动按钮 SB3，KM2 线圈通电吸合，电动机反向起动，拖动运动部件后退，到达规定的位置后，运动部件的挡铁压下行程开关 SQ2，其常闭触点 SQ2（11-12）断开，KM2 线圈断电释放，电动机停止，运动部件停止在行程开关的安装位置。由此可以看出，行程开关的常闭触点相当于运动部件到位后的停止按钮。

2. 自动往复控制电路

生产机械的运动部件需要自动的往复运动，为此常用行程开关作控制元件来控制电动机的正反转。图 3-24 为电动机自动往复循环控制电路示意图。图中 SQ1、SQ2 、SQ3、SQ4 为行程开关，SQ1、SQ2 用来控制工作台的自动往返，相当于双重联锁正反向控制线路中的正向起动按钮 SB2 和反向起动按钮 SB3，只不过它们不是由操作者按的，而是由运动部件上的挡铁来操作的，因而实现了自动往复控制。SQ3、SQ4 进行限位保护，即限制工作台的极限位置。当按下正向（或反向）起动按钮，电动机正向（或反向）起动旋转，拖动运动部件前进（或后退），当运动部件上的挡铁压下换向行程开关 SQ1（或 SQ2）时，将使电动机改变转向，如此循环往复，实现电动机可逆旋转控制，工作台就能实现往复运动，直到操作人员按下停止按钮时，电动机便停止旋转，往复运动的控制电路如图 3-25 所示。

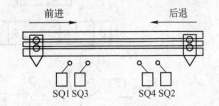

图 3-24 电动机自动往复循环控制电路示意图

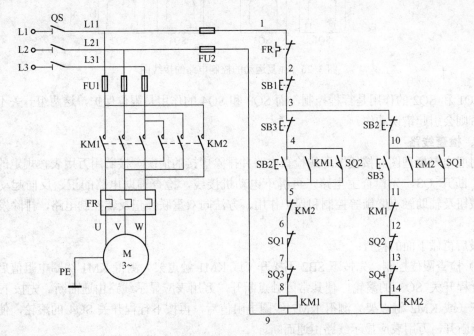

图 3-25 往复运动的控制电路

3．按照原理图接线

按照图 3-25 往复运动的控制电路接线，接线要求与正反向控制线路基本相同。应注意接线端子排 XT 与各行程开关之间的连接线应使用护套线，走线时应将护套线固定好，走线路径不可影响运动部件正、反两个方向的运动。接线前应先用万用表认真校线，套上线号管，核对无误后再接到端子上。特别注意区别行程开关的常开、常闭触点端子，防止错接。接线时参看图 3-26 为往复运动的控制电路的接线图。

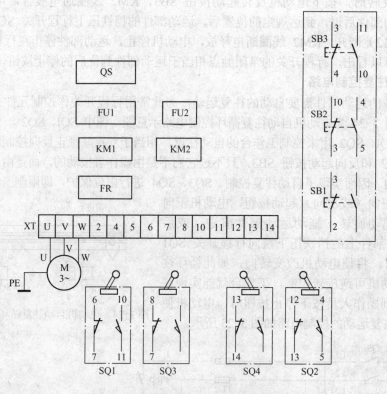

图 3-26　往复运动的控制电路的接线图

SQ1 和 SQ2 的作用是行程控制，而 SQ3 和 SQ4 的作用是限位保护，这两组开关不可装反，否则会引起错误动作。

4．检查线路

对照电气原理图和接线图逐线检查电路并排除虚接的情况。接着用万用表按规定的步骤检查。断开 QS，先检查主电路，再拆下电动机接线，检查辅助电路的正、反向起动、自锁、按钮及辅助触点联锁等控制和保护作用，方法同双重联锁正反转控制电路，排除发现的故障。

最后再做下面的检查：

1）检查限位控制。先按下 SB2 不松开（或 KM1 触点架）测得 KM1 线圈电阻值后，再按下行程开关 SQ3 的滚轮，使其常闭触点断开，万用表应显示线路由通而断。先按下 SB3 不松开（或 KM2 触点架）测得 KM2 线圈电阻值后，再按下行程开关 SQ4 的滚轮，使其常闭触点断开，万用表应显示线路由通而断。

2）检查行程控制。按下 SB2 不要放开，测得 KM1 线圈电阻值；再轻轻按下 SQ1 的滚轮，使其常闭触点分断，万用表应显示电路由通而断；将 SQ1 的滚轮按到底，万用表应显示电路由断而通，测得 KM2 线圈的电阻值。按下 SB3 不放，应测得 KM2 线圈的电阻值；再轻轻按下 SQ2 的滚轮，使其常闭触点分断，万用表应显示电路由通而断；将 SQ2 的滚轮按到底，万用表应显示电路由断而通，测得 KM1 线圈的电阻值。

5．通电试车

做好清理准备工作，安装好接触器的灭弧罩，检查三相电源。在指导老师的监护下试车。

1）空操作试验。合上刀开关 QS，按照双重联锁的正反转控制线路的试验步骤检查各控制、保护环节的动作。试验结果一切正常后，再按一下 SB2 使 KM1 得电动作并吸合，然后用绝缘棒按下 SQ3 的滚轮，使其触点分断，则 KM1 应失电释放。再按下 SB3 使 KM2 得电动作，按下 SQ4 滚轮，KM2 应失电释放。反复试验几次，检查限位保护动作的可靠性。

按下 SB2 使 KM1 得电动作后，用绝缘棒轻按 SQ1 滚轮，使其常闭触点分断，KM1 应释放，将 SQ1 滚轮按到底，则 KM2 得电动作；再用绝缘棒缓慢按下 SQ2 滚轮，则应先后看到 KM2 释放、KM1 得电动作。反复试验几次以后检查行程控制动作的可靠性。

2）带负载试车。断开 QS，接好电动机接线。合上刀开关 QS，做好立即停车的准备，作下述几项试验。

① 检查电动机转向。按下 SB2 电动机起动，拖动设备上的运动部件开始移动，如移动方向为前进（指向 SQ1）则符合要求；如果运动部件后退，则应立即断电停车，将刀开关 QS 上端子处的任意两相电源线交换位置后，再接通电源试车。电动机的转向符合要求后，操作 SB3 使电动机拖动部件反向运动，检查 KM2 的改换相序作用。

② 正反向控制试验。方法同双重联锁的正反转控制，试验 SB1、SB2、SB3 每个按钮的控制作用。

③ 行程控制试验。做好立即停车的准备，正向起动电动机，运动部件前进，当部件移动到规定位置附近时，要注意观察挡铁与行程开关 SQ1 滚轮的相对位置。SQ1 被挡铁压下后，电动机应先停转再反转，运动部件后退，当部件移动到规定位置附近时，要注意观察挡铁与行程开关 SQ2 滚轮的相对位置，SQ2 被挡铁压下后，电动机应先停转再正转，运动部件前进。

观察设备上的运动部件在正、反两个方向的规定位置之间往返的情况，试验行程开关及线路动作的可靠性。如果部件到达行程开关，挡块已将开关滚轮压下而电动机不能停车，应立即断电停车进行检查。重点检查这个方向上的行程开关的接线、触点及有关接触器的触点动作，排除故障后重新试车。

④ 限位控制试验。起动电动机，在设备运行中用绝缘棒按压该方向上的限位保护行程开关，电动机应断电停车。否则应检查限位行程开关的接线及其触点动作的情况，排除故障后重新试车。

6．常见的故障

1）运动部件的挡铁和行程开关滚轮的相对位置不对正，滚轮行程不够，造成行程开关常闭触点不能分断，电动机不能停转。

故障现象是挡铁压下行程开关后，电动机不停车；检查接线没有错误，用万用表检查行程开关的常闭触点的动作情况以及和电路的连接情况均正常；在正反转试验时，操作按钮SB1、SB2、SB3 电路工作正常。

处理方法：用手摇动电动机轴，观察挡铁压下行程开关的情况。调整挡铁与行程开关的相对位置后，重新试车。

2）主电路接错，KM1、KM2 主触点接入线路时没有换相。

故障现象是电动机起动后设备运行，运动部件到达规定位置，挡块操作行程开关时接触器动作，但部件运动方向不改变，继续按原方向移动而不能返回；行程开关动作时两只接触器可以切换，表明行程控制作用及接触器线圈所在的辅助电路接线正确。

处理方法：改正主电路换相连线后重新试车。

3.3 三相笼型异步电动机丫-△减压起动控制电路及检查试车

三相笼型异步电动机采用全电压起动，控制电路简单，起动电流大，当电动机容量较大，不允许采用全压直接起动时，应采用减压起动。有时为了减小或限制电动机起动时对机械设备的冲击，即便是允许采用直接起动的电动机，也往往采用减压起动。 减压起动的目的是为了限制起动电流，起动时，通过起动设备使加到电动机上的电压小于额定电压，待电动机的转速上升到一定数值时，再给电动机加上额定电压运行。减压起动虽然限制了起动电流，但是由于起动转矩和电压的平方成正比，因此减压起动时，电动机的起动转矩也减小，所以减压起动多用于空载或轻载起动。

丫-△减压起动是起动时将定子绕组接成星形，起动结束后，将定子绕组接成三角形运行。这种方法只是用于正常运行时定子绕组为三角形联结的电动机。丫-△减压起动时，起动电流和起动转矩都降为直接起动时的 1/3。丫-△减压起动方法简单，起动设备简单，应用广泛。因为一般用途的小型异步电动机，当容量大于 4kW 时，定子绕组都采用三角形联结。由于起动转矩是直接起动时的 1/3，这种方法多用于空载或轻载起动。

1．丫-△减压起动控制线路

图 3-27 是按时间原则转换的三相异步电动机丫-△减压起动的电路。主电路中：KM1 是引入电源的接触器，KM3 是将电动机接成星形联结的接触器，KM2 是将电动机接成三角形连接的接触器，它的主触点将电动机三相绕组首尾相接。KM1、KM3 接通，电动机进行 Y 起动，KM1、KM2 接通，电动机进入三角形运行，KM2、KM3 不能同时接通，KM2、KM3 之间必须互锁。在主电路中因为将热继电器 FR 接在三角形联结的边内，所以热继电器 FR 的额定电流为相电流。

控制电路工作情况：合上电源开关 QS。按下按钮 SB2→KM1 通电并自锁；KM3 通电：其主触点将电动机接成 Y 联结，接入三相电源进行减压起动，其互锁常闭触点 KM3 (4-8) 断开进行互锁，切断 KM2 线圈回路；同时 KT 线圈通电，经一定时间延时后，KT 延时断开的常闭触点 KT（6-7）延时断开，KM3 断电释放，电动机中性点断开；KT 延时闭合的常开触点 KT（8-9）延时闭合，KM2 通电并自锁，电动机接成三角形联结运行，同时 KM2 常闭触点 KM2（4-6）断开，断开 KM3、KT 线圈回路，使 KM3、KT 在电动机三角形联结运行时处于断电状态，使电路工作更可靠。

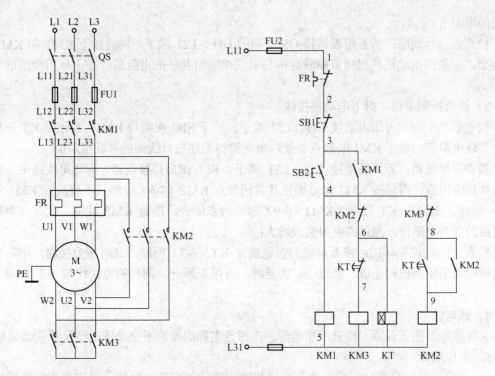

图 3-27　按时间原则转换的异步电动机Y-△减压起动的电路

2. 按照原理图接线

接线前要用万用表检查时间继电器的动作情况，图 3-27 控制电路中若选用的是通电延时型空气阻尼式时间继电器，将万用表的表笔分别放在延时闭合的常开触点和延时断开的常闭触点两端，用手模拟时间继电器电磁铁吸合，观察时间继电器触点动作的情况，是否符合延时闭合和延时断开的要求，并做好记录。在接线时不要接错。如果延时类型不符合要求，则将电磁机构拆下，倒转方向后装回，注意电磁机构的安装位置，并测量触点的动作情况，直到触点可靠动作。将延时时间调整到 5s。

按照原理图中标注的线号顺序进行接线。注意主电路中接触器主触点之间的接线，特别是 KM2 主触点两端的线号要认真核对，一定要保证电动机绕组首尾相接。主电路中的电流较大，适用的导线截面较大，连接时各接线端要压接可靠，否则会引起接线端过热。控制电路中时间继电器的接点不要接错。

3. 检查线路

按原理图检查线路，并排除虚接情况。断开 QS，摘下接触器灭弧罩，万用表拨到电阻档，用万用表检查。

1）检查主电路。断开 FU2 切除控制电路。

检查 KM1 的控制作用：将万用表笔分别接 QS 下端的 L11 和 U2 端子，应测得断路；而按下 KM1 触点架时，应测得电动机一相绕组的电阻值。再用同样的方法检测 L21～V2、L31～W2 之间的电阻值。

检查Y起动线路：将万用表笔接 QS 下端的 L11、L21 端子，同时按下 KM1 和 KM3 的触点架，应测得电动机两相绕组串联的电阻值。用同样的方法测量 L21～L31 及 L11～L31

之间的电阻值。

检查△运行线路：将万用表笔接 QS 下端的 L11、L21 端子，同时按下 KM1 和 KM2 的触点架，应测得电动机两相绕组串联后再与第三相绕组并联的电阻值（小于一相绕组的电阻值）。

2）检查控制电路，拆下电动机接线。

检查起动控制：万用表笔接 L11、L31 端子，按下 SB2 应测得 KM1、KM3、KT 三只线圈的并联电阻值；按下 KM1 的触点支架，也应测得上述三只线圈的并联电阻值。

检查联锁线路：万用表笔接 L11、L31 端子，按下 KM1 触点架，应测得线路中三只线圈的并联电阻值；再轻按 KM2 触点架使其常闭触点 KM2（4-6）分断（不要放开 KM1 触点架），切除了 KM3、KT 线圈，KM2（8-9）常开触点闭合，接通 KM2 线圈，此时应测得两只线圈的并联电阻值，测量的电阻值应增大；

检查 KT 的控制作用：将万用表的表笔放在 KT（6-7）两端，此时应为接通，用手按下时间继电器的电磁机构不放，经过 5s 的延时，万用表断开。同样的方法检查 KT（8-9）接点。

4．通电试车

装好接触器的灭弧罩，检查三相电源，在指导老师的监护下空操作试验和带负载试车。

5．常见故障

1）使用空气阻尼式时间继电器，在调整电磁机构的安装方向后，电磁机构的位置安装不准确。故障现象是：进行空操作试车时，操作 SB2 后 KM1、KM3、KT 得电动作，但过 5s 延时后，线路没有转换。此时应检查时间继电器的电磁机构的安装位置是否准确，用手按压 KT 的衔铁，约经过 5s，延时器的顶杆已放松，顶住了衔铁，而未听到延时触点动作的声音。因电磁机构与延时器距离太近，使气囊动作不到位。调整电磁机构位置，使衔铁动作后，气囊顶杆可以完全复位。

2）KM3 主触点的丫联结的中性点的短接线接触不实，使电动机一相绕组末端引线未接入电路，电动机形成单相起动。故障现象是：线路空操作试验工作正常，带负载试车时，按下 SB2，KM1 及 KM3 均得电动作，但电动机发出异响，转子向正、反两个方向颤动；立即按下 SB1 停车，KM1 及 KM3 释放时，灭弧罩内有较强的电弧。空操作试验时线路工作正常，说明控制电路接线正确。带负载试车时，电动机的故障现象是缺相起动引起的。检查主电路熔断器及 KM1、KM3 主触点未见异常，检查连接线时，发现 KM3 主触点的中性点短接线接触不实，使电动机 W 相绕组末端引线未接入电路，电动机形成单相起动，大电流造成强电弧。由于缺相，绕组内不能形成旋转磁场，使电动机转轴的转向不定。排除方法是：接好中性点的接线，紧固好各端子，重新通电试车。

3）控制电路中，KM2 接触器的自锁触点的接线松脱。故障现象是：空操作试验时，丫接起动正常，过 5s 接触器换接，再过 5s，又换接一次……如此重复。排除方法：接好 KM2 自锁触点的接线，重新试车。

3.4 三相笼型异步电动机的制动控制线路及检查试车

三相异步电动机除了运行于电动状态外，还常工作于制动状态。运行于电动状态时，电磁转矩与转速的方向相同，是驱动性质的。运行于制动状态时，电磁转矩和转速的方向相反，是制动转矩，制动可以使电动机快速停车，或者使位能性负载（如起重机下放重物，运输工具在下坡运行时）获得稳定的下降速度。异步电动机的制动方法有机械制动和电气制动。机械制动是利用机械设备（如电磁抱闸）在电动机断电后，使电动机迅速停转。电气制动是利用电磁转矩与转速方向相反的原理制动，常用的制动方法有反接制动和能耗制动。

3.4.1 反接制动控制线路

1. 电源两相反接的反接制动

在电动机处于电动运行时，将定子绕组的电源两相反接，因机械惯性，转子的转向不变。由于电源相序的改变，使旋转磁场的方向变为和转子的旋转方向相反，转子绕组中的感应电动势、感应电流和电磁转矩的方向动改变，电磁转矩变为制动转矩。如图 3-28a 所示，设电动机处于电动运行状态时，KM1 闭合，KM2 断开，其机械特性为图 3-28b 的曲线 1，其工作点在固有机械特性曲线的 A 点。当把定子绕组的电源进线两相对调时，KM2 闭合，KM1 断开，其机械特性为图 3-28b 的曲线 2。当定子电源两相反接瞬间，转子的转速不能突变，工作点由 A 点平移到 B 点，在制动的电磁转矩的作用下，电机迅速减速，工作点沿曲线 2 移动，到达 C 点时，转速为 0，制动过程结束，如需停车，应立即切断电源，否则电动机将反向起动。所以在一般的反接制动电路中常利用速度继电器来反应转速，以实现自动控制。

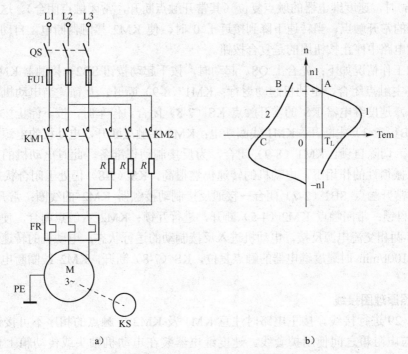

图 3-28　电源两相反接的反接制动

a) 电源反接制动主电路 b) 电源反接制动机械特性

由于反接制动时，转子与旋转磁场的相对速度接近于两倍的同步转速，定子绕组中流过的反接制动电流相当于直接起动时电流的两倍，冲击很大。为了减少冲击电流，通常对于笼型异步电动机的定子回路串接电阻来限制反接制动电流。反接制动电阻可以采用对称接法和不对称接法。图 3-28a 中采用的是对称接法，对称接法在定子三相绕组中都串入制动电阻，不对称接法是只在两相绕组中串入制动电阻。制动电阻的对称接法可以在限制制动转矩的同时，也限制了制动电流，制动电阻的不对称接法在没有串入制动电阻的那一相，仍具有较大的电流，因此一般采用对称接法。电动机定子绕组正常工作时的相电压为 380V 时，若要限制反接制动电流不大于起动电流时，采用对称接法每相应串入的电阻值可按 $R=1.5 \times 220V/I_{st}$，I_{st} 为电动机直接起动的电流，采用不对称接法时，则电阻值应为对称接法电阻值的 1.5 倍。绕线转子异步电动机则可在转子回路中串入制动电阻。

反接制动的优点是制动转矩大，效果好，制动迅速，控制设备简单。但是制动过程冲击强烈，易损坏传动部件，在反接制动过程中，电动机转子靠惯性旋转的机械能和从电网吸收的电能全都转变成电能消耗在电枢绕组上，能量消耗大，反接制动适用于制动要求迅速且不频繁的场合。

2．电动机单向运行反接制动控制电路

图 3-29 为制动电阻对称接法的电动机单向运行反接制动的控制电路。在主电路中，KM1 接通，KM2 断开时，电动机单向电动运行；KM1 断开，KM2 接通时，电动机电源相序改变，电动机进入反接制动的运行状态。并用速度继电器检测电动机转速的变化，当电动机转速 $n>130r/min$ 时，速度继电器的触点动作（其常开触点闭合，常闭触点断开），当转速 $n<100r/min$ 时，速度继电器的触点复位（其常开触点断开，常闭触点闭合）。这样可以利用速度继电器的常开触点，当转速下降到接近于 0 时，使 KM2 接触器断电，自动地将电源切除。在控制电路中停止按钮用的是复合按钮。

电路的工作情况如下：先合上 QS。起动时，按下起动按钮 SB2→接触器 KM1 线圈通电并自锁：其主触点闭合，电动机起动运行；KM1（8-9）断开，互锁。当电动机的转速大于 130r/min 时，速度继电器 KS 的常开触点 KS（7-8）闭合。停车时，按下停止按钮 SB1→其常闭触点 SB1（2-3）先断开：KM1 线圈断电；KM1 主触点断开，电动机的电源断开；KM1（3-4）断开，切除自锁；KM1（8-9）闭合，为反接制动作准备。此时电动机的电源虽然断开，但在机械惯性的作用下，电动机的转速仍然很高，KS（7-8）仍处于闭合状态。将 SB1 按到底，其常开触点 SB1（2-7）闭合→接通反接制动接触器 KM2 的线圈：常开触点 KM2（2-7）闭合自锁；常闭触点 KM2（4-5）断开，进行互锁；KM2 主触点闭合，使电动机定子绕组 U、W 两相交流电源反接，电动机进入反接制动的运行状态，电动机的转速迅速下降。当转速 $n<100r/min$ 时速度继电器的触点复位，KS（7-8）断开，KM2 线圈断电，反接制动结束。

3．按照原理图接线

照图 3-29 进行接线。接主电路时注意 KM1 及 KM2 主触点的相序不可接错。接线端子板 XT 与电阻箱之间使用护套线。速度继电器装在电动机轴头或传动箱上预留的安装平面上，用护套线通过接线端子排与控制电路连接，JY1 系列速度继电器有两组触点，每组都有常开、常闭触点，使用公共触点，接线前用万用表进行测量分辨，防止错接造成线路故障。注意，使用速度继电器时，一定先根据电动机的运转方向正确选择速度继电器的触点，然后再接线。接线时可参照安装接线图 3-30，电动机单向运行反接制动的控制电路的接线图。

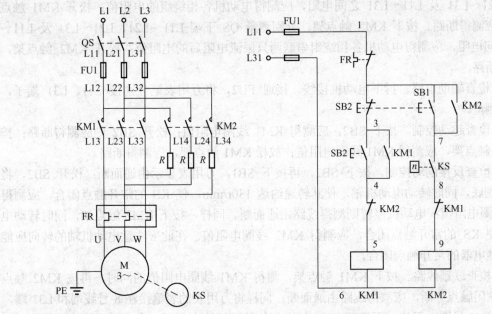

图 3-29　制动电阻对称接法的电动机单向运行反接制动的控制电路

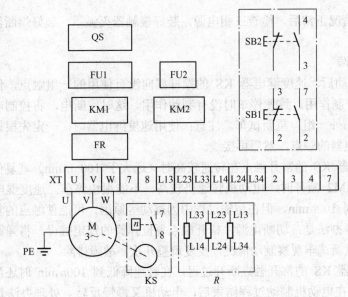

图 3-30　电动机单向运行反接制动的控制电路的接线图

4. 线路检查

检查速度继电器的转子、联轴器与电动机轴（或传动轴）的转动是否同步；检查它的触点切换动作是否正常。还应检查限流电阻箱的接线端子及电阻的情况，检查电动机和电阻箱的接地情况。测量每只电阻的阻值并作记录。接线完成后按控制电路图逐线进行检查并排除虚接的情况。接着断开 QS，摘下 KM1、KM2 的灭弧罩，用万用表的电阻档作以下几项检测。

1）检查主电路。断开 FU2 切除辅助电路。按下 KM1 触点架，分别测量 QS 下端 L11～L21、L21～L31 及 L11～L31 之间电阻，应测得电动机各相绕组的电阻值；松开 KM1 触点架，则应测得断路。按下 KM2 触点架，分别测量 QS 下端 L11～L21、L21～L31 及 L11～L31 之间电阻，应测得电动机各相绕组串联两只限流电阻后的电阻值；松开 KM2 触点架，应测得断路。

2）检查辅助电路。拆下电动机接线，接通 FU2，将万用表笔分别接 L11、L31 端子，作以下测量。

① 检查起动控制。按下 SB2，应测得 KM1 线圈电阻值；松开 SB2 则应测得断路；按下 KM1 触点架，应测得 KM1 线圈电阻值；放松 KM1 触点架，应测得断路。

② 检查反接制动控制。按下 SB2，再按下 SB1，万用表显示由通而断；松开 SB2，将 SB1 按到底，同时转动电动机轴，使其转速约达 130r/min，使 KS 的常开触点闭合，应测得 KM2 线圈电阻值；电动机停转则测得线路由通而断。同样，按下 KM2 触点架，同时转动电动机轴使 KS 的常开触点闭合，应测得 KM2 线圈电阻值。在此应注意电动机轴的转向应能使速度继电器的常开触点闭合。

③ 检查联锁线路。按下 KM1 触点架，测得 KM1 线圈电阻值的同时，再按 KM2 触点架使其常闭触点分断，应测得线路由通而断；同样将万用表的表笔接在 8 号线端和 L31 端，将测得 KM2 线圈电阻值，再按下 KM1 触点架使其常闭触点分断，也应显示线路由通而断。

5．通电试车

万用表检查情况正常后，检查三相电源，装好接触器灭弧罩，装好熔断器，在老师监护下试车。

6．常见的故障

1）电动机起动后，速度继电器 KS 的摆杆摆向没有使用的一组触点，使线路中使用的 KS 的触点不起控制作用。致使停车时没有制动作用。这时应断电，将控制电路中的速度继电器的触点换成另外一组，重新试车。注意：使用速度继电器时，一定先根据电动机的转向正确选择速度继电器的触点，然后再接线。

2）速度继电器 KS 的常开触点在转速较高时（远大于 100 r/min）就复位。致使电动机制动过程结束，KM2 断开时，电动机转速仍较高，不能很快停车。速度继电器出厂时切换动作转速已调整到 100r/min，但在运输过程中因震动等原因，可能使触点的复位机构螺钉松动造成误差。处理办法是：切断电源，松开触点复位弹簧的锁定螺母，将弹簧的压力调小后再将螺母锁紧。重新试车观察制动情况，反复调整几次，故障排除。

3）速度继电器 KS 的常开触点断开过迟，在转速降低到 100r/min 时还没有断开，造成 KM2 释放过晚，在电动机制动过程结束后，电动机又慢慢反转。处理办法是：将复位弹簧压力适当调大，反复试验调整后，将锁定螺母紧好即可。

3.4.2 能耗制动控制线路

1．能耗制动

能耗制动就是在电动机脱离三相电源之后，在定子绕组上加一个直流电压，通入直流电流，如图 3-31a 所示，定子绕组产生一个恒定的磁场，转子因惯性继续旋转而切割该恒定的磁场，在转子导体中便产生感应电动势和感应电流。

按图 3-31b 设定的磁场的方向和转子旋转的方向，用右手定则可以判定转子导体中的感应电流和感应电动势的方向，转子感应电流在恒定的磁场中受到电磁力的作用，用左手定则可以判断转子导体受力的方向，该电磁力在电动机转轴上形成的电磁转矩为制动转矩，因此转速迅速下降，当转速下降到 0 时，转子的感应电动势和感应电流都为 0，制动过程结束。这种制动方法实质上是把转子靠惯性旋转的动能转变为电能消耗在转子绕组上，故称为能耗制动。能耗制动的机械特性如图 3-31c 所示。能耗制动时的机械特性曲线通过坐标原点，其形状和电动机接交流电正常运行时的机械特性的形状相似，如曲线 2。电动机电动运行时工作在固有机械特性曲线 1 的 A 点上，当接触器 KM1 断开，KM2 闭合后，直流电源接在定子绕组上，开始能耗制动，在制动瞬间，因转速不能突变，工作点便由 A 点平移到能耗制动的特性曲线的 B 点上，在制动转矩的作用下电动机开始减速，工作点沿曲线 2 移至坐标原点时，$n=0$，$T_{em}=0$，如果电动机拖动的是反抗性负载（即由摩擦力产生转矩的机械），则电动机便停转，实现制动停车。如果电动机拖动的负载是位能性的负载（即由重力产生转矩的机械），当转速过零时，若要停车，必须立即用机械抱闸将电动机轴刹住，否则电动机在位能性负载的倒拉下反转，最后将稳定运行在 C 点（$T_{em}=T_L$），系统在能耗制动的状态下使重物保持匀速下降。能耗制动时的制动转矩的大小与通入定子绕组的直流电流的大小有关。电流大，产生的恒定的磁场强，制动转矩就大，电流可以通过 R 进行调节。但通入的直流电流不能太大，一般为空载电流的 3～5 倍，否则会烧坏定子绕组。

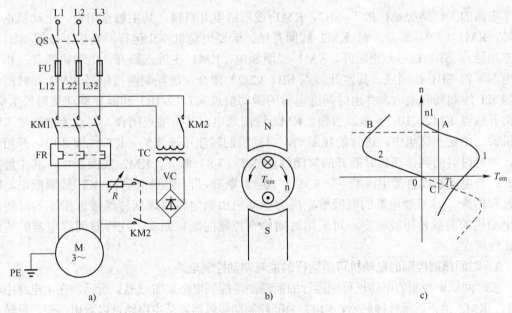

图 3-31　三相异步电动机的能耗制动

a) 主电路　b) 原理图　c) 机械特性

能耗制动广泛应用于要求平稳的准确停车的场合，也可应用于起重机一类带位能性负载的机械上，用来限制重物下降的速度，使重物保持匀速下降。

2．时间原则控制的电动机单向运行的能耗制动控制电路

图 3-32 是以时间原则控制的电动机单向运行的能耗制动控制电路。图中 KM1 为单向运行的接触器，KM2 为能耗制动的接触器，TC 为整流变压器，VC 为桥式整流电路，KT 为通电延时型时间继电器。复合按钮 SB1 为停止按钮，SB2 为起动按钮。

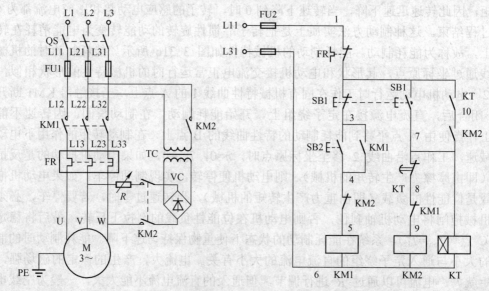

图 3-32　以时间原则控制的电动机单向运行的能耗制动控制电路

电路的工作情况是：按下 SB2，KM1 线圈通电并自锁，其主触点闭合，电动机正向运转，KM1（8-9）断开，对 KM2 线圈互锁。若要电动机停止运行，则按下按钮 SB1，其常闭触点 SB1（2-3）先断开，KM1 线圈断电，KM1 主触点断开，电动机断开三相交流电源，将 SB1 按到底，其常开触点 SB1（2-7）闭合，能耗制动接触器 KM2 和时间继电器 KT 线圈同时通电，并由时间继电器的瞬动触点 KT（2-10）和能耗制动接触器 KM2 的常开触点 KM2（10-7）串联自锁。KM2 线圈通电，其主触点闭合，将直流电源接入电动机的二相定子绕组中，进行能耗制动，电动机的转速迅速降低。KT 线圈通电，开始延时，当延时时间到，其延时断开的常闭触点 KT（7-8）断开，KM2 线圈断电，其主触点断开，将电动机的直流电源断开，KM2（10-7）断开，自锁回路断开，KT 线圈断电，制动过程结束。时间继电器的时间整定应为电动机由额定转速降到转速接近于零的时间。当电动机的负载转矩较稳定，可采用时间原则控制的能耗制动，这样时间继电器的整定值比较固定。

3．时间原则控制的电动机可逆运行的能耗制动控制电路

按时间原则控制的电动机可逆运行的能耗制动控制电路如图 3-33 所示。在主电路中，KM1、KM2 为正、反转接触器，KM3 为能耗制动接触器。从主电路可以看出：正、反转接触器 KM1、KM2 之间要有互锁，同时，能耗制动接触器 KM3 和正反转运行的接触器 KM1、KM2 之间也必须有互锁。在控制电路中，SB2 为正转起动按钮，SB3 为反转起动按钮，复合按钮 SB1 是停止按钮。

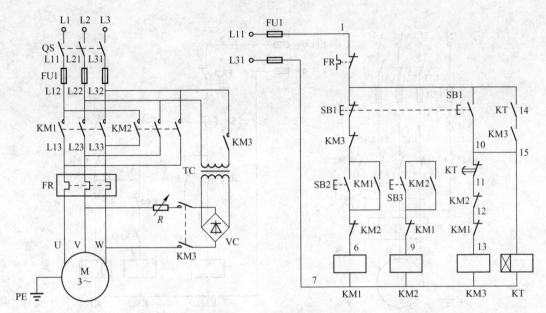

图 3-33　按时间原则控制的电动机可逆运行的能耗制动控制线路

电路的工作情况是：按下 SB2，KM1 线圈通电并自锁，其主触点闭合，电动机正向运转，KM1（8-9）断开，对 KM2 线圈互锁；KM1（12-13）断开，对 KM3 线圈互锁。若要电动机停止运行，则按下按钮 SB1，其常闭触点 SB1（2-3）先断开，KM1 线圈断电，KM1 主触点断开，电动机断开三相交流电源，KM1（12-13）闭合，将 SB1 按到底，其常开触点 SB1（2-10）闭合，能耗制动接触器 KM3 和时间继电器 KT 线圈同时通电，并由时间继电器的瞬动触点 KT（2-14）和能耗制动接触器 KM3 的常开触点 KM3（14-15）串联自锁。KM3 线圈通电，其主触点闭合，将直流电源接入电动机的二相定子绕组中，进行能耗制动，电动机的转速迅速降低。KT 线圈通电，开始延时，当延时时间到，其延时断开的常闭触点 KT（10-11）断开，KM3 线圈断电，其主触点断开，将电动机的直流电源断开，KM3（14-15）断开，自锁回路断开，KT 线圈断电，制动过程结束。

4. 无变压器单管能耗制动

前面所讲的能耗制动是由一套整流装置及整流变压器构成的单相桥式整流电路作为直流电源，制动效果好，但制动的成本较高。而无变压器单管能耗制动控制线路适用于 10kW 以下电动机，这种电路结构简单，附加设备较少，体积小，采用一只二极管半波整流器作为直流电源，无变压器单管能耗制动控制电路如图 3-34 所示。

图中 KM1 为单向运行的接触器，KM2 为单管能耗制动的接触器，KT 为能耗制动时间继电器。该电路的整流电源为 220V，由 KM2 主触点接至电动机定子绕组，经整流二极管 VD 接到中性线 N 构成回路。

能耗制动比反接制动消耗的能量少，制动电流比反接制动时小，只是需要增加整流设备。能耗制动所需的直流电流不能太大，一般取 1.5 或（3～5）I_0；I_N 为电动机的额定电流，I_0 为电动机的空载线电流。可以通过调节制动电阻来调节制动电流。

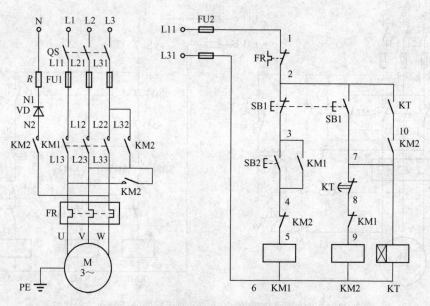

图 3-34　无变压器单管能耗制动控制电路

5．无变压器半波整流能耗制动控制线路实际操作

1）元件准备。半波整流能耗制动控制线路实际操作所需电气元件明细表如表 3-1 所示。根据电气元件明细表预先制作安装整流二极管和制动电阻的支架。

表 3-1　半波整流能耗制动控制线路实际操作所需电气元件明细表

代号	名　称	型　号	规　格	数量	检测结果
FU1	主电路熔断器	RL1-60-25	60A、配 25A 熔体	3	
FU2	控制电路熔断器	RL1-15-4	15A 配 4A 熔体	2	
KM	交流接触器	CJ10-20	20A、线圈电压 380V	2	测量线圈电阻值为
FR	热继电器	JR16-20/3	三极、20A、整定电流 8.8A	1	
SB1、SB2	按钮	LA4-2H	按钮数为 2 保护式	1	
XT	接线端子排	JD0-1020	380V、10A、20 节	1	
V	整流二极管	2CZ30	30A、600V	1	
R	制动电阻		0.5Ω、50W（外接）	1	
M	三相异步电动机	Y-112M-4	4kW、380V、8.8A、△接法、1440r/min	1	测量电动机绕组电阻为

2）照图接线与检测。按照图 3-34 上所标的线号进行接线，特别注意 KM1、KM2 主触点之间的连接线，防止错接造成短路。整流二极管和制动电阻应通过接线端子排接入控制电路。接线完成后要逐线逐号地核对，然后用万用表检查。

断开 QS，摘下接触器灭弧罩，使用万用表的 $R×1$ 档作以下各项检测。

① 断开 FU2 切除辅助电路，检查主电路。

首先检查起动线路，按下 KM1 的触点架，在 QS 下端子测量 L11～L21、L21～L31 及 L11～L31 端子之间电阻，应测得电动机各绕组的电阻值；放开 KM1 触点架，电路由通而断。

然后检查制动线路，将万用表拨到 $R \times 10\text{k}\Omega$ 档，按下 KM2 触点架，将黑表笔接 QS 下端 L31 端子，红表笔接中性线 N 端，应测得 R 和整流器 VD 的正向导通后电动机的电阻值；将表笔调换位置测量，应测得 $R \rightarrow \infty$。

② 检查辅助电路。拆下电动机接线，接通 FU2，将万用表拨回 $R \times 1$ 档，表笔接 QS 下端 L11、L31 处检测。

按前面所述方法检查起动控制后，再检查制动控制：按下 SB1 或按下 KM2 的触点架并同时按住 KT 电磁机构的衔铁，均应测得 KM2 与 KT 两只线圈的并联电阻值。最后检查 KT 延时控制：断开 KT 线圈的一端接线，按下 SB1 应测得 KM2 线圈，同时按住 KT 电磁机构的衔铁，当 KT 延时触点动作时，万用表应显示线路由通而断。重复检测几次，将 KT 的延时时间调整到 2s 左右。

3）通电试车。

完成上述检查后，检查三相电源及中性线，装好接触器的灭弧罩，在老师的监护下试车。

① 空操作试验。合上 QS，按下 SB2，KM1 应得电并保持吸合；轻按 SB1 则 KM1 释放。按 SB2 使 KM1 动作并保持吸合，将 SB1 按到底，则 KM1 释放而 KM2 和 KT 同时得电动作，KT 延时触点约 2s 左右动作，KM2 和 KT 同时释放。

② 带负载试车。断开 QS，接好电动机接线，先将 KT 线圈一端引线断开，合上 QS。

首先检查制动作用。起动电动机后，轻按 SB1，观察 KM1 释放后电动机能否惯性运转。再起动电动机后，将 SB1 按到底使电动机进入制动过程，待电动机停转立即松开 SB1。记下电动机制动所需要的时间。此时应注意，要进行制动时，要将 SB1 按到底才能实现。

然后根据制动过程的时间来调整时间继电器的整定时间。切断电源后，调整 KT 的延时为刚才记录的时间，接好 KT 线圈连接线，检查无误后接通电源。起动电动机，待达到额定转速后进行制动，电动机停转时，KT 和 KM2 应刚好断电释放，反复试验调整以达到上述要求。

试车中应注意起动、制动不可过于频繁，防止电动机过载及整流器过热。

能耗制动线路中使用了整流器，因而主电路接线错误时，除了会造成 FU1 动作，KM1 和 KM2 主触点烧伤以外，还可能烧毁整流器，因此试车前应反复核查主电路接线，并一定进行空操作试验，线路动作正确、可靠后，再进行带负载试车，避免造成事故。

3.5 基本控制线路的安装技能训练

3.5.1 电气控制线路板安装

1. 安装的要求

1）板上安装的所有电气控制器件的名称、型号、工作电压性质和数值，信号灯及按钮的颜色等，都应正确无误，安装要牢固，在醒目处应贴上各器件的文字符号。

2）连接导线要采用规定的颜色：

● 接地保护导线（PE）必须采用黄绿双色；

- 动力电路的中线（N）和中间线（M）必须是浅蓝色；
- 交流和直流动力电路应采用黑色；
- 交流控制电路采用红色；
- 直流控制电路采用蓝色。

3）导线的绝缘和耐压要符合电路要求，每一根连接导线在接近端子处的线头上必须套上标有线号的套管；进行控制板内部布线，要求走线横平竖直、整齐和合理，接点不得松动；进行控制板外部布线，对于可移动的导线应放适当的余量，使绝缘套管（或金属软管）在运动时不承受拉力，接地线和其他导线接头，同样应套上标有线号的套管。

4）安装时按钮的相对位置及颜色

- "停止"按钮应置于"起动"按钮的下方或左侧，当用两个"起动"按钮控制相反方向时，"停止"按钮可装在中间。
- "停止"和"急停"用红色，"起动"用绿色，"起动"和"停止"交替动作的按钮黑色、白色或灰色，点动按钮用黑色，复位按钮用是蓝色，当复位按钮带有"停止"作用时则须用红色。

5）安装指示灯及光标按钮的颜色

- 指示灯颜色的含义：红——危险或报警；黄——警告；绿——安全；白——电源开关接通。
- 光标按钮颜色的用法：红——"停止"或"断开"；黄——注意或警告；绿——"起动"；蓝——指示或命令执行某任务；白——接通辅助电路。

2. 电气线路安装接线步骤

1）按元件明细表配齐电气元件，并进行检验。

2）制作控制板，并按原理图上接触器、继电器等的编号顺序，安装在控制板上，并在醒目处贴上编号。

3）在电气控制原理图上编号。主电路中三相电源按相序依次编号为 L1、L2、L3；控制开关的出线头依次编号为 L11、L21、L31，从上至下每经过一个电气元件，编号要递增；电动机的三根引出线按相序依次编号为 U、V、W。没有经过电气元件的编号不变。辅助电路，从上至下（或从左至右）逐行用数字依次编号，每经过一个电气元件编号要依次递增，等电位点为同一编号。

4）根据电动机的容量选配主电路的连接导线。

5）按原理图上的编号在电气元件的醒目处贴上编号标志。

6）给拔去绝缘层的线头两端套上标有与原理图相应号码的套管。

7）用尖嘴钳弯成圈（或绞紧），套进（或塞进）接线柱的压紧螺钉上（或孔内），拧紧螺钉。控制板内的连接导线要沿底面敷设，拐弯处要弯成慢直角弯。

8）控制板与板外的电气设备、电气的连接应采用多股软线。通常用电线管配线，电线管至电动机的连接导线要用软管加以保护。

3. 安装后（在接通电源前的）质量检验

1）再次检查控制线路中各元器件的安装是否正确和牢靠；各个接线端子是否连接牢固。线头上的线号是否同电路原理图相符合，绝缘导线的颜色是否符合规定，保护导线是否已可靠连接。

2）检查电气线路的绝缘电阻。其方法是：短接主电路、控制电路和信号电路，用 500V 兆欧表测量与保护电路导线之间的绝缘电阻应不得小于 2MΩ。对于控制电路或信号电路不与主电路连接的，应分别测量主电路、保护电路、控制和信号电路各电路之间的绝缘电阻。

3）按 3.1 节介绍的方法用万用表检查线路。

4. 通电试车

1）空载试车。通电前检查所接电源是否符合要求。若有点动控制，通电后应先点动，然后验证电气设备的各个部分的工作是否正确和动作顺序是否正确，特别要验证急停器件是否安全有效。如有异常必须立即切断电源查明原因。

2）负载试车。在正常负载下连续运行，检查电气设备运行的正确性，特别要验证电源中断和恢复时是否危及人身和设备安全。连续运行时，要检查全部器件的温升不得超过规定的允许温度和允许温升，在有载的情况下验证急停器件是否安全有效。

3.5.2 点动控制线路的安装接线

1. 训练目的

1）掌握根据电气原理图绘制安装接线图的方法。

2）掌握检查和测试电气元件的方法。

3）初步掌握电动机控制线路的安装步骤和安装技能。

4）学习接线、试车和排除故障的方法。

2. 所需元件和工具

木质控制板一块，交流接触器、熔断器、电源隔离开关、按钮、接线端子排、三相电动机、万用表及电工常用工具一套、导线、号码管等。

3. 训练的内容

1）画出电路图，分析工作原理，并按规定标注线号。

2）列出元件明细表，并进行检测，将元件的型号、规格、质量检查结果及有关测量值记入表 3-2 点动控制线路元件明细表中。检查内容有：电源开关的接触情况；拆下接触器的灭弧罩，检查相间隔板；检查各主触点表面情况；按压其触点架观察动触点（包括电磁机构的衔铁、复位弹簧）的动作是否灵活；检查接触器电磁线圈的电压与电源电压是否相符，用万用表测量电磁线圈的通断，并记下直流电阻值；测量电动机每相绕组的直流电阻值，并作记录。检查中发现异常应检修或更换元器件。

表 3-2　点动控制线路元件明细表

代号	名　称	型　号	规　格	数量	检 测 结 果
QS	电源开关				
FU1	主电路熔断器				
FU2	控制电路熔断器				
KM	交流接触器				测量线圈电阻值为
SB	按钮开关				点动按钮用黑色
XT	接线端子排				
M	三相笼式异步电动机				测量电动机线圈电阻为

3）在配电板上，布置元件，并画出元件安装布置图及接线图。绘制安装接线图时，将电气元件的符号画在规定的位置，对照原理图的线号标出各端子的编号。控制按钮 SB（使用 LA4 系列按钮盒）和电动机 M 在安装板外，通过接线端子排 XT 与安装底板上的电器连接。控制板上的各元件的安装位置应整齐、均称、间距合理便于检修。

4）按照接线图规定的位置定位打孔将电气元件固定牢靠。注意 FU1 中间一相熔断器和 KM 中间一极触点的接线端子成一直线，以保证主电路走线美观规整；组合开关、熔断器的受电端子应安装在控制板的外侧，若采用螺旋式熔断器，电源进线应接在螺旋式熔断器的底座中心端上，出线应接在螺纹外壳上。

5）按电路图的编号在各元件和连接线两端做好编号标志。按图接线，接板前明线时注意：控制板上的走线应平整，变换走向应垂直，避免交叉。转角处要弯成慢直角，控制板至电动机的连接导线要穿软管保护，电动机外壳要安装接地线。走线时应注意：走线通道应尽可能少，同一通道中的沉底导线应按主控电路分类集中，贴紧敷面单层平行密排；同一平面的导线应高低一致或前后一致，不能交叉，当必须交叉时，该根导线应在接线端子引出时合理地水平跨越。导线与接线端子连接时，应不压绝缘层，不反圈，不露铜过长，要拧紧接线柱上的压紧螺钉；一个电气元件接线端子上的连接导线不得超过两根，每节接线端子板上的连接导线一般只允许连接一根。

6）检查线路并在测量电路的绝缘电阻后通电试车。

4．实训考核及成绩评定（见表 3-3）

表 3-3　成绩评定表

项目内容及配分		要　　求	评分标准（100 分）	得　　分
元件的检查（10 分）		检查和测试电气元件的方法正确	每错一项扣 1 分	
		完整地填写元件明细表		
线路敷设（30 分）		按图接线，接线正确	一处不合格扣 2 分	
		走线整齐美观不交叉		
		导线连接牢靠，没有虚接		
		号码管安装正确，醒目		
		电动机外壳安装了接地线		
线路检查（10 分）		在断电的情况下会用万用表检查线路	没有检查扣 10 分	
		通电前测量线路的绝缘电阻		
通电试车（40 分）		试车一次成功	一次不成功扣 20 分	
安全文明操作（10 分）		工具地正确使用 执行安全操作规定	每违反一次扣 10 分	
工时	120min	每超过 10min 扣 5 分	总分	

5．故障的检查及排除

在通电试车成功的电路上人为地设置故障，通电运行，在表 3-4 中记录故障现象并分析原因排除故障。故障设置时，可用在触点间插入小绝缘套管或小纸片的方法表示触点接触不良。

表 3-4 故障的检查及排除

故障设置	故障现象	检查方法及排除
按钮触点接处不良		
接触器线圈松脱		
主电路一相熔断器熔断		
控制电路熔断器熔断		

3.5.3 单向起动控制线路的安装接线

1．训练目的

1）掌握根据电气原理图绘制安装接线图的方法。

2）掌握检查和测试电气元件的方法。

3）掌握电动机单向起动控制线路的安装步骤和安装技能。

4）学习接线、试车和排除故障的方法。

2．所需元件和工具

木质控制板一块，交流接触器、熔断器、电源隔离开关、按钮、接线端子排、三相交流电动机、万用表及电工常用工具一套、导线、号码管等。

3．训练的内容

1）画出单向起动控制线路电路图，分析工作原理，并按规定标注线号。

2）列出元件明细表，并进行检测，将元件的型号、规格、质量检查结果及有关测量值记入表 3-5 单向起动控制线路元件明细表中。记录停止按钮和起动按钮的颜色。检查中发现异常应检修或更换元器。

表 3-5 单向起动控制线路元件明细表

代号	名 称	型 号	规 格	数量	检测结果
QS	电源开关				
FU1	主电路熔断器				
FU2	控制电路熔断器				
KM	交流接触器				测量线圈电阻值为
FR	热继电器				
SB1	停止按钮				
SB2	起动按钮				
XT	接线端子排				
M	三相笼式异步电动机				测量电动机线圈电阻为

3）在配电板上，布置元件，并画出元件安装布置图及接线图。绘制安装接线图时，将电气元件的符号画在规定的位置，对照原理图的线号标出各端子的编号。注意热继电器应安装在其他发热电器的下方，整定电流装置的位置一般应安装在右边，保证调整和复位时的安全方便。

4）按照接线图规定的位置定位打孔将电气元件固定牢靠。注意 FU1 中间一相熔断器和 KM 中间一极触点的接线端子成一直线，以保证主电路走线美观规整。

5）按电路图的编号在各元件和连接线两端做好编号标志。按图接线，接线时注意：热继电器的热元件要串联在主电路中，其常闭触点接入控制电路，不可接错。接热继电器时接点紧密可靠；出线端的导线不应过粗或过细，以防止轴向导热过快或过慢，使热继电器动作不准确。接触器的自锁触点用常开触点，且要与起动按钮并联。

6）检查线路并在测量电路的绝缘电阻后通电试车。热继电器的整定电流必须按电动机的额定电流自行调整，一般热继电器应置于手动复位的位置上，若需自动复位时，可将复位调节螺钉以顺时针方向向里旋足。热继电器因电动机过载动作后，若需再次起动电动机，必须使热继电器复位，一般情况自动复位需 5min，手动复位需 2min。试车时先合 QS，再按起动按钮 SB2，停车时，先按停止按钮 SB1，再断开 QS。

4．实训考核及成绩评定（见表 3-6）

表 3-6　成绩评定表

项目内容及配分	要　　求	评分标准（100 分）	得　　分
元件的检查（10 分）	检查和测试电气元件的方法正确	每错一项扣 1 分	
	完整地填写元件明细表		
线路敷设（30 分）	按图接线，接线正确	一处不合格扣 2 分	
	走线整齐美观不交叉		
	导线连接牢靠，没有虚接		
	号码管安装正确，醒目		
	电动机外壳安装了接地线		
线路检查（10 分）	在断电的情况下会用万用表检查线路	没有检查扣 10 分	
	通电前测量线路的绝缘电阻		
保护的整定（10 分）	正确整定热继电器的整定值	不会整定扣 5 分	
	正确地选配熔体	选错熔体扣 5 分	
通电试车（30 分）	试车一次成功	一次不成功扣 20 分	
安全文明操作（10 分）	工具的正确使用 执行安全操作规定	每违反一次扣 10 分	
工时	120min	每超过 10min 扣 5 分	总分	

5．故障的检查及排除

在通电试车成功的电路上人为地设置故障，通电运行，在表 3-7 中记录故障现象并分析原因、检查方法及排除故障。

表 3-7　故障现象、分析原因、检查方法及排除故障

故 障 设 置	故 障 现 象	检查方法及排除
起动按钮触点接处不良		
接触器线圈松脱		
接触器自锁触点接触不良		
接触器主触点一相接触不良		
接触器主触点二相接触不良		
主电路一相熔断器熔断		
控制电路熔断器熔断		
热继电器整定值调得太小		
热继电器常闭触点接触不良		

3.5.4 正反转控制线路的安装接线

1．训练目的

1）掌握按钮和接触器双重互锁电动机正、反转控制线路的安装步骤和安装技能。

2）掌握检查和测试电气元件的方法。

3）学习接线、试车和排除故障的方法。

2．所需元件和工具

木质控制板一块，交流接触器、熔断器、热继电器、电源隔离开关、按钮、接线端子排、三相交流电动机、万用表及电工常用工具一套、导线及号码管等。

3．训练内容

1）画出按钮和接触器双重互锁电动机正、反转控制线路电路图，分析工作原理，并按规定标注线号。

2）列出元件明细表，并进行检测，将元件的型号、规格、质量检查结果及有关测量值记入表 3-8 按钮和接触器双重互锁电动机正、反转控制线路元件明细表中。

表 3-8 按钮和接触器双重互锁电动机正、反转控制线路元件明细表

代号	名　称	型　号	规　格	数量	检 测 结 果
QS	电源开关				
FU1	主电路熔断器				
FU2	控制电路熔断器				
KM	交流接触器				测量线圈电阻值为
FR	热继电器				
SB1～SB3	按钮				
XT	接线端子排				
M	三相笼式异步电动机				测量电动机线圈电阻为

3）在配电板上布置元件，并画出元件安装布置图及接线图。绘制安装接线图时，将电气元件的符号画在规定的位置，对照原理图的线号标出各端子的编号。按钮和电动机在安装板外，通过接线端子排 XT 与安装板上的电器连接。电动机必须安放平稳，以防止在可逆运转时产生滚动而引起事故，并将其金属外壳可靠接地。

4）按照接线图规定的位置定位打孔将电气元件固定牢靠。注意 FU1 中间一相熔断器和 KM 中间一极触点的接线端子成一直线，以保证主电路走线美观规整。

5）按电路图的编号在各元件和连接线两端做好编号标志。按图接线，接线时注意：联锁触点和按钮盒内的接线不能接错，否则将出现两相电源短路事故。

6）检查线路并在测量电路的绝缘电阻后通电试车。先进行空操作试验再带负载试车，操作 SB2、SB3、SB1 观察电动机正、反转及停车。操作过程中电动机正、反转操作的变换不宜过快和过于频繁。

4. 实训考核及成绩评定（见表3-9）

表3-9　成绩评定表

项目内容及配分	要　　求	评分标准（100分）	得　　分
元件的检查（10分）	检查和测试电气元件的方法正确	每错一项扣1分	
	完整地填写元件明细表		
线路敷设（30分）	按图接线，接线正确	一处不合格扣2分	
	走线整齐美观不交叉		
	导线连接牢靠，没有虚接		
	号码管安装正确，醒目		
	电动机外壳安装了接地线		
线路检查（10分）	在断电的情况下会用万用表检查线路	没有检查扣10分	
	通电前测量线路的绝缘电阻		
保护的整定（10分）	正确整定热继电器的整定值	不会整定扣5分	
	正确地选配熔体	选错熔体扣5分	
通电试车（30分）	试车一次成功	一次不成功扣20分	
安全文明操作（10分）	工具的正确使用 执行安全操作规定	每违反一次扣10分	
工时	150min	每超过10min扣5分	总分

5. 故障的检查及排除

在通电试车成功的电路上人为地设置故障，通电运行，在表 3-10 中记录故障现象并分析原因排除故障。

表3-10　故障的检查及排除

故　障　设　置	故　障　现　象	检查方法及排除
反向起动按钮触点接处不良		
KM1 接触器互锁触点接触不良		
KM2 接触器自锁触点接触不良		
KM1 接触器主触点一相接触不良		
主电路一相熔断器熔断		
控制电路熔断器断		
热继电器常闭触点接触不良		

3.5.5 星形—三角形减压起动的安装接线

1. 训练目的

1）掌握电动机星形—三角形减压起动控制线路的安装步骤和安装技能。

2）学会电气元件在配电板正面线槽内配线的方法和工艺。

3）熟练掌握试车和排除故障的方法。

2. 所需元件和工具

木质控制板一块，时间继电器、热继电器、交流接触器、熔断器、电源隔离开关、按钮、接线端子排、走线槽若干、绕组为三角形接法的三相电动机、万用表及电工常用工具一套、导线、号码管等。

3．训练内容

1）画出星形—三角形减压起动控制线路电路图，分析工作原理，并按规定标注线号。

2）列出元件明细表，并进行检测，将元件的型号、规格、质量检查结果及有关测量值记入表 3-11 电动机星形—三角形减压起动控制线路元件明细表中。特别要注意选用的时间继电器的类型和延时接点的动作时间，用万用表测量其触点动作情况，并将时间继电器的延时时间调整到 10s。

表 3-11　电动机星形—三角形减压起动控制线路元件明细表

代号	名　称	型　号	规　格	数量	检　测　结　果
QS	电源开关				
FU1	主电路熔断器				
FU2	控制电路熔断器				
KM	交流接触器				测量线圈电阻值为
KT	时间继电器				时间整定值为
FR	热继电器				
SB1	停止按钮				
SB2	起动按钮				
XT	接线端子排				
	走线槽				
M	三相笼式异步电动机（三角形联结）				测量电动机线圈电阻为

3）在配电板上，参照图 3-35 划线并布置走线槽和电气元件，画出元件安装布置图及接线图。绘制安装接线图时，将电气元件的符号画在规定的位置，对照原理图的线号标出各端子的编号。

4）按照接线图规定的位置定位打孔将线槽、电气元件固定牢靠。特别应注意时间继电器的安装位置，必须使继电器在断电后，衔铁释放时的运动方向垂直向下。

5）按电路图的编号在各元件和连接线两端做好编号标志。按图接线，接线时注意：主电路各接触器主触点之间的连接线要认真核对，防止出现相序错误。电动机的三角形接线时应将定子绕组的 U1、V1、W1 通过接触器分别与 W2、U2、V2 连接，否则将使电动机在三角形接法时造成三相绕组各接同一相电源或其中一相绕组接入同一相电源而无法工作等故障。

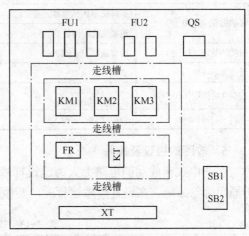

图 3-35　Y-△减压起动电器布置图

控制板内部布线采用槽内配线时要注意：

1）走线槽内的导线要尽可能避免交叉，装线不要超过线槽容量的 70%，以便装配和检修。

2）各电气元件与走线槽之间的外露导线要尽可能做到横平竖直，变换走向要垂直。同一元件位置一致的端子和相同型号的电气元件中位置一致的端子上引出或引入的导线，要敷设在同一平面上，并应做到高低一致或前后一致，不得交叉。

3）各电气元件接线端子上引出或引入的导线，除间距很小或元件机械强度很差，如时间继电器 JS7-A 型同一只微动开关的同一侧常开与常闭触点的连接导线，允许直接架空敷设外，其他导线必须经过走线槽进行连接。

4）各电气元件的接线端子引出线的走向，以元件的水平中心线为界限，水平中心线以上的接线端子引出的导线，必须进入元件上面的走线槽；水平中心线以下的接线端子的引出导线，必须进入元件下面的走线槽。任何导线都不允许从水平方向进入走线槽。

5）当接线端子不适合连接软线或较小截面积的软线时，可以在导线头穿上针形或叉形轧头并压紧。

6）检查线路并在测量电路的绝缘电阻后通电试车。先进行空操作试验再带负载试车。

4．实训考核及成绩评定（见表 3-12）

表 3-12　成绩评定表

项目内容及配分	要　　求	评分标准（100分）	得　　分
元件的检查（10分）	检查和测试电气元件的方法正确	每错一项扣 1 分	
	完整地填写元件明细表		
线路敷设（20分）	按图接线，接线正确	一处不合格扣 2 分	
	槽内外走线整齐美观不交叉		
	导线连接牢靠，没有虚接		
	号码管安装正确，醒目		
	电动机外壳安装了接地线		
线路检查（10分）	在断电的情况下会用万用表检查线路	没有检查扣 10 分	
	通电前测量线路的绝缘电阻		
保护的整定（10分）	正确整定热继电器的整定值	不会整定扣 5 分	
	正确地选配熔体	选错熔体扣 5 分	
时间的整定（10分）	动作延时 10s±10%	每超过 10%扣 5 分	
通电试车（30分）	试车一次成功	一次不成功扣 20 分	
安全文明操作（10分）	工具的正确使用 执行安全操作规定	每违反一次扣 10 分	
工时	180min	每超过 10min 扣 5 分	总分

5．故障的检查及排除

在通电试车成功的电路上人为地设置故障，通电运行，在表 3-13 中记录故障现象并分析原因排除故障。在设置故障运行时，要做好随时停车的准备。

表 3-13　故障的检查及排除

故 障 设 置	故 障 现 象	检查方法及排除
将电动机接成三角形的 KM2 主触点下方的 U2 及 V2 端子处的接线位置颠倒		
KM2 接触器自锁触点接触不良		
将电动机接成星形联结的接触器 KM3 某相主触点接触不良		
时间继电器延时调整为零		
引入电源的接触器 KM1 自锁触点接触不良		

3.5.6 电动机带限位保护的自动往复循环控制线路的安装接线

1．训练目的

1）掌握电动机带限位保护的自动往复循环控制安装线路的步骤和安装的技能。

2）掌握行程开关的安装方法。

2．所需元件和工具

木质控制板一块，交流接触器、行程开关、熔断器、热继电器、电源隔离开关、按钮、接线端子排、三相电动机、万用表及电工常用工具一套、导线、号码管等。

3．训练内容

1）画出电动机带限位保护的自动往复循环控制线路电路图，分析工作原理，并按规定标注线号。

2）列出元件明细表，并进行检测，将元件的型号、规格、质量检查结果及有关测量值记入带限位保护的自动往复循环控制安装线路元件明细表 3-14 中。特别注意检查行程开关的滚轮、传动部件和触点是否完好，操作滚轮看其动作是否灵活，用万用表测量其常开、常闭触点的切换动作。

表 3-14　带限位保护的自动往复循环控制安装线路元件明细表

代号	名　称	型　号	规　格	数量	检测结果
QS	电源开关				
FU1	主电路熔断器				
FU2	控制电路熔断器				
KM	交流接触器				测量线圈电阻值为
FR	热继电器				
SB1～SB3	按钮				
SQ1～SQ4	行程开关				
XT	接线端子排				
M	三相笼式异步电动机				测量电动机线圈电阻为

3）在配电板上布置元件，并画出元件安装布置图及接线图。

4）按照接线图规定的位置定位打孔将电气元件固定牢靠。元件的固定位置和双重联锁的正反转控制线路的安装要求相同。按钮、行程开关和电动机在安装板外，通过接线端子排与安装底板上的电器连接。在设备规定的位置上安装行程开关，检查并调整挡块和行程开关滚轮的相对位置，保证动作准确可靠。

5）按电路图的编号在各元件和连接线两端做好编号标志。按图接线时注意，联锁触点和按钮盒内的接线不能接错，否则将出现两相电源短路事故。

6）检查线路并在测量电路的绝缘电阻后通电试车。试车时先进行空操作试验，用绝缘棒拨动限位开关的滑轮，检查线路能否自动往返、限位保护是否起作用，然后再带负载试车。

4. 实训考核及成绩评定（见表 3-15）

表 3-15 成绩评定表

项目内容及配分	要求	评分标准（100 分）	得分
元件的检查（10 分）	检查和测试电气元件的方法正确	每错一项扣 1 分	
	完整地填写元件明细表		
线路敷设（20 分）	按图接线，接线正确	一处不合格扣 2 分	
	走线整齐美观不交叉		
	导线连接牢靠，没有虚接		
	号码管安装正确，醒目		
	电动机外壳安装了接地线		
行程开关的安装（10 分）	挡块和行程开关滚轮的相对位置对正	不对正扣 5 分	
	行程开关的安装位置正确	位置错误扣 5 分	
线路检查（10 分）	在断电的情况下会用万用表检查线路	没有检查扣 10 分	
	通电前测量线路的绝缘电阻		
保护的整定（10 分）	正确整定热继电器的整定值	不会整定扣 5 分	
	正确地选配熔体	选错熔体扣 5 分	
通电试车（30 分）	试车一次成功	一次不成功扣 20 分	
安全文明操作（10 分）	工具的正确使用 执行安全操作规定	每违反一次扣 10 分	
工时	240min	每超过 10min 扣 5 分	总分

5. 故障的检查及排除

在通电试车成功的电路上人为地设置故障，通电运行，在表 3-16 中记录故障现象并分析原因排除故障。在设置故障运行时，做好随时停车的准备。

表 3-16 故障的检查及排除

故 障 设 置	故 障 现 象	检查方法及排除
SQ1 的固定螺钉松动		
KM2 接触器主触点的相序和 KM1 相同没有进行换相		
改变电动机的转向：按下 SB2 电动机反转，按下 SB3 电动机正转		

3.6 习题

1. 什么叫作"自锁"？自锁线路怎样构成？

2. 什么叫作"互锁"？互锁线路怎样构成？

3. 点动控制是否要安装过载保护？

4. 画出电动机连续运转的主电路和控制电路图，位置图及接线图，并说明电动机连续运转的控制线路有哪些保护环节，通过哪些设备实现？

5. 画出双重联锁正反转控制的主电路和控制电路，并分析电路的工作原理。

6. 画出自动往返的控制线路，并分析电路的工作原理。

7. 实现多地控制时多个起动按钮和停止按钮如何连接？

8. 画出Y-△减压起动的电路图，并分析工作过程。

9. 画出反接制动的主电路和控制电路，分析工作过程。

10. 画出能耗制动的主电路和控制电路，并分析工作过程。

第4章 可编程序控制器的概述及 S7-200 PLC 介绍

本章要点
- 可编程序控制器的定义和基本组成
- 可编程序控制器的工作原理及主要技术指标
- S7-200 系列 CPU224 介绍

4.1 可编程序控制器的产生及定义

1．可编程序控制器的产生

随着计算机控制技术的不断发展，可编程序控制器的应用已广泛普及，成为自动化技术的重要组成部分。1969 年，美国数字设备公司（DEC）研制出了世界上第一台可编程序控制器，并应用于通用汽车公司的生产线上。当时叫可编程序逻辑控制器（Programmable Logic Controller，PLC），目的是用来取代继电器，以执行逻辑判断、计时、计数等顺序控制功能。

随着半导体技术，尤其是微处理器和微型计算机技术的发展，PLC 已广泛地使用 16 位甚至 32 位微处理器作为中央处理器，输入输出模块和外围电路也都采用了中、大规模甚至超大规模的集成电路，使 PLC 在概念、设计、性能价格比以及应用方面都有了新的突破。这时的 PLC 已不仅仅是逻辑判断功能，还同时具有数据处理、PID 调节和数据通信功能，称之为可编程序控制器（Programmable Controller）更为合适，简称为 PC，但为了与个人计算机（Personal Computer）的简称为 PC 相区别，一般仍将它简称为 PLC（Programmable Logic Controller）。

目前可编程序控制器已经大量地应用在楼宇自动化、家庭自动化、商业、公用事业、测试设备和农业等领域，并涌现出大批应用可编程序控制器的新型设备。掌握可编程序控制器的工作原理，具备设计、调试和维护可编程序控制器控制系统的能力，已经成为现代工业对电气技术人员的基本要求。

2．可编程序控制器的定义

国际电工委员会（IEC）曾于 1982 年 11 月颁发了可编程序控制器标准草案第一稿，1985 年 1 月又发表了第二稿，1987 年 2 月颁发了第三稿。该草案中对可编程序控制器的定义是：

"可编程序控制器是一种数字运算操作的电子系统，专为在工业环境下应用而设计。它采用了可编程序的存储器，用来在其内部存储和执行逻辑运算、顺序控制、定时、计数和算术运算等操作命令，并通过数字式和模拟式的输入和输出，控制各种类型的机械或生产过程。可编程序控制器及其有关外围设备，都按易于与工业系统联成一个整体、易于扩充其功能的原则设计。"

定义强调了可编程序控制器是"数字运算操作的电子系统",是一种计算机。它是"专为在工业环境下应用而设计"的工业计算机,是一种用程序来改变控制功能的工业控制计算机,除了能完成各种各样的控制功能外,还有与其他计算机通信联网的功能。

这种工业计算机采用"面向用户的指令",因此编程方便。它能完成逻辑运算、顺序控制、定时计数和算术操作,它还具有"数字量和模拟量输入输出控制"的能力,并且非常容易与"工业控制系统联成一体",易于"扩充"。

定义还强调了可编程序控制器应直接应用于工业环境,它须具有很强的抗干扰能力、广泛的适应能力和应用范围。这也是区别于一般微机控制系统的一个重要特征。

PLC 引入了微处理器及半导体存储器等新一代电子器件,并用规定的指令进行编程,能灵活地修改,即用软件方式来实现"可编程"的目的。

4.2 可编程序控制器的基本组成

4.2.1 控制组件

可编程序控制器主要由 CPU、存储器、基本 I/O 接口电路、外设接口、编程装置、电源等组成。

可编程序控制器的结构多种多样,但其组成的一般原理基本相同,都是以微处理器为核心的结构,可编程序控制器系统结构图如图 4-1 所示。编程装置将用户程序送入可编程序控制器,在可编程序控制器运行状态下,输入单元接收到外部元件发出的输入信号,可编程序控制器执行程序,并根据程序运行后的结果,由输出单元驱动外部设备。

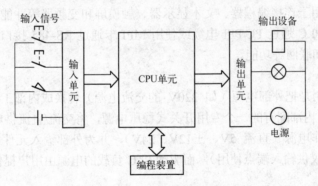

图 4-1　可编程序控制器系统结构图

1. CPU 单元

CPU 是可编程序控制器的控制中枢。CPU 一般由控制电路、运算器和寄存器组成。这些电路通常都被封装在一个集成的芯片上。CPU 通过地址总线、数据总线、控制总线与存储单元、输入/输出接口电路连接。CPU 的功能有:它在系统监控程序的控制下工作,通过扫描方式,将外部输入信号的状态写入输入映象寄存区域,PLC 进入运行状态后,从存储器逐条读取用户指令,按指令规定的任务进行数据的传送、逻辑运算、算术运算等,然后将结果送到输出映像寄存区域。简单说,CPU 的功能就是读输入、执行程序、写输出。

2．存储器

可编程序控制器的存储器由只读存储器 ROM、随机存储器 RAM 和可电擦写的存储器 E²PROM 三大部分构成，主要用于存放系统程序、用户程序及工作数据。

只读存储器 ROM 用以存放系统程序，可编程序控制器在生产过程中将系统程序固化在 ROM 中，用户是不可改变的。用户程序和中间运算数据存放的随机存储器 RAM 中，RAM 存储器是一种高密度、低功耗、价格便宜的半导体存储器，可用锂电池做备用电源。它存储的内容是易失的，掉电后内容丢失；当系统掉电时，用户程序可以保存在只读存储器 E²PROM 或由高能电池支持的 RAM 中。E²PROM 兼有 ROM 的非易失性和 RAM 的随机存取优点，用来存放需要长期保存的重要数据。

3．I/O 单元及 I/O 扩展接口

1）I/O 单元（输入/输出接口电路）。PLC 内部输入电路作用是将 PLC 外部电路（如行程开关、按钮、传感器等）提供的符合 PLC 输入电路要求的电压信号，通过光电耦合电路送至 PLC 内部电路。输入电路通常以光电隔离和阻容滤波的方式提高抗干扰能力，输入响应时间一般在 0.1～15ms 之间。根据输入信号形式的不同，可分为模拟量 I/O 单元、数字量 I/O 单元两大类。根据输入单元形式的不同，可分为基本 I/O 单元、扩展 I/O 单元两大类。PLC 内部输出电路作用是将输出映像寄存器的结果通过输出接口电路驱动外部的负载（如接触器线圈、电磁阀、指示灯等）。

2）I/O 扩展接口。可编程序控制器利用 I/O 扩展接口使 I/O 扩展单元与 PLC 的基本单元实现连接，当基本 I/O 单元的输入或输出点数不够使用时，可以用 I/O 扩展单元来扩充开关量 I/O 点数和增加模拟量的 I/O 端子。

4．外设接口

外设接口电路用于连接编程器、文本显示器、触摸屏和变频器等并能通过外设接口组成 PLC 的控制网络。PLC 通过 PC/PPI 电缆或使用 MPI 卡通过 RS-485 接口与计算机连接，可以实现编程、监控和联网等功能。

5．电源

电源单元的作用是把外部电源（如 220V 的交流电源）转换成内部工作电源。外部连接的电源，通过 PLC 内部配有的一个专用开关式稳压电源，将交流/直流供电电源转化为 PLC 内部电路需要的工作电源（直流 5V、±12V、24V），并为外部输入元件（如接近开关）提供 24V 直流电源（仅供输入端点使用），而驱动 PLC 负载的电源由用户提供。

4.2.2 输入/输出接口电路

输入/输出接口电路实际上是 PLC 与被控对象间传递输入/输出信号的接口部件。输入/输出接口电路要有良好的电隔离和滤波作用。

1．输入接口电路

由于生产过程中使用的各种开关、按钮、传感器等输入器件直接接到 PLC 输入接口电路上，为防止由于触点抖动或干扰脉冲引起错误的输入信号，输入接口电路必须有很强的抗干扰能力。

图 4-2 所示可编程序控制器输入电路，输入接口电路提高抗干扰能力的方法主要有：

1）利用光耦合器提高抗干扰能力。光耦合器工作原理是：发光二极管有驱动电流流过时，导通发光，光敏晶体管接收到光线，由截止变为导通，将输入信号送入 PLC 内部。光耦合器中的发光二极管是电流驱动元件，要有足够的能量才能驱动。而干扰信号虽然有的电压值很高，但能量较小，不能使发光二极管导通发光，所以不能进入 PLC 内，实现了电隔离。

2）利用滤波电路提高抗干扰能力。 最常用的滤波电路是电阻电容滤波，如图 4-2 中的 R_1、C 。

图 4-2 中，S 为输入开关，当 S 闭合时， LED 点亮，显示输入开关 S 处于接通状态。光耦合器导通，将高电平经滤波器送到 PLC 内部电路中。当 CPU 在循环的输入阶段锁入该信号时，将该输入点对应的映像寄存器状态置 1；当 S 断开时，则对应的映像寄存器状态置 0。

根据常用输入电路电压类型及电路形式不同，可以分为干接点式、直流输入式和交流输入式。输入电路的电源可由外部提供，有的也可由 PLC 内部提供。

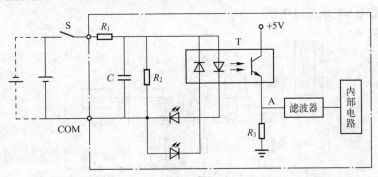

图 4-2　可编程序控制器输入电路

2. 输出接口电路

根据驱动负载元件不同可将输出接口电路分为 3 种。

1）小型继电器输出形式。如图 4-3 所示。这种输出形式既可驱动交流负载，又可驱动直流负载。驱动负载的能力在 2A 左右。它的优点是适用电压范围比较宽，导通压降小，承受瞬时过电压和过电流的能力强。缺点是动作速度较慢，动作次数（寿命）有一定的限制。建议在输出量变化不频繁时优先选用，不能用于高速脉冲的输出。

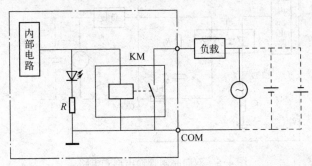

图 4-3　小型继电器输出形式电路

图 4-3 所示电路工作原理是：当内部电路的状态为 1 时，使继电器 KM 的线圈通电，产

生电磁吸力，触点闭合，则负载得电，同时点亮 LED，表示该路输出点有输出。当内部电路的状态为 0 时，使继电器 K 的线圈无电流，触点断开，则负载断电，同时 LED 熄灭，表示该路输出点无输出。

2）大功率晶体管或场效应晶体管输出形式，如图 4-4 所示。这种输出形式只可驱动直流负载。驱动负载的能力：每一个输出点为零点几安培左右。它的优点是可靠性强，执行速度快，寿命长。缺点是过载能力差。适合在直流供电、输出量变化快的场合选用。

图 4-4 所示为大功率晶体管输出形式电路。电路工作原理是：当内部电路的状态为 1 时，光电耦合器 T1 导通，使大功率晶体管 VT 饱和导通，负载得电，同时点亮 LED，表示该路输出点有输出。当内部电路的状态为 0 时，光电耦合器 T1 断开，大功率晶体管 VT 截止，则负载失电，LED 熄灭，表示该路输出点无输出。VD 为保护二极管，可防止负载电压极性接反或高电压、交流电压损坏晶体管。FU 的作用是：防止负载短路时损坏 PLC。当负载为电感性负载，VT 关断时会产生较高的反电势所以必须给负载并联续流二极管，为其提供放电回路，避免 VT 承受过电压。

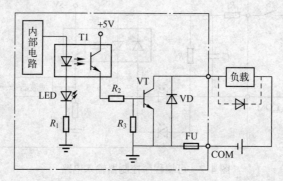

图 4-4　大功率晶体管输出形式电路

3）双向晶闸管输出形式，如图 4-5 所示。这种输出形式适合驱动交流负载。由于双向晶闸管和大功率晶体管同属于半导体材料元件，所以优缺点与大功率晶体管或场效应晶体管输出形式的相似，适合在交流供电、输出量变化快的场合选用。这种输出接口电路驱动负载的能力为 1A 左右。

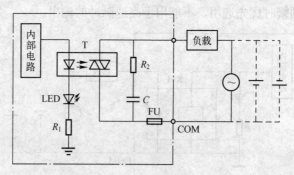

图 4-5　双向晶闸管输出形式电路

图 4-5 所示为双向晶闸管输出形式电路。电路工作原理是：当内部电路的状态为 1 时，发光二极管导通发光，相当于双向晶闸管施加了触发信号，无论外接电源极性如何，双向晶闸管 T

均导通，负载得电，同时输出指示灯 LED 点亮，表示该输出点接通；当对应 T 的内部继电器的状态为 0 时，双向晶闸管施加了触发信号，双向晶闸管关断，此时 LED 不亮，负载失电。

4.2.3　编程器

编程器是 PLC 的重要外围设备。利用编程器将用户程序送入 PLC 的存储器，还可以用编程器检查程序，修改程序，监视 PLC 的工作状态。

目前可编程序控制器厂商或经销商向用户提供编程软件，在个人计算机上添加适当的硬件接口和软件包，即可用个人计算机对 PLC 编程。利用微机作为编程器，可以直接编制并显示梯形图，程序可以存盘、打印及调试，对于查找故障非常有利。

4.3　可编程序控制器的工作原理及主要技术指标

4.3.1　可编程序控制器的工作原理

PLC 是采用周期循环扫描的工作方式，CPU 连续执行用户程序和任务的循环序列称为扫描。CPU 对用户程序的执行过程是 CPU 的循环扫描，并用周期性地集中采样、集中输出的方式来完成的。一个扫描周期主要可分为：

1）读输入阶段。每次扫描周期的开始，先读取输入点的当前值，然后写到输入映像寄存器区域。在之后的用户程序执行的过程中，CPU 访问输入映像寄存器区域，而并非读取输入端口的状态，输入信号的变化并不会影响到输入映像寄存器的状态，通常要求输入信号有足够的脉冲宽度，才能被响应。

2）执行程序阶段。用户程序执行阶段，PLC 按照梯形图的顺序，自左而右，自上而下的逐行扫描，在这一阶段 CPU 从用户程序的第一条指令开始执行直到最后一条指令结束，程序运行结果放入输出映像寄存器区域。在此阶段，允许对数字量 I/O 指令和不设置数字滤波的模拟量 I/O 指令进行处理，在扫描周期的各个部分，均可对中断事件进行响应。

3）处理通信请求阶段。扫描周期的信息处理阶段，CPU 处理从通信端口接收到的信息。

4）执行 CPU 自诊断测试阶段。在此阶段 CPU 检查其硬件，用户程序存储器和所有 I/O 模块的状态。

5）写输出阶段。每个扫描周期的结尾，CPU 把存在输出映像寄存器中的数据输出给数字量输出端点（写入输出锁存器中），更新输出状态。然后 PLC 进入下一个循环周期，重新执行输入采样阶段，周而复始。

如果程序中使用了中断，中断事件出现，立即执行中断程序，中断程序可以在扫描周期的任意点被执行。

如果程序中使用了立即 I/O 指令，可以直接存取 I/O 点。用立即 I/O 指令读输入点值时，相应的输入映像寄存器的值未被修改，用立即 I/O 指令写输出点值时，相应的输出映像寄存器的值被修改。

4.3.2　可编程序控制器主要技术指标

可编程序控制器的种类很多，用户可以根据控制系统的具体要求选择不同技术性能指标的 PLC。可编程序控制器的技术性能指标主要有以下几个方面：

1）输入/输出点数。可编程序控制器的 I/O 点数指外部输入、输出端子数量的总和。它是描述的 PLC 大小的一个重要的参数。

2）存储容量。PLC 的存储器由系统程序存储器，用户程序存储器和数据存储器三部分组成。PLC 存储容量通常指用户程序存储器和数据存储器容量之和，表征系统提供给用户的可用资源，是系统性能的一项重要技术指标。

3）扫描速度。可编程序控制器采用循环扫描方式工作，完成 1 次扫描所需的时间叫作扫描周期。影响扫描速度的主要因素有用户程序的长度和 PLC 产品的类型。PLC 中 CPU 的类型、机器字长等直接影响 PLC 运算精度和运行速度。

4）指令系统。指令系统是指 PLC 所有指令的总和。可编程序控制器的编程指令越多，软件功能就越强，但掌握应用也相对较复杂。用户应根据实际控制要求选择合适指令功能的可编程序控制器。

5）通信功能。通信有 PLC 之间的通信和 PLC 与其他设备之间的通信。通信主要涉及通信模块，通信接口，通信协议和通信指令等内容。PLC 的组网和通信能力也已成为 PLC 产品水平的重要衡量指标之一。

4.4 可编程序控制器的分类、应用及发展

4.4.1 可编程序控制器的分类

1）按 I/O 点数和功能分类。可编程序控制器用于对外部设备的控制，外部信号的输入、PLC 的运算结果的输出都要通过 PLC 输入输出端子来进行接线，输入、输出端子的数目之和被称作 PLC 的输入、输出点数，简称为 I/O 点数。

由 I/O 点数的多少可将 PLC 的 I/O 点数分成小型、中型和大型。

小型 PLC 的 I/O 点数小于 256 点，以开关量控制为主，具有体积小、价格低的优点。可用于开关量的控制、定时/计数的控制、顺序控制及少量模拟量的控制场合，代替继电器-接触器控制在单机或小规模生产过程中使用。

中型 PLC 的 I/O 点数在 256～1024 之间，功能比较丰富，兼有开关量和模拟量的控制能力，适用于较复杂系统的逻辑控制和闭环过程的控制。

大型 PLC 的 I/O 点数在 1024 点以上。用于大规模过程控制，集散式控制和工厂自动化网络。

2）按结构形式分类。PLC 可分为整体式结构和模块式结构两大类。

整体式 PLC 是将 CPU、存储器、I/O 部件等组成部分集中于一体，安装在印刷电路板上，并连同电源一起装在一个机壳内，形成一个整体，通常称为主机或基本单元。整体式结构的 PLC 具有结构紧凑、体积小、重量轻、价格低的优点。一般小型或超小型 PLC 多采用这种结构。

模块式 PLC 是把各个组成部分做成独立的模块，如 CPU 模块、输入模块、输出模块、电源模块等。各模块作成插件式，组装在一个具有标准尺寸并带有若干插槽的机架内。模块式结构的 PLC 配置灵活，装配和维修方便，易于扩展。一般大中型的 PLC 都采用这种结构。

4.4.2 可编程序控制器的应用

目前，可编程序控制器已经广泛地应用在各个工业部门。随着其性能价格比的不断提高，应用范围还在不断扩大，主要有以下几个方面：

1）逻辑控制。可编程序控制器具有"与""或""非"等逻辑运算的能力，可以实现逻辑运算，用触点和电路的串、并联，代替继电器进行组合逻辑控制，定时控制与顺序逻辑控制。数字量逻辑控制可以用于单台设备，也可以用于自动生产线，其应用领域最为普及，包括微电子、家电行业也有广泛的应用。

2）运动控制。可编程序控制器使用专用的运动控制模块，或灵活运用指令，使运动控制与顺序控制功能有机地结合在一起。随着变频器、电动机起动器的普遍使用，可编程序控制器可以与变频器结合，运动控制功能更为强大，并广泛地用于各种机械，如金属切削机床、装配机械、机器人和电梯等场合。

3）过程控制。可编程序控制器可以接收温度、压力和流量等连续变化的模拟量，通过模拟量 I/O 模块，实现模拟量（Analog）和数字量（Digital）之间的 A-D 转换和 D-A 转换，并对被控模拟量实行闭环 PID（比例-积分-微分）控制。现代的大中型可编程序控制器一般都有 PID 闭环控制功能，此功能已经广泛地应用于工业生产、加热炉和锅炉等设备，以及轻工、化工、机械、冶金、电力和建材等行业。

4）数据处理。可编程序控制器具有数学运算、数据传送、转换、排序和查表、位操作等功能，可以完成数据的采集、分析和处理。这些数据可以是运算的中间参考值，也可以通过通信功能传送到别的智能装置，或者将它们保存、打印。数据处理一般用于大型控制系统，如无人柔性制造系统，也可以用于过程控制系统，如造纸、冶金、食品工业中的一些大型控制系统。

5）构建网络控制。可编程序控制器的通信包括主机与远程 I/O 之间的通信、多台可编程序控制器之间的通信、可编程序控制器和其他智能控制设备（如计算机、变频器）之间的通信。可编程序控制器与其他智能控制设备一起，可以组成"集中管理、分散控制"的分布式控制系统。

当然，并非所有的可编程序控制器都具有上述功能，用户应根据系统的需要选择可编程序控制器，这样既能完成控制任务，又可节省资金。

4.5　S7-200 系列 CPU224 型 PLC 的结构

西门子 S7 系列可编程序控制器分为 S7-400、S7-300、S7-200 三个系列，分别为 S7 系列的大、中、小型可编程序控制器系统。S7-200 系列可编程序控制器有 CPU21X 系列、CPU22X 系列，其中 CPU22X 型可编程序控制器提供了 4 个不同的基本型号，常见的有 CPU221、CPU222、CPU224 和 CPU226 四种基本型号。

小型 PLC 中，CPU221 价格低廉能满足多种集成功能的需要。CPU 222 是 S7-200 家族中低成本的单元，通过可连接的扩展模块即可处理模拟量。CPU 224 具有更多的输入输出点及更大的存储器。CPU 226 和 226XM 是功能最强的单元，可完全满足一些中小型复杂控制系统的要求。

4.5.1 CPU224 型 PLC 外形、端子及接线

1. CPU224 型 PLC 外形

CPU224 型 PLC 外形如图 4-6 所示，其输入、输出、CPU、电源模块均装设在一个基本单元的机壳内，是典型的整体式结构。当系统需要扩展时，选用需要的扩展模块与基本单元连接。

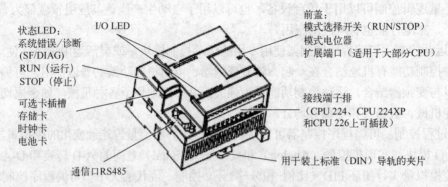

图 4-6　CPU224 PLC 外形图

底部端子盖下是输入量的接线端子和为传感器提供的 24V 直流电源端子。

顶部端子盖下是输出端子和外部给 PLC 的供电电源接线端子。

基本单元前盖下有工作模式选择开关、电位器和扩展 I/O 连接器，通过扁平电缆可以连接扩展 I/O 模块。西门子整体式 PLC 配有许多扩展模块，如数字量的 I/O 扩展模块、模拟量的 I/O 扩展模块、热电偶模块、通信模块等，用户可以根据需要选用，让 PLC 的功能更强大。

2. CPU224 型 PLC 端子及接线

1）基本输入端子。CPU224 的主机共有 14 个输入点（I0.0～I0.7，I1.0～I1.5）和 10 个输出点（Q0.0～Q0.7，Q1.0～Q1.1），在编写端子代码时采用八进制，没有 0.8 和 0.9。CPU224 输入电路见图 4-7，它采用了双向光耦合器，24V 直流极性可任意选择，系统设置 1M 为输入端子（I0.0～I0.7）的公共端，2M 为（I1.0～I1.5）输入端子的公共端。

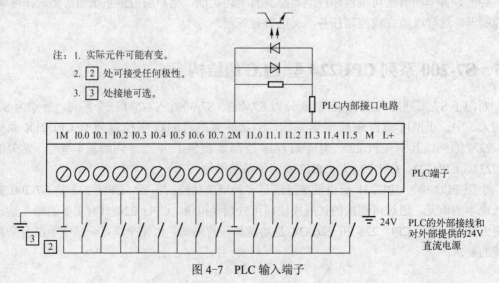

图 4-7　PLC 输入端子

2）基本输出端子。CPU224 的 10 个输出端见图 4-8，Q0.0～Q0.4 共用 1M 和 1L 公共端，Q0.5～Q1.1 共用 2M 和 2L 公共端，在公共端上需要用户连接适当的电源，为 PLC 的负载服务。

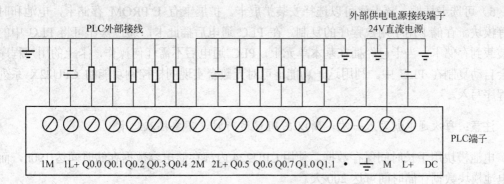

图 4-8　PLC 晶体管输出端子

CPU224 的输出电路有晶体管输出电路和继电器输出两种供用户选用。在晶体管输出电路中（型号为 6ES7 214-1AD21-0XB0）中，PLC 由 24V 直流供电，负载采用了 MOSFET 功率驱动器件，所以只能用直流为负载供电。输出端将数字量输出分为两组，每组有一个公共端，共有 1L，2L 两个公共端，可接入不同电压等级的负载电源。在继电器输出电路中（型号为 6ES7 212-1BB21-0XB0），PLC 由 220V 交流电源供电，负载采用了继电器驱动，所以既可以选用直流为负载供电，也可以采用交流为负载供电。在继电器输出电路中，数字量输出分为三组，每组的公共端为本组的电源供给端，Q0.0～Q0.3 共用 1L，Q0.4～Q0.6 共用 2L，Q0.7～Q1.1 共用 3L，各组之间可接入不同电压等级、不同电压性质的负载电源，继电器输出形式 PLC 输出端子如图 4-9 所示。

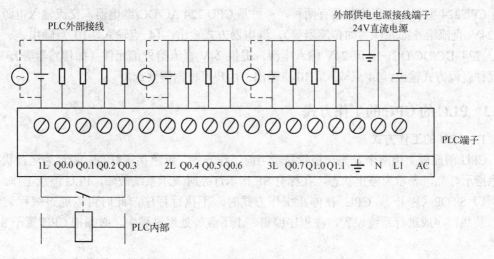

图 4-9　继电器输出形式 PLC 输出端子

3）高速反应性。CPU224 PLC 有 6 个高速计数脉冲输入端（I0.0～I0.5），最快的响应速度为 30kHz 用于捕捉比 CPU 扫描周期更快的脉冲信号。

CPU224 PLC 有两个高速脉冲输出端（Q0.0，Q0.1），输出频率可达 20kHz，用于 PTO

（高速脉冲束）和 PWM（宽度可变脉冲）输出高速脉冲输出。

4）模拟电位器。模拟电位器用来改变特殊寄存器（SMB28、SMB29）中的数值，以改变程序运行时的参数。如定时器、计数器的预置值，过程量的控制参数。

5）可选卡插槽。该卡位可以选择安装扩展卡。扩展卡有 E^2PROM 存储卡，电池和时钟卡等模块。存储卡用于用户程序的复制。在 PLC 通电后插此卡，通过操作可将 PLC 中的程序装载到存储卡。当卡已经插在基本单元上，PLC 通电后不需任何操作，卡上的用户程序数据会自动复制在 PLC 中。利用这一功能，可对无数台实现同样控制功能的 CPU22X 系列进行程序写入。

注意：每次通电就写入一次，所以在 PLC 运行时，不要插入此卡。

电池模块用于长时间保存数据，使用 CPU224 内部存储电容数据存储时间达 190h，而使用电池模块数据存储时间可达 200 天。

4.5.2 CPU224 型 PLC 的结构及性能指标

CPU224 型可编程序控制器主要由 CPU、存储器、基本 I/O 接口电路、外设接口、编程装置和电源等组成，可编程序控制器结构如图 4-10 所示。

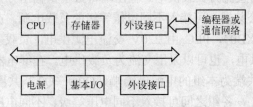

图 4-10 可编程序控制器结构

CPU224 型可编程序控制器有两种，一种是 CPU 224 AC/DC/继电器，交流输入电源，提供 24V 直流给外部元件（如传感器等），继电器方式输出，14 点输入，10 点输出；一种是 CPU 224 DC/DC/DC，直流 24V 输入电源，提供 24V 直流给外部元件（如传感器等），半导体元件直流方式输出，14 点输入，10 点输出。用户可根据需要选用。

4.5.3 PLC 的 CPU 的工作方式

1. CPU 的工作方式

CPU 前面板上用两个发光二极管显示当前工作方式，绿色指示灯亮，表示为运行状态，红色指示灯亮，表示为停止状态，在标有 SF 指示灯亮时表示系统故障，PLC 停止工作。

1）STOP（停止）。CPU 在停止工作方式时，不执行程序，此时可以通过编程装置向 PLC 装载程序或进行系统设置，在程序编辑、上下载等处理过程中，必须把 CPU 置于 STOP 方式。

2）RUN（运行）。CPU 在 RUN 工作方式下，PLC 按照自己的工作方式运行用户程序。

2. 改变工作方式的方法

1）用工作方式开关改变工作方式。

工作方式开关有 3 个档位：STOP、TERM（Terminal）、RUN。

① 把方式开关切到 STOP 位，可以停止程序的执行。

② 把方式开关切到 RUN 位，可以起动程序的执行。

③ 把方式开切到 TERM（暂态）或 RUN 位，允许 STEP7- Micro/WIN32 软件设置 CPU 工作状态。

如果工作方式开关设为 STOP 或 TERM，电源上电时，CPU 自动进入 STOP 工作状态。

设置为 RUN 时，电源上电时，CPU 自动进入 RUN 工作状态。

2）用编程软件改变工作方式。

把方式开关切换到 TERM（暂态），可以使用 STEP 7-Micro/WIN32 编程软件设置工作方式。

3）在程序中用指令改变工作方式。

在程序中插入一个 STOP 指令，CPU 可由 RUN 方式进入 STOP 工作方式。

4.6 扩展功能模块

扩展模块没有 CPU，作为基本单元输入/输出点数的扩充，只能与基本单元连接使用。不能单独使用。S7-200 的扩展模块包括数字量扩展模块，模拟量扩展模块，热电偶、热电阻扩展模块，PROFIBUS-DP 通信模块等。

用户选用具有不同功能的扩展模块，可以满足不同的控制需要，节约投资费用。连接时 CPU 模块放在最左侧，扩展模块用扁平电缆与左侧的模块相连，CPU 基本单元和扩展模块的连接如图 4-11 所示。CPU222 最多连接两个扩展模块，CPU224/CPU226 最多连接 7 个扩展模块。

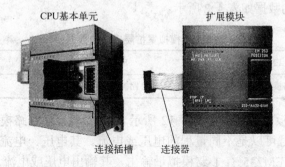

图 4-11 CPU 基本单元和扩展模块的连接

1. 数字量扩展模块

当需要本机集成的数字量输入/输出点外更多的数字量的输入/输出时，可选用数字量扩展模块。用户选择具有不同 I/O 点数的数字量扩展模块，可以满足应用的实际要求，同时节约不必要的投资费用，可选择 8、16 和 32 点输入/输出模块。

S7-200 系列 PLC 目前总共可以提供 3 大类共 9 种数字量输入/输出扩展模块，见表 4-1。

表 4-1 数字量输入/输出扩展模块

类 型	型 号	各组输入点数	各组输出点数
输入扩展模块 EM221	EM221 DC 24V 输入	4，4	——

类　型	型　号	各组输入点数	各组输出点数
输入扩展模块 EM221	EM221 AC 230V 输入	8 点相互独立	——
输出扩展模块 EM222	EM222 DC 24V 输出	——	4，4
	EM222 继电器输出	——	4，4
	EM222 AC 230V 双向晶闸管输出	——	8 点相互独立
输入/输出 扩展模块 EM223	EM223 DC 24V 输入/继电器输出	4	4
	EM223 DC 24V 输入/DC24V 输出	4，4	4，4
	EM223 DC 24V 输入/DC24V 输出	8，8	4，4，8
	EM223 DC 24V 输入/继电器输出	8，8	4，4，4，4

2．模拟量扩展模块

模拟量扩展模块提供了模拟量输入/输出的功能。在工业控制中，被控对象常常是模拟量，如温度、压力和流量等。PLC 内部执行的是数字量，模拟量扩展模块可以将 PLC 外部的模拟量转换为数字量送入 PLC 内，经 PLC 处理后，再由模拟量扩展模块将 PLC 输出的数字量转换为模拟量送给控制对象。模拟量扩展模块优点如下：

1）最佳适应性。可适用于复杂的控制场合，直接与传感器和执行器相连，例如 EM235 模块可直接与 PT100 热电阻相连。

2）灵活性。当实际应用变化时，PLC 可以相应地进行扩展，并可非常容易的调整用户程序。

模拟量扩展模块的数据如表 4-2 所示。

表 4-2　模拟量扩展模块的数据

模块	EM231	EM232	EM235
点数	4 路模拟量输入	2 路模拟量输出	4 路输入，1 路输出

EM235 模块的面板及接线图如图 4-12 所示。EM235 具有 4 路模拟量输入和 1 路模拟量输出，它的输入信号可以是不同量程的电压或电流。其电压、电流的量程由配置设定开关 SW1～SW6 设定。EM235 有 1 路模拟量输出，其输出电压或电流。EM235 4 路模拟量输入接线见图 4-12 上部，有 RA、A+、A-；RA、B+、B-；RC、C+、C-；RD、D+、D- 共 4 路模拟量输入通道，每 3 个点为一组。当输入信号为电压信号时只用两个端子（如 A+、A-），电流信号需用 3 个端子（如 RC、C+、C-），其中 RC 与 C+端子短接。对于未使用的输入通道应短接（如的 B+、B-）。EM235 模拟量输出端子为 M0、V0、I0，电压输出时"V0"为电压正端、"M0"为电压负端；电流输出时，"I0"为电流的流入端，"M0"为电流的流出端。模块下部左端 M、L+两端应接入 DC 24V 电源，M 为 DC 24V 电源负极端，L+为电源正极端。

EM235 配置设定开关 SW1～SW6 设置如表 4-3 所示。

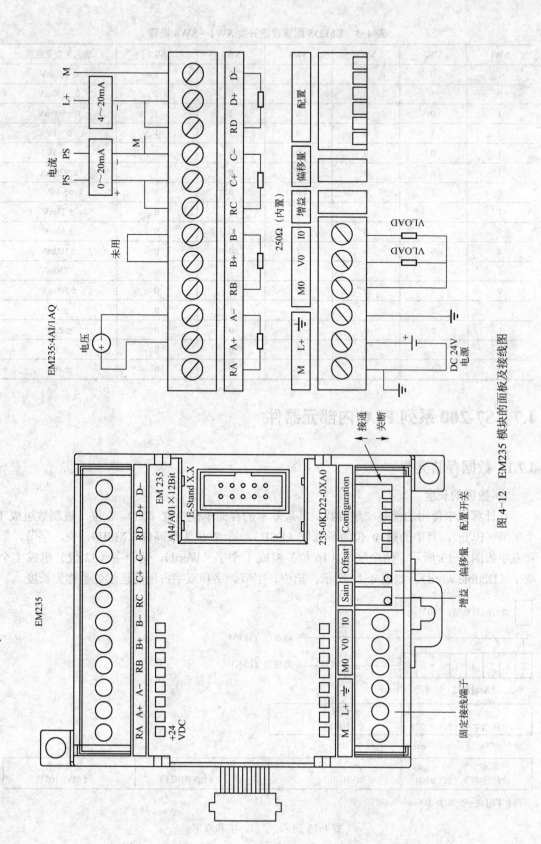

图 4-12 EM235 模块的面板及接线图

表 4-3　EM235 配置设定开关 SW1～SW6 设置

SW1	SW2	SW3	SW4	SW5	SW6	输入类型及范围
1	0	0	1	0	1	0～50mV
0	1	0	1	0	1	0～100mV
1	0	0	0	1	1	0～500mV
0	1	0	0	1	1	0～1V
1	0	0	0	0	1	0～5V
1	0	0	0	0	1	0～20mA
0	1	0	0	0	1	0～10V
1	0	0	1	0	0	±25mV
0	1	0	1	0	0	±50mV
0	1	0	0	1	0	±100mV
1	0	0	0	1	0	±250mV
0	1	0	0	1	0	±500mV
0	0	1	1	0	0	±1V
1	0	0	0	0	0	±2.5V
0	1	0	0	0	0	±5V
0	0	1	0	0	0	±10V

4.7　S7-200 系列 PLC 内部元器件

4.7.1　数据存储类型

1．数据的长度

在计算机中使用的都是二进制数，其最基本的存储单位是位（bit），8 位二进制数组成 1 个字节（Byte），其中的第 0 位为最低位（LSB），第 7 位为最高位（MSB），位，字节，字和双字如图 4-13 所示。两个字节（16 位）组成 1 个字（Word），两个字（32 位）组成 1 个双字（Double word），如图 4-13 所示。把位、字节、字和双字占用的连续位数称为长度。

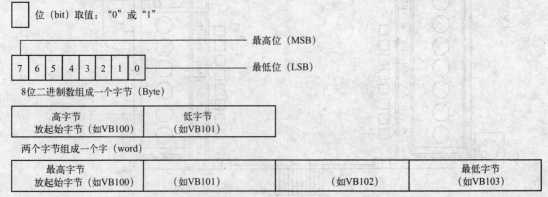

图 4-13　位，字节，字和双字

二进制数的"位"只有 0 和 1 两种的取值，开关量（或数字量）也只有两种不同的状态，如触点的断开和接通，线圈的失电和得电等。在 S7-200 梯形图中，可用"位"描述它们，如果该位为 1 则表示对应的线圈为得电状态，触点为转换状态（常开触点闭合、常闭触点断开）；如果该位为 0，则表示对应线圈，触点的状态与前者相反。

在数据长度为字或双字时，起始字节均放在高位上。

2．数据类型及数据范围

S7-200 系列 PLC 的数据类型可以是字符串、布尔型（0 或 1）、整数型和实数型（浮点数）。布尔型数据指字节型无符号整数；整数型数包括 16 位符号整数（INT）和 32 位符号整数（DINT）。实数型数据采用 32 位单精度数来表示。数据类型、长度及数据范围如表 4-4 所示。

表 4-4　数据类型、长度及数据范围

数据的长度、类型	无符号整数范围		符号整数范围	
	十进制	十六进制	十进制	十六进制
字节 B（8 位）	0～255	0～FF	−128～127	80～7F
字 W（16 位）	0～65 535	0～FFFF	−32 768～32 767	8000～7FFF
双字 D（32 位）	0～4 294 967 295	0～FFFFFFFF	−2 147 483 648～2 147 483 647	80000000～7FFFFFFF
位（BOOL）	0、1			
实数	-10^{38}～10^{38}			
字符串	每个字符串以字节形式存储，最大长度为 255 个字节，第一个字节中定义该字符串的长度			

3．常数

S7-200 的许多指令中常会使用常数。常数的数据长度可以是字节、字和双字。CPU 以二进制的形式存储常数，书写常数可以用二进制、十进制、十六进制、ASCII 码或实数等多种形式。书写格式如下。

十进制常数：1234。十六进制常数：16#3AC6。二进制常数：2#1010 0001 1110 0000。ASCII 码："Show"。实数（浮点数）：+1.175495E-38（正数），−1.175495E-38（负数）。

4.7.2　编址方式

可编程序控制器的编址就是对 PLC 内部的元件进行编码，以便程序执行时可以唯一地识别每个元件。PLC 内部在数据存储区为每一种元件分配一个存储区域，并用字母作为区域标志符，同时表示元件的类型。如：数字量输入写入输入映象寄存器（区标志符为 I），数字量输出写入输出映象寄存器（区标志符为 Q），模拟量输入写入模拟量输入映象寄存器（区标志符为 AI），模拟量输出写入模拟量输出映象寄存器（区标志符为 AQ）。除了输入/输出外，PLC 还有其他元件，V 表示变量存储器；M 表示内部标志位存储器；SM 表示特殊标志位存储器；L 表示局部存储器；T 表示定时器；C 表示计数器；HC 表示高速计数器；S 表示顺序控制存储器；AC 表示累加器，PLC 的内部元器件如图 4-14 所示。

掌握各元件的功能和使用方法是编程的基础。下面将介绍元件的编址方式。

存储器的单位可以是位（bit）、字节（Byte）、字（Word）、双字（Double Word），那么编址方式也可以分为位、字节、字、双字编址。

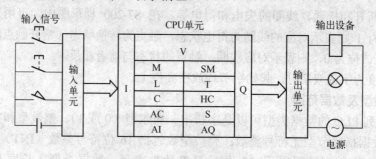

图 4-14　PLC 的内部元器件

1）位编址。位编址的指定方式为：（区域标志符）字节号。位号，如 I0.0；Q0.0；
I1.2。

2）字节编址。字节编址的指定方式为：（区域标志符）B（字节号），如 IB0 表示由
I0.0～I0.7 这 8 位组成的字节。

3）字编址。字编址的指定方式为：（区域标志符）W（起始字节号），且最高有效字节
为起始字节。例如 VW0 表示由 VB0 和 VB1 这 2B 组成的字。

4）双字编址。双字编址的指定方式为：（区域标志符）D（起始字节号），且最高有效
字节为起始字节。例如 VD0 表示由 VB0 到 VB3 这 4B 组成的双字。

4.7.3　寻址方式

1. 直接寻址

直接寻址是在指令中直接使用存储器或寄存器的元件名称（区域标志）和地址编号，直
接到指定的区域读取或写入数据。有按位、字节、字、双字的寻址方式如图 4-15 所示。

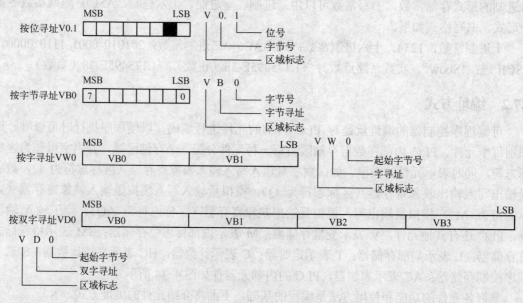

图 4-15　按位、字节、字、双字的寻址方式

112

2. 间接寻址

间接寻址时操作数并不提供直接数据位置，而是通过使用地址指针来存取存储器中的数据。在 S7-200 中允许使用指针对 I、Q、M、V、S、T、C（仅当前值）存储区进行间接寻址。

1）使用间接寻址前，要先创建一指向该位置的指针。指针为双字（32 位），存放的是另一存储器的地址，只能用 V、L 或累加器 AC 作指针。生成指针时，要使用双字传送指令（MOVD），将数据所在单元的内存地址送入指针，双字传送指令的输入操作数开始处加&符号，表示某存储器的地址，而不是存储器内部的值。指令输出操作数是指针地址。例如：MOVD　&VB200，AC1 指令就是将 VB200 的地址送入累加器 AC1 中。

2）指针建立好后，利用指针存取数据。在使用地址指针存取数据的指令中，操作数前加"*"号表示该操作数为地址指针。例如：MOVW　*AC1　AC0 //MOVW 表示字传送指令，指令将 AC1 中的内容为起始地址的一个字长的数据（即 VB200，VB201 内部数据）送入 AC0 内，间接寻址如图 4-16 所示。

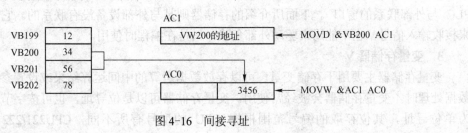

图 4-16　间接寻址

4.7.4　元件功能及地址分配

1. 输入映像寄存器

1）输入映像寄存器的工作原理。在每次扫描周期的开始，CPU 对 PLC 的实际输入端进行采样，并将采样值写入输入映象寄存器中。当外部开关信号闭合，将"1"写入对应的输入映像寄存器的位，在程序中其对应的常开触点闭合，常闭触点断开。由于存储单元可以无限次的读取，所以有无数对常开、常闭触点供编程时使用。编程时应注意，输入映像寄存器的值只能由外部的输入信号来改写，不能在程序内部用指令来驱动，因此，在用户编制的梯形图中只应出现输入映像寄存器的触点，而不应出现输入映像寄存器的线圈。

2）输入映像寄存器的地址分配。S7-200 输入映像寄存器区域有 IB0～IB15 共 16B 的存储单元。系统对输入映像寄存器是以字节（8 位）为单位进行地址分配的。输入映像寄存器可以按位进行操作，每一位对应一个数字量的输入点。如 CPU224 的基本单元输入为 14点，需占用 2×8=16 位，即占用 IB0 和 IB1 两个字节。而 I1.6、I1.7 因没有实际输入而未使用，用户程序中不可使用。但如果整个字节未使用如 IB3～IB15，则可作为内部标志位（M）使用。

输入映像寄存器可采用位，字节，字或双字来存取。输入继电器位存取的地址编号范围为 I0.0～I15.7。

2. 输出映像寄存器

1）输出映像寄存器的工作原理。在每次扫描周期的结尾，CPU 用输出映象寄存器中的数值驱动 PLC 输出点上的负载。可以将输出映像寄存器形象的比作输出继电器，每一个"输出继电器"线圈都与相应的 PLC 输出相连，并有无数对常开和常闭触点供编程时使用。除此之外，还有一对常开触点与相应 PLC 输出端相连（如输出继电器 Q0.0 有一对常开触点与 PLC 输出端子 0.0 相连）用于驱动负载。输出继电器线圈的通断状态只能在程序内部用指令驱动。

2）输出映像寄存器的地址分配。S7-200 输出映像寄存器区域有 QB0～QB15 共 16B 的存储单元。系统对输出映像寄存器也是以字节（8 位）为单位进行地址分配的。输出映像寄存器可以按位进行操作，每一位对应一个数字量的输出点。如 CPU224 的基本单元输出为 10 点，需占用 2×8=16 位，即占用 QB0 和 QB1 两个字节。但未使用的位和字节均可在用户程序中作为内部标志位使用。

输出继电器可采用位，字节，字或双字来存取。输出继电器位存取的地址编号范围为 Q0.0～Q15.7。

以上介绍输入映像寄存器、输出映像寄存器和输入、输出设备是有联系的，因而是 PLC 与外部联系的窗口。下面所介绍的存储器则是与外部设备没有联系的。它们既不能用来接收输入信号，也不能用来驱动外部负载，只是在编程时使用。

3．变量存储器 V

变量存储器主要用于存储变量。可以存放数据运算的中间运算结果或设置参数，在进行数据处理时，变量存储器会被经常使用。变量存储器可以是位寻址，也可按字节、字、双字为单位寻址，其位存取的编号范围根据 CPU 的型号有所不同，CPU221/222 为 V0.0～V2047.7 共 2KB 存储容量，CPU224/226 为 V0.0～V5119.7 共 5KB 存储容量。

4．内部标志位存储器 M

内部标志位存储器，用来保存中间操作状态和控制信息。内部标志位存储器在 PLC 中没有输入/输出端与之对应，其线圈的通断状态只能在程序内部用指令驱动，其触点不能直接驱动外部负载，只能在程序内部驱动输出继电器的线圈，再用输出继电器的触点去驱动外部负载。

内部标志位存储器可采用位、字节、字或双字来存取。内部标志位存储器位存取的地址编号范围为 M0.0～M31.7 共 32B。

5．特殊标志位存储器 SM

PLC 中还有若干特殊标志位存储器，特殊标志位存储器位提供大量的状态和控制功能，用来在 CPU 和用户程序之间交换信息，特殊标志位存储能以位、字节、字或双字来存取，CPU224 的 SM 的位地址编号范围为 SM0.0～SM179.7 共 180B。其中 SM0.0～SM29.7 的 30B 为只读型区域。

常用的特殊存储器的用途如下：

SM0.0：运行监视。SM0.0 始终为"1"状态。当 PLC 运行时可以利用其触点驱动输出继电器，在外部显示程序是否处于运行状态。

SM0.1：初始化脉冲。每当 PLC 的程序开始运行时，SM0.1 线圈接通一个扫描周期，因此 SM0.1 的触点常用于调用初始化程序等。

SM0.3：开机进入 RUN 时，接通一个扫描周期，可用在启动操作之前，给设备提前预热。

SM0.4、SM0.5：占空比为 50%的时钟脉冲。当 PLC 处于运行状态时，SM0.4 产生周期为 1min 的时钟脉冲，SM0.5 产生周期为 1s 的时钟脉冲。若将时钟脉冲信号送入计数器作为计数信号，可起到定时器的作用。

SM0.6：扫描时钟，1 个扫描周期闭合，另一个为 OFF，循环交替。

SM0.7：工作方式开关位置指示，开关放置在 RUN 位置时为 1。

其他特殊存储器的用途可查阅相关手册。

6. 局部变量存储器 L

局部变量存储器 L 用来存放局部变量，局部变量存储器 L 和变量存储器 V 十分相似，主要区别在于全局变量是全局有效，即同一个变量可以被任何程序（主程序、子程序和中断程序）访问。而局部变量只是局部有效，即变量只和特定的程序相关联。L 也可以作为地址指针。

S7-200 有 64B 的局部变量存储器，其中 60B 可以作为暂时存储器，或给子程序传递参数。后 4B 作为系统的保留字节。PLC 在运行时，根据需要动态地分配局部变量存储器，在执行主程序时，64B 的局部变量存储器分配给主程序，当调用子程序或出现中断时，局部变量存储器分配给子程序或中断程序。

局部存储器可以按位、字节、字、双字直接寻址，其位存取的地址编号范围为 L0.0～L63.7。

7. 定时器 T

PLC 所提供的定时器作用相当于继电器控制系统中的时间继电器。每个定时器可提供无数对常开和常闭触点供编程使用。其设定时间由程序设置。

每个定时器有一个 16 位的当前值寄存器，用于存储定时器累计的时基增量值（1～32767），另有一个状态位表示定时器的状态。若当前值寄存器累计的时基增量值大于等于设定值时，定时器的状态位被置"1"，该定时器的常开触点闭合。

定时器的定时精度分别为 1ms、10ms 和 100ms 三种，CPU222、CPU224 及 CPU226 的定时器地址编号范围为 T0～T255，它们分辨率、定时范围并不相同，用户应根据所用 CPU 型号及时基，正确选用定时器的编号。

8. 计数器 C

计数器用于累计计数输入端接收到的由断开到接通的脉冲个数。计数器可提供无数对常开和常闭触点供编程使用，其设定值由程序赋予。

计数器的结构与定时器基本相同，每个计数器有一个 16 位的当前值寄存器用于存储计数器累计的脉冲数，另有一个状态位表示计数器的状态，若当前值寄存器累计的脉冲数大于等于设定值时，计数器的状态位被置"1"，该计数器的常开触点闭合。计数器的地址编号范围为 C0～C255。

9. 高速计数器 HC

一般计数器的计数频率受扫描周期的影响，不能太高。而高速计数器可用来累计比 CPU 的扫描速度更快的事件。高速计数器的当前值是一个双字长（32 位）的整数，且为只读值。

高速计数器的地址编号范围根据 CPU 的型号有所不同，CPU221/222 各有 4 个高速计数器，CPU224/226 各有 6 个高速计数器，编号为 HC0～HC5。

10. 累加器 AC

累加器是用来暂存数据的寄存器，它可以用来存放运算数据、中间数据和结果。CPU 提供了 4 个 32 位的累加器，其地址编号为 AC0～AC3。累加器的可用长度为 32 位，可采用字节、字、双字的存取方式，按字节、字只能存取累加器的低 8 位或低 16 位，双字可以存取累加器全部的 32 位。

11．顺序控制继电器 S（状态元件）

顺序控制继电器是使用步进顺序控制指令编程时的重要状态元件，通常与步进指令一起使用以实现顺序功能流程图的编程。

顺序控制继电器的地址编号范围为 S0.0～S31.7。

12．模拟量输入/输出映像寄存器（AI/AQ）

S7-200 的模拟量输入电路是将外部输入的模拟量信号转换成 1 个字长的数字量存入模拟量输入映像寄存器区域，区域标志符为 AI。

模拟量输出电路是将模拟量输出映像寄存器区域的 1 个字长（16 位）数值转换为模拟电流或电压输出，区域标志符为 AQ。

在 PLC 内的数字量字长为 16 位，即两个字节，故其地址均以偶数表示，如 AIW0、AIW2……AQW0、AQW2……

对模拟量输入/输出是以两个字（W）为单位分配地址，每路模拟量输入/输出占用 1 个字（2 个字节）。如有 3 路模拟量输入，需分配 4 个字（AIW0、AIW2、AIW4、AIW6），其中没有被使用的字 AIW6，不可被占用或分配给后续模块。如果有 1 路模拟量输出，需分配两个字（AQW0、AQW2），其中没有被使用的字 AQW2，不可被占用或分配给后续模块。

模拟量输入/输出的地址编号范围根据 CPU 的型号的不同有所不同，CPU222 为 AIW0～AIW30/AQW0～AQW30；CPU224/226 为 AIW0～AIW62/AQW0～AQW62。

【例 4-1】 给表 4-5 所示的硬件组态配置 I/O 地址。

表 4-5 硬件组态及 I/O 地址

基本 I/O				扩展 I/O						
主机 CPU224				EM223 4DI/4DQ		EM221 8DI	EM235 4AI/1AQ		EM222 8DQ	EM235 4AI/1AQ	
I0.0 I1.0	Q0.0 Q1.0			I2.0	Q2.0	I3.0	AIW0	AQW0	Q3.0	AIW8	AQW4
I0.1 I1.1	Q0.1 Q1.1			I2.1	Q2.1	I3.1	AIW2		Q3.1	AIW10	
I0.2 I1.2	Q0.2			I2.2	Q2.2	I3.2	AIW4		Q3.2	AIW12	
I0.3 I1.3	Q0.3			I2.3	Q2.3	I3.3	AIW6		Q3.3	AIW14	
I0.4 I1.4	Q0.4					I3.4			Q3.4		
I0.5 I1.5	Q0.5					I3.5			Q3.5		
I0.6	Q0.6					I3.6			Q3.6		
I0.7	Q0.7					I3.7			Q3.7		

4.8 习题

1．简述可编程序控制器的定义。

2．可编程序控制器的基本组成有哪些？

3．输入接口电路有哪几种形式？输出接口电路有哪几种形式？各有何特点？

4．PLC 的工作原理是什么？工作过程分哪几个阶段？

5．可编程序控制器可以用在哪些领域？

6. S7-200 系列 PLC 有哪些编址方式？

7. S7-200 系列 CPU224 PLC 有哪些寻址方式？

8. CPU224 PLC 有哪几种工作方式？改变工作方式的方法有几种？

9. CPU224 PLC 有哪些元件？写出每个元件的区域标识符。

10. CPU224 PLC 的累加器有几个？其长度是多少？

11. S7-200 系列 PLC 的数据类型有几种？

12. SM0.0、SM0.1、SM0.4、SM0.5 各有何作用？

第 5 章　STEP7 V4.0 编程软件介绍

本章要点

- STEP7-Micro/WIN V4.0 SP9 编程软件的通信设置及窗口组件
- STEP7 编程软件的主要编程功能
- 程序的调试与监控

5.1　STEP7 V4.0 编程软件概述

S7-200 可编程序控制器使用 STEP7-Micro/WIN V4.0 编程软件进行编程。STEP7-Micro/WIN 编程软件是基于 Windows 的应用软件，功能强大，主要用于开发程序，也可用于实时监控用户程序的执行状态。可在全汉化的界面下进行操作。

按下列操作将英文操作界面转换成中文操作界面。打开 STEP7-Micro/WIN 编程软件，在菜单栏中选中 "Tools" → "Options" → "General"，在语言选择栏中选择 "Chinese"，单击 "确定" 按钮，关闭软件，然后重新打开后系统即为中文界面。对于 CN 的 S7-200PLC，STEP7 编程软件必须设置为中文界面，才能下载 PLC 程序。

5.1.1　通信设置

1. 建立 S7-200 CPU 的通信

可以采用 PC/PPI 电缆建立 PC 机与 PLC 之间的通信。这是典型的单主机与 PC 机的连接，不需要其他的硬件设备，PLC 与计算机的连接如图 5-1 所示。PC/PPI 电缆的两端分别为 RS-232 和 RS-485 接口，RS-232 端连接到个人计算机 RS-232 通信口 COM1 或 COM2 接口上，RS-485 端接到 S7-200 CPU 通信口上。PC/PPI 电缆中间有通信模块，模块外部设有波特率设置开关，有 5 种支持 PPI 协议的波特率可以选择，分别为：1.2kbit/s、2.4kbit/s、9.6kbit/s、19.2kbit/s、38.4kbit/s。系统的默认值为 9.6kbit/s。

2. 通信参数的设置

1）在 STEP7-Micro/WIN 运行时单击 "设置 PG/PC 接口" 图标，则会出现 "设置 PG/PC 接口" 对话框，如图 5-2 所示。

2）在 "为使用的接口分配参数" 中选择 "PC/PPI cable（PPI）"，然后单击 "属性" 按钮，出现图 5-3 所示 "属性" PPI 选项卡对话框。在传输率中选择 9.6kbit/s（默认值）。然后单击选项 "本地连接" 按钮，出现图 5-4 所示 "属性" 本地连接选项卡对话框，如果使用的是 USB 接口的 PC/PPI 电缆，则选择连接到 USB；如果使用的是 COM 接口的 PC/PPI 电缆，则选择连接到 COM1。然后单击确定回到初始界面。

3. 建立在线连接

在前几步顺利完成后，可以建立与 S7-200 CPU 的在线连接，步骤如下：

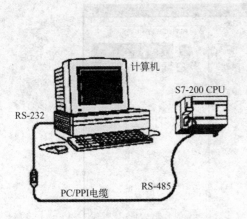

图 5-1　PLC 与计算机的连接

图 5-2　"设置 PG/PC 接口"对话框

图 5-3　"属性"PPI 选项卡对话框

图 5-4　"属性"本地连接选项卡对话框

在 STEP7-Micro/WIN 运行时单击"通信"图标，出现一个"通信"建立结果对话框，"通信"对话框如图 5-5 所示。选中"搜索所有波特率"。用鼠标双击对话框中的"双击刷新"图标，STEP7-Micro/WIN 编程软件将检查所连接的所有 S7-200CPU 站。在对话框中显示已建立起连接的每个站的 CPU 图标、CPU 型号和站地址，如图 5-6 所示，能够刷新到 PLC 的地址，说明 PC 与 PLC 的通信连接成功。

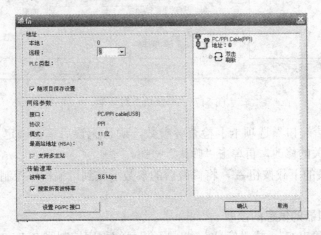

图 5-5　"通信"对话框

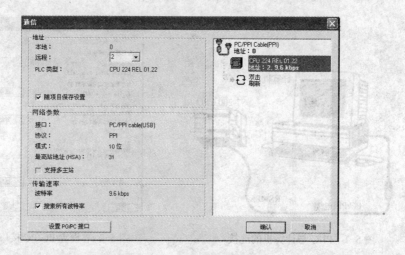

图 5-6　PC 与 PLC 的通信连接成功

4. 修改 PLC 的通信参数

计算机与可编程控制器建立起在线连接后，即可以利用软件检查、设置和修改 PLC 的通信参数。步骤如下：

1）单击浏览条中的系统块图标，将出现"系统块"对话框，如图 5-7 所示。

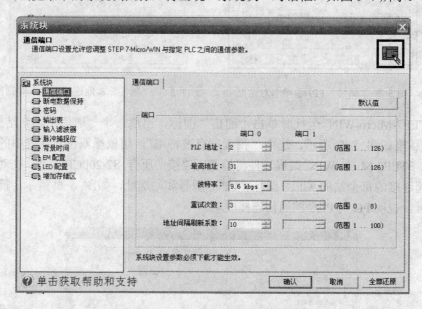

图 5-7　"系统块"对话框

2）单击"通信端口"选项卡，检查各参数，确认无误后单击确定。若须修改某些参数，可以先进行有关的修改，再单击"确认"按钮。

3）单击工具条的下载按钮 📥，将修改后的参数下载到可编程序控制器，设置的参数才会起作用。

5. 可编程控制器的信息的读取

选择菜单命令"PLC"，找"信息"，将显示出可编程序控制器 RUN/STOP 状态，扫描速率，CPU 的型号，错误的情况和各模块的信息。

5.1.2 STEP7-Mirco/WIN V4.0 SP9 窗口组件

STEP7-Micro/WIN V4.0 SP9 的主界面如图 5-8 所示。

图 5-8　STEP7-Micro/WIN V4.0 SP9 的主界面

主界面一般可以分为以下几个部分：菜单条、工具条、浏览条、指令树、用户窗口、输出窗口和状态条。除菜单条外，用户可以根据需要通过查看菜单和窗口菜单决定其他窗口的取舍和样式的设置。

1. 主菜单

主菜单包括：文件、编辑、查看、PLC、调试、工具、窗口和帮助 8 个主菜单项。各主菜单项的功能如下：

1）文件（File）。文件的操作有：新建（New）、打开（Open）、关闭（Close）、保存（Save）、另存（Save As）、导入（Import）、导出（Export）、上载（Upload）、下载（Download）、页面设置（Page Setup）、打印（Print）、预览、最近使用文件、退出。

导入：若从 STEP 7-Micro/WIN 编辑器之外导入程序，可使用"导入"命令导入 ASCII 文本文件。

导出：使用"导出"命令创建程序的 ASCII 文本文件，并导出至 STEP7-Micro/WIN 外部的编辑器。

上载：在运行 STEP 7-Micro/WIN 的个人计算机和 PLC 之间建立通信后，从 PLC 将程序上载至运行 STEP 7-Micro/WIN 的个人计算机。

下载：在运行 STEP 7-Micro/WIN 的个人计算机和 PLC 之间建立通信后，将程序下载至该 PLC。下载之前，PLC 应位于"停止"模式。

2）编辑（Edit）。编辑菜单提供程序的编辑工具：撤销（Undo）、剪切（Cut）、复制

（Copy）、粘贴（Paste）、全选（Select All）、插入（Insert）、删除（Delete）、查找（Find）、替换（Replace）和转至（Go To）等项目。

3）查看（View）。

● 通过查看菜单可以选择不同的程序编辑器：LAD、STL、FBD。

● 通过查看菜单可以进行项目组件的设置，如数据块（Data Block）、符号表（Symbol Table）、状态表表（Chart Status）、系统块（System Block）、交叉引用（Cross Reference）和通信（Communications）参数的设置。

● 通过查看菜单可以选择注解、网络注解（POU Comments）显示与否等。

● 通过查看菜单的框架栏区可以选择浏览栏（Navigation Bar）、指令树（Instruction Tree）及输出视窗（Output Window）的显示与否。

● 通过查看菜单的工具栏区可以选择标准、调试、公用和指令等快捷工具显示与否。

● 通过查看菜单可以对程序块的属性进行设置。

4）PLC。PLC 菜单用于与 PLC 联机时的操作。如用软件改变 PLC 的运行方式（运行、停止），对用户程序进行编译，清除 PLC 程序、上电复位、查看 PLC 的信息、时钟、存储卡的操作、程序比较以及 PLC 类型选择等操作。其中对用户程序进行编译可以离线进行。

联机方式（在线方式）：有编程软件的计算机与 PLC 连接，两者之间可以直接通信。

离线方式：有编程软件的计算机与 PLC 断开连接。此时可进行编程、编译。

PLC 有两种操作模式：STOP（停止）和 RUN（运行）模式。在 STOP（停止）模式中可以建立/编辑程序，在 RUN（运行）模式中监控程序操作和数据，进行动态调试。

若使用 STEP 7-Micro/WIN 32 软件控制 RUN/STOP（运行/停止）模式，在 STEP 7-Micro/WIN 32 和 PLC 之间必须建立通信。另外，PLC 硬件模式开关必须设为 TERM（终端）或 RUN（运行）。

编译（Compile）：用来检查用户程序语法错误。用户程序编辑完成后通过编译在显示器下方的输出窗口显示编译结果，明确指出错误的网络段，可以根据错误提示对程序进行修改，然后再编译，直至无错误。

全部编译（Compile All）：编译全部项目元件（程序块、数据块和系统块）。

信息（Information）：可以查看 PLC 信息，例如 PLC 型号和版本号码、操作模式、扫描速率、I/O 模块配置以及 CPU 和 I/O 模块错误等。

上电复位（Power-Up Reset）：从 PLC 清除严重错误并返回 RUN（运行）模式。如果操作 PLC 存在严重错误，SF（系统错误）指示灯亮，程序停止执行。必须将 PLC 模式重设为 STOP（停止），然后再设置为 RUN（运行），才能清除错误，或使用 "PLC" → "上电复位"。

5）调试（Debug）。调试菜单用于联机时的动态调试，有首次扫描（First Scan）、多次扫描（Multiple Scans）、开始程序状态监控（Start Program Status）、暂停程序状态监控（Pause Program Status）、状态表监控（Start Chart Status）、暂停趋势图监控（Pause Trend Chart）、用程序状态模拟运行条件（读取、强制、取消强制和全部取消强制）等功能。

调试时可以指定 PLC 对程序执行有限次数扫描（从 1 次扫描到 65,535 次扫描）。通过选择 PLC 运行的扫描次数，可以在程序改变过程变量时对其进行监控。第一次扫描时，SM0.1 数值为 1（打开）。

首次扫描：可编程序控制器从 STOP 方式进入 RUN 方式，执行一次扫描后，回到 STOP 方式，可以观察到首次扫描后的状态。

PLC 必须位于 STOP（停止）模式，通过菜单"调试"→"首次扫描"操作。

多次扫描：调试时可以指定 PLC 对程序执行有限次数扫描（从 1 次扫描到 65,535 次扫描）。通过选择 PLC 运行的扫描次数，可以在程序过程变量改变时对其进行监控。

PLC 必须位于 STOP（停止）模式时，通过菜单"调试"→"多次扫描"设置扫描次数。

6）工具。工具菜单提供复杂指令向导（PID、HSC、NETR/NETW 指令），使复杂指令编程时的工作简化。工具菜单提供文本显示器 TD200 设置向导。工具菜单的定制子菜单可以更改 STEP 7-Micro/WIN 工具条的外观或内容，以及在"工具"菜单中增加常用工具。工具菜单的选项子菜单可以设置 3 种编辑器的风格，如字体、指令盒的大小等样式。

7）窗口。窗口菜单可以设置窗口的排放形式，如层叠、水平、垂直。

8）帮助。帮助菜单可以提供 S7-200 的指令系统及编程软件的所有信息，并提供在线帮助、网上查询、访问等功能。

2．工具条

1）标准工具条，如图 5-9 所示。

图 5-9　标准工具条

各快捷按钮从左到右分别为：新建项目、打开现有项目、保存当前项目、打印、打印预览、剪切选项并复制至剪贴板、将选项复制至剪贴板、在光标位置粘贴剪贴板内容、撤销最后一个条目、编译程序块或数据块（任意一个现用窗口）、全部编译（程序块、数据块和系统块）、将项目从 PLC 上载至 STEP 7-Micro/WIN、从 STEP 7-Micro/WIN 下载至 PLC、符号表名称列按照 A-Z 从小至大排序、符号表名称列按照 Z-A 从大至小排序、选项（配置程序编辑器窗口）。

2）调试工具条，如图 5-10 所示。

各快捷按钮从左到右分别为：将 PLC 设为运行模式、将 PLC 设为停止模式、在程序状态打开/关闭之间切换 、在触发暂停打开/停止之间切换（只用于语句表）、在状态表监控打开/关闭之间切换、状态表单次读取、状态表全部写入、强制 PLC 数据、取消强制 PLC 数据、状态表全部取消强制、状态表全部读取强制数值和趋势图。

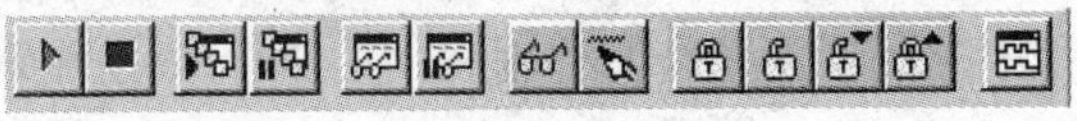

图 5-10　调试工具条

3）公用工具条，如图 5-11 所示。

图 5-11　公用工具条

公用工具条各快捷按钮从左到右分别为：插入网络，删除网络，程序注解，网络注解，查看/隐藏每个网络的符号信息表，切换书签，在项目中应用所有的符号，建立表格未定义符号，常量说明符。

4）LAD 指令工具条，如图 5-12 所示。从左到右分别为：插入向下直线，插入向上直线，插入左行，插入右行，插入接点，插入线圈，插入指令盒。

图 5-12　LAD 指令工具条

3. 浏览条（Navigation Bar）

浏览条为编程提供按钮控制，可以实现窗口的快速切换，即对编程工具执行直接按钮存取，包括程序块（Program Block）、符号表（Symbol Table）、状态表（Status Chart）、数据块（Data Block）、系统块（System Block）、交叉引用（Cross Reference）、通信（Communication）和设置 PG/PC 接口。单击上述任意按钮，则主窗口切换成此按钮对应的窗口。

4. 指令树（Instuction Tree）

指令树提供编程时用到的所有快捷操作命令和 PLC 指令。可分为项目分支和指令分支。项目分支用于组织程序项目：

● 用鼠标右键单击"程序块"文件夹，插入新子程序和中断程序。
● 打开"程序块"文件夹，并用鼠标右键单击 POU 图标，可以打开 POU、编辑 POU 属性、用密码保护 POU 或为子程序和中断程序重新命名。
● 用鼠标右键单击"状态图"或"符号表"文件夹，插入新图或表。
● 打开"状态图"或"符号表"文件夹，在指令树中用鼠标右键单击图或表图标，或用鼠标双击适当的 POU 标记，执行打开、重新命名或删除操作。

指令分支用于输入程序，打开指令文件夹并选择指令：

● 拖放或用鼠标双击指令，可在程序中插入指令。
● 用鼠标右键单击指令，并从弹出菜单中选择"帮助"，获得有关该指令的信息。
● 将常用指令可拖放至"偏好项目"文件夹。
● 若项目指定了 PLC 类型，指令树中红色标记×是表示对该 PLC 无效的指令。

5. 用户窗口

可同时或分别打开编程软件主界面中的 6 个用户窗口，分别为：交叉引用、数据块、状态表表、符号表、程序编辑器和局部变量表。

1）交叉引用（Cross Reference）。在程序编译成功后，才能打开交叉引用表，如图 5-13 所示。"交叉引用"表列出在程序中使用的各操作数所在的位置，以及每次使用各操作数的指令。通过交叉引用表还可以查看哪些内存区域已经被使用，作为位还是作为字节使用。交叉引用表不下载到可编程序控制器，在交叉引用表中用鼠标双击某操作数，可以显示出包含该操作数的那一部分程序。

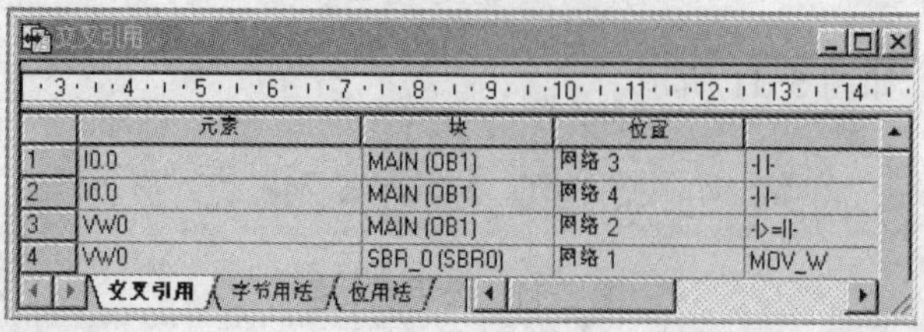

图 5-13　交叉引用表

2）数据块。"数据块"窗口可以设置和修改变量存储器的初始值和常数值，并加注必要的注释说明。单击浏览条上的"数据块"按钮，可打开"数据块"窗口。

3）状态表（Status Chart）。将程序下载至 PLC 之后，可以建立一个或多个状态表，在联机调试时，打开状态表，监视各变量的值和状态。状态表表并不下载到可编程序控制器，只是监视用户程序运行的一种工具。单击浏览条上的"状态表"按钮，可打开状态表。

可在状态表的地址列输入需监视的程序变量地址，在 PLC 运行时，打开状态表窗口，在程序扫描执行时，连续、自动地更新状态表的数值。

4）符号表（Symbol Table）。用有实际含义的自定义符号名作为编程元件的操作数，这样可使程序更容易理解。符号表则建立了自定义符号名与直接地址编号之间的关系。单击浏览条中的"符号表"按钮，可打开符号表。

5）程序编辑器。用菜单命令"文件"→"新建"，"文件"→"打开"或"文件"→"导入"，打开一个项目。然后单击浏览条中的"程序块"按钮，打开"程序编辑器"窗口，建立或修改程序。可用菜单命令"查看"→"STL"、"LAD"、"FBD"，更改编辑器类型。

6）局部变量表。每个程序块都有自己的局部变量表，局部变量只在建立该局部变量的程序块中才有效。在带参数的子程序调用中，参数的传递就是通过局部变量表传递的。

6. 输出窗口

输出窗口：用来显示程序编译的结果，如编译结果有无错误、错误编码和位置等。

7. 状态条

状态条：提供有关在 STEP 7-Micro/WIN 中操作的信息。

5.1.3 编程准备

1. 指令集和编辑器的选择

写程序之前，用户必须选择指令集和编辑器。

在 S7-200 系列 PLC 支持的指令集有 SIMATIC 和 IEC1131-3 两种。SIMATIC 是专为 S7-200PLC 设计的，专用性强，采用 SIMATIC 指令编写的程序执行时间短，可以使用 LAD、STL、FBD 三种编辑器。IEC1131-3 指令集是按国际电工委员会（IEC）PLC 编程标准提供的指令系统，作为不同 PLC 厂商的指令标准，集中指令较少。有些 SIMATIC 所包含的指令，在 IEC 1131-3 中不是标准指令。IEC1131-3 标准指令集适用于不同厂家 PLC，可以使用 LAD 和 FBD 两种编辑器。本教材主要用 SIMATIC 编程模式。

● 菜单命令"工具"→"选项"→"常规"标签→"编程模式"→选"SIMATIC"。

程序编辑器有 LAD、STL、FBD 三种，本书主要用 LAD 和 STL。

选择编辑器的方法：用菜单命令"查看"→"LAD"或"STL"。

2. 根据 PLC 类型进行参数检查

在 PLC 和运行 STEP7-Micro/WIN 的 PC 连线后，应根据 PLC 的类型进行范围检查。必须保证 STEP7-Micro/WIN 中 PLC 类型选择与实际 PLC 类型相符。方法如下：菜单命令"PLC"→"类型"→"读取 PLC"。"PLC 类型"的对话框如图 5-14 所示。

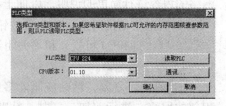

图 5-14 "PLC 类型"的对话框

5.2 STEP7-Mirco/WIN 主要编程功能

5.2.1 梯形图程序的输入

1．建立项目

创建新项目。菜单命令"文件"→"新建"；或者单击浏览条中的程序块图标，新建一个项目。

2．输入程序

打开项目后就可以进行编程，本书主要介绍梯形图的相关的操作。

1）输入指令。梯形图的元素主要有接点、线圈和指令盒，梯形图的每个网络必须从接点开始，以线圈或没有 ENO 输出的指令盒结束。线圈不允许串联使用。

要输入梯形图指令首先要进入梯形图编辑器："查看"→单击"梯形图"选项。接着在梯形图编辑器中输入指令。输入指令可以通过指令树、工具条按钮和快捷键等方法。

- 在指令树中选择需要的指令，拖放到需要的位置。
- 将光标放在需要的位置，在指令树中双击需要的指令。
- 将光标放到需要的位置，单击工具栏指令按钮，打开一个通用指令窗口，选择需要的指令。
- 使用功能键：F4=接点，F6=线圈，F9=指令盒，打开一个通用指令窗口，选择需要的指令。

当编程元件图形出现在指定位置后，再单击编程元件符号的"????"，输入操作数。红色字样显示语法出错，当把不合法的地址或符号改变为合法值时，红色消失。若数值下面出现红色的波浪线，表示输入的操作数超出范围或与指令的类型不匹配。

2）上下线的操作。将光标移到要合并的触点处，单击工具栏中"向上连线↑"或"向下连线↓"按钮。

3）输入程序注释。LAD 编辑器中共有四个注释级别：项目组件（POU）注释、网络标题、网络注释以及项目组件属性。

项目组件（POU）注释：在"网络 1"上方的灰色方框中单击，输入 POU 注释。

- 单击"切换 POU 注释"按钮 或者用菜单命令"查看"→"POU 注释"选项，在 POU 注释"打开"（可视）或"关闭"（隐藏）之间切换。可视时，始终位于 POU 顶端，并在第一个网络之前显示。

网络标题：将光标放在网络标题行，输入一个便于识别该逻辑网络的标题。

网络注释：将光标移到网络标号下方的灰色方框中，可以输入网络注释。网络注释可对网络的内容进行简单的说明，以便于程序的理解和阅读。

- 单击"切换网络注释" 按钮或者用菜单命令"查看"→"网络注释"，可在网络注释"打开"（可视）和"关闭"（隐藏）之间切换。

4）程序的编辑。

① 剪切、复制、粘贴或删除多个网络。通过用〈Shift〉键+鼠标单击，可以选择多个相邻的网络，进行剪切、复制、粘贴或删除等操作。注意：不能选择部分网络，只能选择

整个网络。

② 编辑单元格、指令、地址和网络。用光标选中需要进行编辑的单元，用鼠标单击右键，弹出快捷菜单，可以进行插入或删除行、列、垂直线或水平线的操作。删除垂直线时把方框放在垂直线左边单元上，删除时选"行"，或按〈Del〉键。进行插入编辑时，先将方框移至欲插入的位置，然后选"列"。

5）程序的编译。程序经过编译后，方可下载到 PLC。编译的方法如下：

- 单击"编译"按钮 ☑ 或选择菜单命令"PLC"→"编译"（Compile），编译当前被激活的窗口中的程序块或数据块。
- 单击"全部编译"按钮 ☑ 或选择菜单命令"PLC"→"全部编译"（Compile All），编译全部项目元件（程序块、数据块和系统块）。使用"全部编译"，与哪一个窗口是活动窗口无关。

编译结束后，输出窗口显示编译结果。

5.2.2 数据块编辑

数据块用来对变量存储器 V 赋初值，可用字节、字或双字赋值。注解（前面带双斜线）是可选项目，数据块如图 5-15 所示。编写的数据块，被编译后，下载到可编程序控制器，注释被忽略。

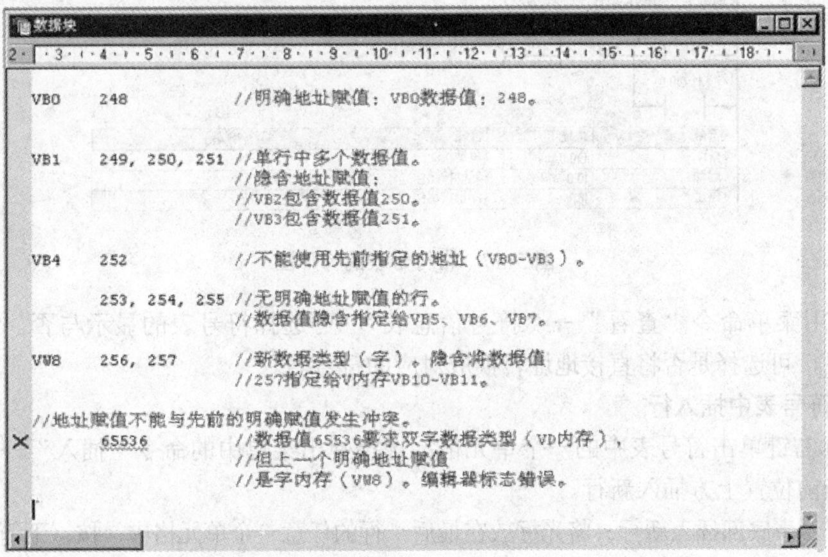

图 5-15 "数据块"对话框

数据块的第一行必须包含一个明确地址，以后的行可包含明确或隐含地址。在单地址后键入多个数据值或键入仅包含数据值的行时，由编辑器指定隐含地址。编辑器根据先前的地址分配及数据长度（字节、字或双字）指定适当的 V 内存数量。

键入的地址和数据之间留有空格。键入一行后，按〈Enter〉键，数据块编辑器格式化行（对齐地址列、数据、注解；捕获 V 内存地址）并重新显示。

数据块需要下载至 PLC 后才起作用。

5.2.3 符号表操作

1. 在符号表中符号赋值的方法

1）建立符号表：单击浏览条中的"符号表"按钮 ■。符号表见图 5-16。

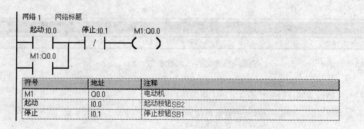

图 5-16 符号表

2）在"符号"列键入符号名（如：起动）。注意：在给符号指定地址之前，该符号下有绿色波浪下划线。在给符号指定地址后，绿色波浪下划线自动消失。

3）在"地址"列中键入地址（例如：I0.0）。

4）键入注解（此为可选项）。

5）符号表建立后，使用菜单命令"查看"→选中"符号寻址"，直接地址将转换成符号表中对应的符号名。并且可通过菜单命令"工具"→"选项"→"程序编辑器"标签→"符号寻址"选项，来选择操作数显示的形式。如选择"显示符号和地址"则对应的带符号表的梯形图如图 5-17 所示。

图 5-17 带符号表的梯形图

6）使用菜单命令"查看"→"符号信息表"，可选择符号表的显示与否。"查看"→"符号寻址"，可选择是否将直接地址转换成对应的符号名。

2. 在符号表中插入行

用鼠标右键单击符号表中的一个单元格：选择弹出菜单中的命令"插入"→"行"。将在光标的当前位置上方插入新行。

若在符号表底部插入新行：将光标放在最后一行的任意一个单元格中，按〈下箭头〉键。

5.3 程序的下载、上载

1. 下载

如果已经成功地在运行 STEP 7-Micro/WIN 的个人计算机和 PLC 之间建立了通信，就可以将编译好的程序下载至该 PLC。如果 PLC 中已经有内容将被覆盖。下载步骤如下：

1）下载之前，PLC 必须位于"停止"的工作方式。检查 PLC 上的工作方式指示灯，如果 PLC 没有在"停止"，单击工具条中的"停止"按钮，将 PLC 置于停止方式。

2）单击工具条中的"下载"按钮，或用菜单命令"文件"→"下载"。出现"下载"对话框。

3）根据默认值，在初次发出下载命令时，"程序块""数据块"和"系统块"复选框都被选中。如果不需要下载某个块，可以清除该复选框。

4）单击"确定"按钮，开始下载程序。如果下载成功，将出现一个确认框会显示以下信息："下载成功"。

5）如果 STEP 7-Micro/WIN 中的 CPU 类型与实际的 PLC 不匹配，会显示以下警告信息："为项目所选的 PLC 类型与远程 PLC 类型不匹配。继续下载吗？"

6）此时应纠正 PLC 类型选项，选择"否"，终止下载程序。

7）用菜单命令"PLC"→"类型"，调出"PLC 类型"对话框。单击"读取 PLC"按钮，由 STEP 7-Micro/WIN 自动读取正确的数值。单击"确定"按钮，确认 PLC 类型。

8）单击工具条中的"下载"按钮，重新开始下载程序，或用菜单命令"文件"→"下载"。

下载成功后，单击工具条中的"运行"按钮，或"PLC"→"运行"，PLC 进入 RUN（运行）工作方式。

2．上载

单击"上载"按钮，从 PLC 将项目元件上载到 STEP 7-Micro/WIN 程序编辑器。

5.4 程序的调试与监控

在运行 STEP 7-Micro/WIN 编程设备和 PLC 之间建立通信并向 PLC 下载程序后，便可运行程序，进行监控和调试程序。

PLC 有运行和停止两种工作方式。单击工具栏中的"运行"按钮▶或"停止"按钮■可以进入相应的工作方式。

5.4.1 程序状态显示

当程序下载至 PLC 后，可以用"程序状态监控"功能测试程序网络。

1．起动程序状态

1）在程序编辑器窗口，显示希望操作和测试的程序部分。

2）PLC 置于 RUN 工作方式，起动"程序状态监控"查看 PLC 数据值。方法如下：

单击"程序状态监控"按钮图或用菜单命令"调试"→"程序状态监控"，在梯形图中显示出各元件的状态。在进入"程序状态监控"的梯形图中，用彩色块表示位操作数的线圈得电或触点闭合状态。如：┤■├表示触点闭合状态，─(■)表示位操作数的线圈得电。

运行中的梯形图内的各元件的状态将随程序执行过程连续更新变换。

2．用"程序状态监控"模拟进程条件（读取、强制、取消强制和全部取消强制）

在程序状态监控过程中从程序编辑器向操作数写入或强制新数值的方法，可以模拟进程条件。

单击"程序状态监控"按钮图，开始监控数据状态，并启用调试工具。

1）写入操作数。直接单击操作数（不要单击指令），然后用鼠标右键直接单击操作数，并从弹出菜单选择"写入"。

2）强制单个操作数。直接单击操作数（不是指令），然后从"调试"工具条单击"强制"图标⊕。

3）单个操作数取消强制。直接单击操作数（不是指令），然后从"调试"工具条单击"取消强制"图标⊕。

4）全部强制数值取消强制。从"调试"工具条单击"全部取消强制"图标⊡。

注意：强制功能是调试程序的辅助工具，切勿为了弥补处理装置的故障而执行强制。仅限合格人员使用强制功能。在不带负载的情况下调试程序时，可以使用强制功能。

3．识别强制图标

被强制的数据处将显示一个图标。

1）黄色锁定图标⊕表示显示强制：即该数值已经被直接强制为当前正在显示的数值。

2）灰色隐去锁定图标⊕表示隐式：该数值已经被"隐含"强制，即不对地址进行直接强制，但内存区落入另一个被明确强制的较大区域中。例如，如果 VW0 被显示强制，则 VB0 和 VB1 被隐含强制，因为它们包含在 VW0 中。

3）半块图标⊕表示部分强制。例如，VB1 被明确强制，则 VW0 被部分强制，因为其中的一个字节 VB1 被强制。

5.4.2　状态表显示

可以建立一个或多个状态表，用来监管和调试程序操作。

1．打开状态表

打开状态表：单击浏览条上的"状态表"按钮⊞。

如果在项目中有多个状态表，使用 "状态表"窗口底部的"表"标签，可在状态表之间移动。

2．状态表的创建和编辑

1）建立状态表。如果打开一个空状态表，可以输入地址或定义符号名。按以下步骤定义状态表，状态表举例如图 5-18 所示。

	地址	格式	当前值	新数值
1	I0.0	位		
2	VW0	带符号		
3	M0.0	位		
4	SMW70	带符号　▼		

图 5-18　状态表举例

① 在"地址"列输入存储器的地址（或符号名）。

② 在"格式"列选择数值的显示方式。如果操作数是位（例如，I、Q 或 M），格式中被设为位。如果操作数是字节、字或双字，浏览有效格式并选择适当的格式。定时器或计数器数值可以显示为位或字。如果将定时器或计数器地址格式设置为位，则会显示输出状态（输出打开或关闭）。如果将定时器或计数器地址格式设置为字，则使用当前值。

还可以按下面的方法更快的选中程序代码建立状态表，如图 5-19 所示。

选中程序代码的一部分，"单击鼠标右键"→"弹出菜单"→"创建状态表"。新状态表包含选中程序中每个操作数的一个条目。

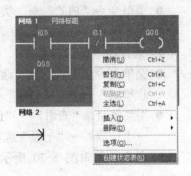

2）编辑状态表。在状态表修改过程中，可采用下列方法：

① 插入新行：使用"编辑"菜单或用鼠标右键单击状态表中的一个单元格，从弹出菜单中选择"插入"→"行"。

② 删除一个单元格或行：选中单元格或行，用鼠标右键单击，从弹出菜单命令中选择"删除"→"选项"。

图 5-19 选中程序代码建立状态表

3．状态表的起动与监视

1）状态表起动和关闭。菜单命令"调试"→"开始状态表监控"或使用工具条按钮"状态表监控" 🔲。再操作一次可关闭状态表。状态表起动后，便不能再编辑状态表。

2）单次读取与连续状态表监控。状态表被关闭时（未起动），可以使用"单次读取"功能，方法：菜单命令"调试"→"单次读取"或使用工具条按钮"单次读取" 🔳。

单次读取可以从可编程序控制器收集当前的数据，并在表中当前值列显示出来，且在执行用户程序时并不对其更新。

状态表被起动后，使用"状态表监控"功能，将连续收集状态表信息。

3）写入与强制数值。

全部写入：对状态表内的新数值改动完成后，可利用全部写入将所有改动传送至可编程序控制器。物理输入点不能用此功能改动。

强制：在状态表的地址列中选中一个操作数，在新数值列写入模拟实际条件的数值，然后单击工具条中的"强制"按钮。一旦使用 "强制"，每次扫描都会将强制数值应用于该地址，直至对该地址"取消强制"。

取消强制：和"程序状态"的操作方法相同。

5.5 编程软件使用实训

1．实训目的

1）认识 S7-200 系列可编程序控制器及其与 PC 的通信。

2）练习使用 STEP 7-Micro/WIN V4.0 编程软件。

3）学会程序的输入和编辑方法。

4）初步了解程序调试的方法。

2．内容及指导

1）PLC 认识。记录所使用 PLC 的型号，输入输出点数，观察主机面板的结构以及 PLC 和 PC 之间的连接。

2）开机（打开 PC 和 PLC）并新建一个项目。

● 用菜单命令"文件"→"新建"或用新建项目快捷按钮。

3）检查 PLC 和运行 STEP7-Micro/WIN 的 PC 连线后，设置与读取 PLC 的型号。

● 菜单命令"PLC"→"类型"→"读取 PLC"或者在指令树→"项目"名称→"类型"→"读取 PLC"。

4）选择指令集和编辑器。

● 菜单命令"工具"→"选项"→"常规"选项卡→"编程模式"→"SIMATIC"；"助记符集"→"国际"。

● 用菜单命令"查看"→"LAD"。或者菜单命令"工具"→"选项"→"一般"选项卡→"梯形图编辑器"。

5）输入、编辑图 5-20 所示梯形图程序，并转换成语句表指令。

6）给梯形图加程序注释、网络标题、网络注释。

7）编写符号表，如图 5-21 所示。并选择操作数显示形式为：符号和地址同时显示。

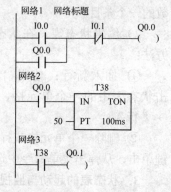

图 5-20　梯形图程序

● 建立符号表：单击浏览条中的"符号表" ▥ 按钮。

● 符号和地址同时显示："工具"→"选项"→"程序编辑器"。

	符号	地址	注释
1	起动按钮	I0.0	
2	停止按钮	I0.1	
3	灯1	Q0.0	
4	灯2	Q0.1	
5			

图 5-21　符号表

8）编译程序。并观察编译结果，若提示错误，则修改直到编译成功。

● "PLC"→"编译"、"全部编译"或用快捷按钮 ▣▣。

9）将程序下载到 PLC。下载之前，PLC 必须位于"停止"的工作方式。如果 PLC 没有在"停止"，单击工具条中的"停止"按钮，将 PLC 置于停止方式。

● 单击工具条中的"下载"按钮，或用菜单命令"文件"→"下载"。出现"下载"对话框。可选择是否下载"程序块"、"数据块"和"系统块"，单击"确定"按钮，开始下载程序。

10）建立状态表表监视各元件的状态，状态图表如图 5-22 所示。

● 选中程序代码的一部分，"单击鼠标右键"→"弹出菜单"→"建立状态表"。

	地址	格式	当前值	新数值
1	I0.0	位		
2	I0.1	位		
3	Q0.0	位		
4	Q0.1	位		
5	T38	位		

图 5-22　状态图表

11）运行程序

● 单击工具栏中的"运行"按钮 ▶。

12）起动"状态表监控"。

● 菜单命令"调试"→"状态表监控"或使用"状态表监控"工具条按钮 ▩。

13）输入强制操作。因为不带负载进行运行调试，所以采用强制功能模拟物理条件。对 I0.0 进行强制 ON，在对应 I0.0 的新数值列输入 1，对 I0.1 进行强制 OFF，在对应 I0.1 的新数值列输入 0。然后单击工具条中的"强制"按钮。

14）在运行中显示梯形图的程序状态。

● 单击"程序状态打开/关闭"按钮 或用菜单命令"调试"→"程序状态"，在梯形图中显示出各元件的状态。

3. 结果记录

1）认真观察 PLC 基本单元上的输入/输出指示灯的变化，并记录。

2）总结梯形图输入及修改的操作过程。

3）写出梯形图添加注释的过程。

5.6 习题

1. 如何建立项目？

2. 如何下载程序？

3. 如何在程序编辑器中显示程序状态？

4. 如何建立状态表？

第6章　S7–200 系列 PLC 基本指令及实训

本章要点
- 梯形图、语句表、顺序功能流程图和功能块图等常用设计语言的简介
- 基本位操作指令的介绍、应用及实训
- 定时器指令、计数器指令的介绍、应用及实训
- 比较指令的介绍及应用
- 程序控制类指令的介绍、应用及实训

6.1　可编程序控制器程序设计语言

在可编程序控制器中有多种程序设计语言，它们是梯形图、语句表、顺序功能流程图和功能块图等。

供 S7-200 系列 PLC 使用的 STEP7-Micro/Win 编程软件支持 SIMATIC 和 IEC1131-3 两种基本类型的指令集，SIMATIC 是 PLC 专用的指令集，执行速度快，可使用梯形图、语句表和功能块图编程语言。IEC1131-3 是可编程序控制器编程语言标准，IEC1131-3 指令集中指令较少，只能使用梯形图和功能块图两种编程语言。SIMATIC 指令集的某些指令不是 IEC1131-3 中的标准指令。SIMATIC 指令和 IEC1131-3 中的标准指令系统并不兼容。我们将重点介绍 SIMATIC 指令。

1. 梯形图（Ladder Diagram）程序设计语言

梯形图程序设计语言是最常用的一种程序设计语言。它来源于继电器逻辑控制系统的描述。在工业过程控制领域，电气技术人员对继电器逻辑控制技术较为熟悉，因此，由这种逻辑控制技术发展而来的梯形图受到了欢迎，并得到了广泛的应用。梯形图与操作原理图相对应，具有直观性和对应性；与原有的继电器逻辑控制技术的不同点是，梯形图中的能流不是实际意义的电流，内部的继电器也不是实际存在的继电器。因此应用时，需与原有继电器逻辑控制技术的有关概念区别对待。LAD 图形指令有触点、线圈和指令盒 3 个基本形式。

1）触点。触点和线圈的基本符号如图 6-1 所示。图中的问号代表需要指定的操作数的存储器的地址。触点代表输入条件如外部开关，按钮及内部条件等。触点有常开触点和常闭触点。CPU 运行扫描到触点符号时，到触点操作数指定的存储器位访问（即 CPU 对存储器的读操作）。该位数据（状态）为 1 时，其对应的常开触点接通，其对应的常闭触点断开。可见常开触点和存储器的位的状态一致，常闭触点表示对存储器的位的状态取反。计算机读操作的次数不受限制，用户程序中，常开触点，常闭触点可以使用无数次。

2）线圈。其基本符号如图 6-1 所示。线圈表示输出结果，即 CPU 对存储器的赋值操作。线圈左侧接点组成的逻辑运算结果为 1 时，"能流"可以达到线圈，使线圈得电动作，CPU 将线圈的操作数指定的存储器的位置位为 1；逻辑运算结果为 0，线圈不通电，存储器

的位置位为 0。即线圈代表 CPU 对存储器的写操作。PLC 采用循环扫描的工作方式，所以在用户程序中，每个线圈只能使用一次。

常开触点   常闭触点   线圈

图 6-1 触点和线圈的基本符号

3）指令盒：指令盒代表一些较复杂的功能。如定时器，计数器或数学运算指令等。当"能流"通过指令盒时，执行指令盒所代表的功能。

梯形图按照逻辑关系可分成网络段，分段只是为了阅读和调试方便。在本书部分举例中我们将网络段标记省去。图 6-2 是梯形图示例。

2. 语句表（Statement List）程序设计语言

语句表设计语言是由助记符和操作数构成的。采用助记符来表示操作功能，操作数是指定的存储器的地址。用编程软件可以将语句表与梯形图可以相互转换。若在梯形图编辑器下录入的梯形图程序，则打开"查看"菜单→选择"STL"，就可将梯形图转换成语句表。反之，也可将语句表转化成梯形图。

例如，图 6-2 中的梯形图转换为语句表程序如下：

```
网络 1
LD      I0.0
O       Q0.0
AN      T37
=       Q0.0
TON     T37, +50
网络 2
LD      I0.2
=       Q0.1
```

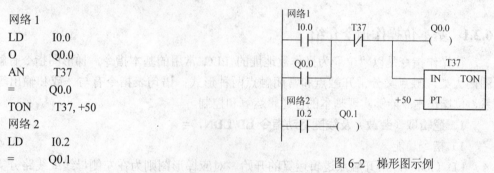

图 6-2 梯形图示例

3. 顺序功能流程图（Sequential Function Chart）程序设计

顺序功能流程图程序设计是近年来发展起来的一种程序设计。采用顺序功能流程图的描述，控制系统被分为若干个子系统，从功能入手，使系统的操作具有明确的含义，便于设计人员和操作人员设计思想的沟通，便于程序的分工设计和检查调试。顺序功能流程图的主要元素是步、转移、转移条件和动作，顺序功能流程图如图 6-3 所示。顺序功能流程图程序设计的特点是：

1）以功能为主线，条理清楚，便于对程序操作的理解和沟通。

2）对大型的程序，可分工设计，采用较为灵活的程序结构，可节省程序设计时间和调试时间。

3）常用于系统的规模较大，程序关系较复杂的场合。

4）只有在活动步的命令和操作被执行后，才对活动步后的转换进行扫描，因此，整个程序的扫描时间要大大缩短。

4. 功能块图（Function Block Diagram）程序设计语言

功能块图程序设计语言是采用逻辑门电路的编程语言，有数字电路基础的人很容易掌握。功能块图指令由输入、输出段及逻辑关系函数组成。用 STEP7-Micro/Win 编程软件将图 6-1 所示的梯形图转换为 FBD 程序，功能块图如图 6-4 所示。方框的左侧为逻辑运算的输入变量，右侧为输出变量，输入、输出端的小圆圈表示"非"运算，信号自左向右流动。

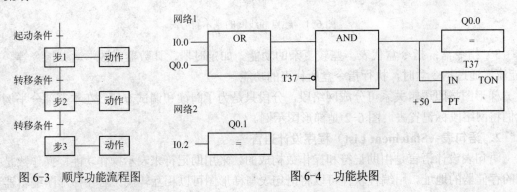

图 6-3 顺序功能流程图　　　　　　　　　　图 6-4 功能块图

6.2 基本位逻辑指令与应用

6.2.1 基本位操作指令介绍

位操作指令是以"位"为操作数地址的 PLC 常用的基本指令，梯形图指令有触点和线圈两大类，触点又分常开触点和常闭触点两种形式；语句表指令有与、或和输出等逻辑关系，位操作指令能够实现基本的位逻辑运算和控制。

1. 逻辑取（装载）及线圈驱动指令 LD/LDN，=

1）指令功能。

LD（load）：常开触点逻辑运算的开始。对应梯形图则为在左侧母线或线路分支点处初始装载一个常开触点。

LDN（load not）：常闭触点逻辑运算的开始（即对操作数的状态取反），对应梯形图则为在左侧母线或线路分支点处初始装载一个常闭触点。

=（OUT）：输出指令，表示对存储器赋值的指令，对应梯形图则为线圈驱动。对同一元件只能使用一次。

2）指令格式：LD/LDN、OUT 指令的使用如图 6-5 所示。

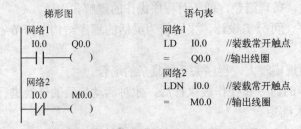

图 6-5 LD/LDN、OUT 指令的使用

说明：

① 触点代表 CPU 对存储器的读操作，常开触点和存储器的位状态一致，常闭触点和存储器的位状态相反。用户程序中同一触点可使用无数次。

如：存储器 I0.0 的状态为 1，则对应的常开触点 I0.0 接通，表示能流可以通过；而对应的常闭触点 I0.0 断开，表示能流不能通过。存储器 I0.0 的状态为 0，则对应的常开触点 I0.0 断开，表示能流不能通过；而对应的常闭触点 I0.0 接通，表示能流可以通过。

② 线圈代表 CPU 对存储器的写操作，若线圈左侧的逻辑运算结果为“1”，表示能流能够达到线圈，CPU 将该线圈操作数指定的存储器的位，置位为“1”，若线圈左侧的逻辑运算结果为“0”，表示能流不能够达到线圈，CPU 将该线圈操作数指定的存储器的位写入“0”。用户程序中，同一操作数的线圈只能使用一次。

3）LD/LDN，＝ 指令使用说明。

- LD/LDN 指令用于与输入公共母线（输入母线）相联的接点，也可与 OLD、ALD 指令配合使用于分支回路的开头。
- “=”指令用于 Q、M、SM、T、C、V、S。但不能用于输入映像寄存器 I。输出端不带负载时，控制线圈应尽量使用 M 或其他，而不用 Q。
- “=”可以并联使用任意次，但不能串联，输出指令可以并联使用如图 6-6 所示。
- LD/LDN 的操作数：I、Q、M、SM、T、C、V、S。

“=”(OUT）的操作数：Q、M、SM、T、C、V、S。

```
LD  I0.0
=   M0.0
=   Q0.0
```

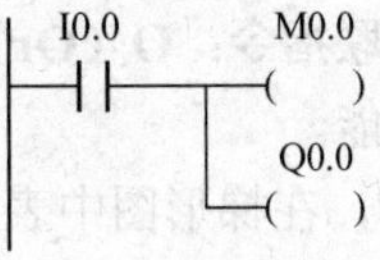

图 6-6 输出指令可以并联使用

2．触点串联指令 A（And）、AN（And not）

1）指令功能。

A（And）：与操作，在梯形图中表示串联连接单个常开触点。

AN（And not）：与非操作，在梯形图中表示串联连接单个常闭触点。

2）指令格式（A/AN 指令的使用如图 6-7 所示）。

```
网络1
LD   I0.0   //装载常开触点
A    M0.0   //与常开触点
=    Q0.0   // 输出线圈
网络2
LD   Q0.0   //装载常开触点
AN   I0.1   //与常闭触点
=    M0.0   //输出线圈
A    T37    //与常开触点
=    Q0.1   //输出线圈
```

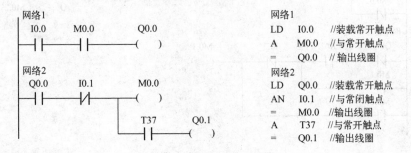

图 6-7 A/AN 指令的使用

3）A/AN 指令使用说明。

- AN 是单个触点串联连接指令，可连续使用，A/AN 指令使用说明（1）如图 6-8 所示。
- 若要串联多个触点组合回路时，必须使用 ALD 指令，A/AN 指令使用说明（2）如图 6-9 所示。

● 若按正确次序编程（即输入："左重右轻、上重下轻"；输出：上轻下重），可以反复使用"="指令，A/AN 指令使用说明（3）如图 6-10 所示。但若按图 6-11 所示为 A/AN 指令使用说明（4）的编程次序，就不能连续使用"="指令。

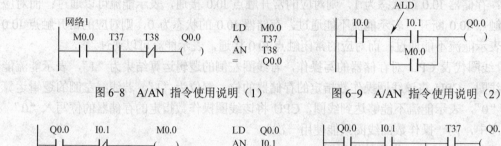

图 6-8　A/AN 指令使用说明（1）　　　　　图 6-9　A/AN 指令使用说明（2）

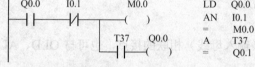

图 6-10　A/AN 指令使用说明（3）　　　　图 6-11　A/AN 指令使用说明（4）

● A/AN 的操作数：I、Q、M、SM、T、C、V、S。

3．触点并联指令：O（Or）/ON（Or not）

1）指令功能。

O：或操作，在梯形图中表示并联连接一个常开触点。

ON：或非操作，在梯形图中表示并联连接一个常闭触点。

2）指令格式：O/ON 指令的使用如图 6-12 所示。

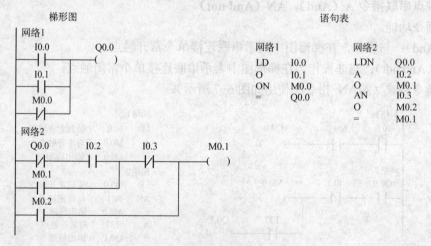

图 6-12　O/ON 指令的使用

3）O/ON 指令使用说明。

● O/ON 指令可作为并联一个触点指令，紧接在 LD/LDN 指令之后用，即对其前面的 LD/LDN 指令所规定的触点并联一个触点，可以连续使用。

● 若要并联连接两个以上触点的串联回路时，须采用 OLD 指令。

● ON 操作数：I、Q、M、SM、V、S、T、C。

4. 电路块的串联指令 ALD

1）指令功能。

ALD：块"与"操作，用于串联连接多个并联电路组成的电路块。

2）指令格式：ALD 指令使用如图 6-13 所示。

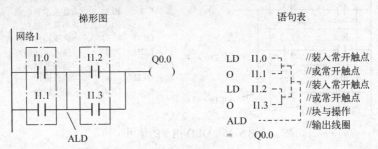

图 6-13　ALD 指令使用

3）ALD 指令使用说明。

- 并联电路块与前面电路串联连接时，使用 ALD 指令。分支的起点用 LD/LDN 指令，并联电路结束后使用 ALD 指令与前面电路串联。
- 可以顺次使用 ALD 指令串联多个并联电路块，支路数量没有限制，ALD 指令使用如图 6-14 所示。
- ALD 指令无操作数。

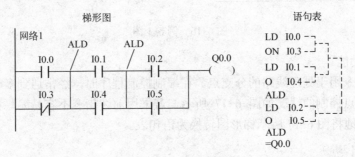

图 6-14　ALD 指令使用

5. 电路块的并联指令 OLD

1）指令功能。

OLD：块"或"操作，用于并联连接多个串联电路组成的电路块。

2）指令格式：OLD 指令的使用如图 6-15 所示。

3）OLD 指令使用说明。

- 并联连接几个串联支路时，其支路的起点以 LD 、LDN 开始，并联结束后用 OLD。
- 可以顺次使用 OLD 指令并联多个串联电路块，支路数量没有限制。
- ALD 指令无操作数。

【例 6-1】 根据图 6-16 所示梯形图，写出对应的语句表。

6. 逻辑堆栈的操作

S7-200 系列采用模拟栈的结构，用于保存逻辑运算结果及断点的地址，称为逻辑堆栈。

S7-200 系列 PLC 中有一个 9 层的堆栈。在此讨论断点保护功能的堆栈操作。

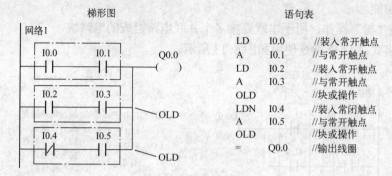

梯形图

语句表

LD	I0.0	//装入常开触点
A	I0.1	//与常开触点
LD	I0.2	//装入常开触点
A	I0.3	//与常开触点
OLD		//块或操作
LDN	I0.4	//装入常闭触点
A	I0.5	//与常开触点
OLD		//块或操作
=	Q0.0	//输出线圈

图 6-15　OLD 指令的使用

LD	I0.0
O	I0.1
LD	I0.2
A	I0.3
LD	I0.4
AN	I0.5
OLD	
O	I0.6
ALD	
ON	I0.7
=	Q0.0

图 6-16　例 6-1 图

1）指令的功能。

堆栈操作指令用于处理线路的分支点。在编制控制程序时，经常遇到多个分支电路同时受一个或一组触点控制的情况如图 6-17 所示，若采用前述指令不容易编写程序，用堆栈操作指令则可方便地将图 6-17 所示梯形图转换为语句表。

LD	I0.0	// 装载常开触点
LPS		// 压入堆栈
LD	I0.1	// 装载常开触点
O	I0.2	// 或常开触点
ALD		// 块与操作
=	Q0.0	// 输出线圈
LRD		// 读栈
LD	I0.3	// 装载常开触点
O	I0.4	// 或常开触点
ALD		// 块与操作
=	Q0.1	// 输出线圈
LPP		// 出栈
A	I0.5	// 与常开触点
=	Q0.2	// 输出线圈

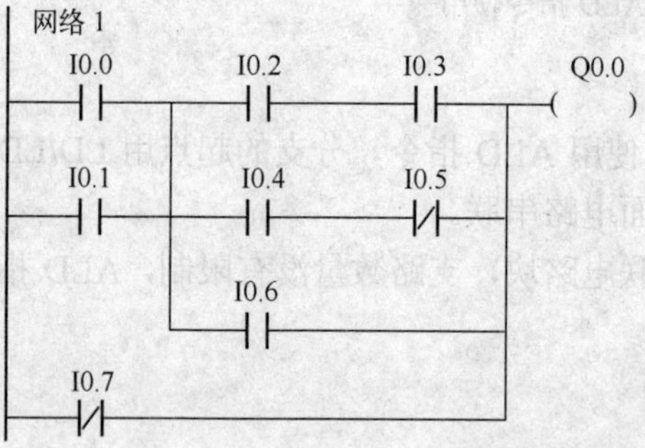

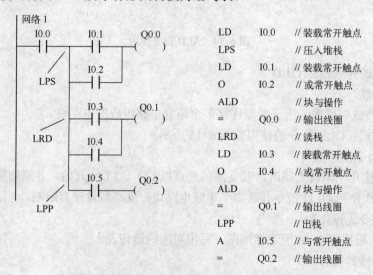

图 6-17　堆栈指令的使用

2）指令格式（如图 6-17 所示）。

LPS（入栈）指令：LPS 指令把栈顶值复制后压入堆栈，栈中原来数据依次下移一层，栈底值压出丢失。

LRD（读栈）指令：LRD 指令把逻辑堆栈第二层的值复制到栈顶，2~9 层数据不变，堆栈没有压入和弹出。但原栈顶的值丢失。

LPP（出栈）指令：LPP 指令把堆栈弹出一级，原第二级的值变为新的栈顶值，原栈顶数据从栈内丢失。

LPS、LRD、LPP 指令的操作过程示意图如图 6-18 所示。图中 Iv.x 为存储在栈区的断点的地址。

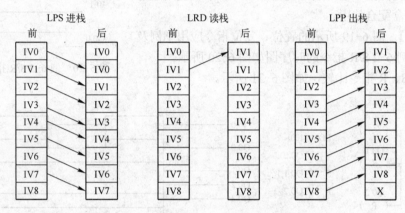

图 6-18　LPS、LRD、LPP 指令的操作过程示意图

3）指令使用说明。

● 逻辑堆栈指令可以嵌套使用，最多为 9 层。
● 为保证程序地址指针不发生错误，入栈指令 LPS 和出栈指令 LPP 必须成对使用，最后一次读栈操作应使用出栈指令 LPP。
● 堆栈指令没有操作数。

7. 置位/复位指令 S/R

1）指令功能。

置位指令 S：使能输入有效后从起始位 S-bit 开始的 N 个位置"1"并保持。

复位指令 R：使能输入有效后从起始位 S-bit 开始的 N 个位清"0"并保持。

2）S/R 指令格式如表 6-1 所示，S/R 指令的使用如图 6-19 所示。

表 6-1　S/R 指令格式

STL	LAD
S S-bit,N	S-bit —(S) N
R S-bit,N	S-bit —(R) N

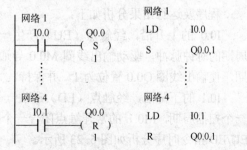

图 6-19　S/R 指令的使用

3) 指令使用说明。

● 对同一元件（同一寄存器的位）可以多次使用 S/R 指令（与"＝"指令不同）。

● 由于是扫描工作方式，当置位、复位指令同时有效时，写在后面的指令具有优先权。

● 8 操作数 N 为：VB，IB，QB，MB，SMB，SB，LB，AC，常量，*VD，*AC，*LD。取值范围为：0～255。数据类型为：字节。

● 操作数 S-bit 为：Q，M，SM，T，C，V，S，L。数据类型为：布尔。

● 置位复位指令通常成对使用，也可以单独使用或与指令盒配合使用。

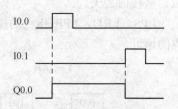

图 6-20   例 6-2 S/R 指令的时序

【**例6-2**】 图 6-19 所示的置位、复位指令应用举例及时序分析，例 6-2 S/R 指令的时序图如图 6-20 所示。

4）＝、S、R 指令比较，如图 6-21 所示。

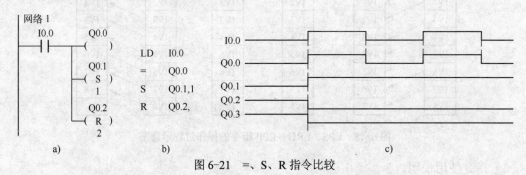

图 6-21   ＝、S、R 指令比较

a) 梯形图 b) 语句表 c) 时序图

8. 脉冲生成指令 EU/ED

1）指令功能。

EU 指令：在 EU 指令前的逻辑运算结果有一个上升沿时（由 OFF→ON）产生一个宽度为一个扫描周期的脉冲，驱动后面的输出线圈。

ED 指令：在 ED 指令前有一个下降沿时产生一个宽度为一个扫描周期的脉冲，驱动其后线圈。

2）EU/ED 指令格式如表 6-2 所示，EU/ED 指令的使用如图 6-22 所示。

程序及运行结果分析如下：

I0.0 的上升沿，经触点（EU）产生一个扫描

表 6-2   EU/ED 指令格式

STL	LAD	操 作 数
EU（Edge Up）	─┤P├─	无
ED（Edge Down）	─┤N├─	无

周期的时钟脉冲，驱动输出线圈 M0.0 导通一个扫描周期，M0.0 的常开触点闭合一个扫描周期，使输出线圈 Q0.0 置位为 1，并保持。

I0.1 的下降沿，经触点（ED）产生一个扫描周期的时钟脉冲，驱动输出线圈 M0.1 导通一个扫描周期，M0.1 的常开触点闭合一个扫描周期，使输出线圈 Q0.0 复位为 0，并保持，EU/ED 指令时序分析如图 6-23 所示。

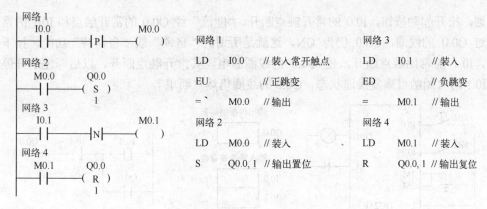

图 6-22 EU/ED 指令的使用

网络 1

LD	I0.0	// 装入常开触点
EU		// 正跳变
=`	M0.0	// 输出

网络 2

| LD | M0.0 | // 装入 |
| S | Q0.0, 1 | // 输出置位 |

网络 3

LD	I0.1	// 装入
ED		// 负跳变
=	M0.1	// 输出

网络 4

| LD | M0.1 | // 装入 |
| R | Q0.0, 1 | // 输出复位 |

3）指令使用说明。

- EU、ED 指令只在输入信号变化时有效，其输出信号的脉冲宽度为一个机器扫描周期。
- 对开机时就为接通状态的输入条件，EU 指令不执行。
- EU、ED 指令无操作数。

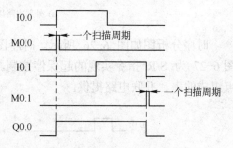

图 6-23 EU/ED 指令时序分析

9. 取反指令 NOT

取反指令用于对逻辑运算结果的取反操作。

其梯形图指令格式是：┤NOT├，取反指令的应用如图 6-24 所示。

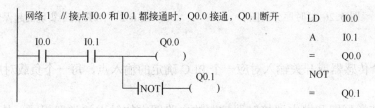

LD	I0.0
A	I0.1
=	Q0.0
NOT	
=	Q0.1

图 6-24 取反指令的应用

6.2.2 基本位逻辑指令应用举例

1. 起动、保持、停止电路

起动、保持和停止电路（简称为"起保停"电路），其梯形图和对应的 PLC 外部接线图如图 6-25 所示。在外部接线图中起动常开按钮 SB1 和 SB2 分别接在输入端 I0.0 和 I0.1，负载接在输出端 Q0.0。因此输入映像寄存器 I0.0 的状态与起动按钮 SB1（常开按钮）的状态相对应，输入映像寄存器 I0.1 的状态与停止按钮 SB2（常开按钮）的状态相对应。而程序运行结果写入输出映像寄存器 Q0.0，并通过输出电路控制负载。图中的起动信号 I0.0 和停止信号 I0.1 是由起动按钮和停止按钮提供的信号，持续 ON 的时间一般都很短，这种信号称为短信号。起保停电路最主要的特点是具有"记忆"功能，按下起动按钮，I0.0 的常开触点接通，如果这时未按停止按钮，I0.1 的常闭触点接通，Q0.0 的线圈"通电"，它的常开触点同时接通。松开起动按钮，I0.0 的常开触点断开，"能流"经 Q0.0 的常开触点和 I0.1 的常闭触点流过 Q0.0 的线圈，Q0.0 仍为 ON，这就是所谓的"自锁"或"自保持"功能。按下停止按钮，I0.1 的常闭触点断开，使 Q0.0 的线圈断电，其常开触点断开，以后即使放开停止按钮，I0.1 的常闭触点恢复接通状态，Q0.0 的线圈仍然"断电"。

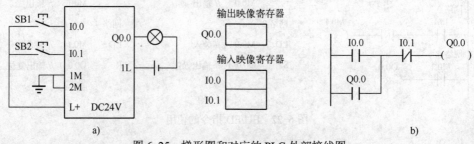

图 6-25　梯形图和对应的 PLC 外部接线图

a) 外部电路接线图　b) 起保停电路梯形图

时序分析图如图 6-26 所示。时序图中 I0.0、I0.1、Q0.0 分别为对应的存储器的状态。图 6-27 为 S/R 指令实现的起保停控制。在实际电路中，起动信号和停止信号可能由多个触点组成的串、并联电路提供。

图 6-26　时序分析图　　　　　图 6-27　S/R 指令实现的起保停控制

小结：

1）每一个传感器或开关输入对应一个 PLC 确定的输入点，每一个负载对应 PLC 一个确定的输出点。

2）为了使梯形图和继电器接触器控制的电路图中的触点的类型相同，外部按钮一般用常开按钮。

3）在工业现场，停止按钮、急停按钮、过载保护用的热继电器的辅助触点往往用常闭触点，这时应注意，常闭触点在没有任何操作时，给对应的输入映像寄存器写入"1"。如起保停的控制中，若停止按钮改为常闭按钮，则对应的外部接线图，梯形图程序和对应存储器"位"状态的时序图如图 6-28 所示。

2. 互锁电路

互锁电路如图 6-29 所示。输入信号 I0.0 和输入信号 I0.1，若 I0.0 先接通，M0.0 自保持，使 Q0.0 有输出，同时 M0.0 的常闭接点断开，即使 I0.1 再接通，也不能使 M0.1 动作，故 Q0.1 无输出。若 I0.1 先接通，则情形与前述相反。因此在控制环节中，该电路可实现信号互锁。

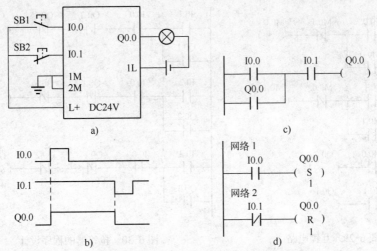

图 6-28 停止按钮改为常闭按钮起保停的控制

a) 外部电路接线图　b) 时序分析图　c) 起保停电路梯形图　d) S/R 指令实现的起保停控制

3. 抢答器程序设计

1) 控制任务。

有 3 个抢答席和 1 个主持人席, 每个抢答席上各有 1 个抢答按钮和一盏抢答指示灯。参赛者在允许抢答时, 第一个按下抢答按钮的抢答席上的指示灯将会亮, 且释放抢答按钮后, 指示灯仍然亮; 此后另外两个抢答席上即使再按各自的抢答按钮, 其指示灯也不会亮。这样主持人就可以轻易地知道谁是第一个按下抢答器的。该题抢答结束后, 主持人按下主持席上的复位按钮 (常闭按钮), 则指示灯熄灭, 又可以进行下一题的抢答比赛。

工艺要求: 本控制系统有 4 个按钮, 其中 3 个常开 S1、S2、S3, 一个常闭 S0。另外, 作为控制对象有 3 盏灯 H1、H2、H3。

2) I/O 分配表。

输入

I0.0: S0 //主持席上的复位按钮 (常闭)

I0.1: S1 //抢答席 1 上的抢答按钮

I0.2: S2 //抢答席 2 上的抢答按钮

I0.3: S3 //抢答席 3 上的抢答按钮

输出

Q0.1: H1 //抢答席 1 上的指示灯

Q0.2: H2 //抢答席 2 上的指示灯

Q0.3: H3 //抢答席 3 上的指示灯

3) 程序设计。

抢答器的程序设计如图 6-30 所示。本例的要点是: 如何实现抢答器指示灯的"自锁"功能, 即当某一抢答席抢答成功后, 即使释放其抢答按钮, 其指示灯仍然亮, 直至主持人进行复位才熄灭; 如何实现 3 个抢答席之间的"互锁"功能。

6.2.3　编程注意事项及编程技巧

1. 适当安排编程顺序, 以减少程序的步数

1) 串联多的电路应放在上面, 如图 6-31 所示。

2) 并联多的电路应靠近左母线, 如图 6-32 所示。

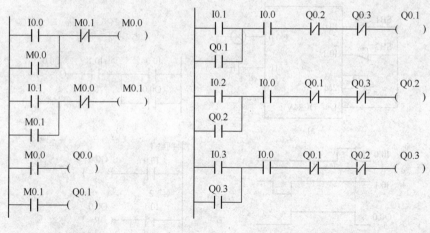

图 6-29　互锁电路　　　　　　　　　图 6-30　抢答器的程序设计

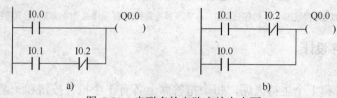

a)　　　　　　　　　　　　　b)

图 6-31　串联多的电路应放在上面

a) 电路安排不当　b) 电路安排正确

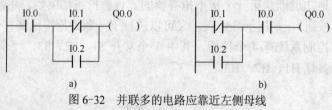

a)　　　　　　　　　　　　　b)

图 6-32　并联多的电路应靠近左侧母线

a) 电路安排不当　b) 电路安排正确

3）对复杂的电路，用 ALD、OLD 等指令难以编程，可重复使用一些触点画出其等效电路，然后再进行编程，复杂电路编程技巧如图 6-33 所示。

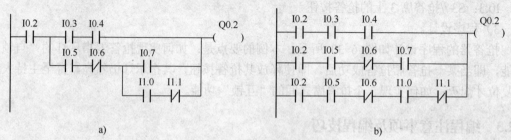

a)　　　　　　　　　　　　　b)

图 6-33　复杂电路编程技巧

a) 复杂电路　b) 等效电路

2．设置中间单元

在梯形图中，若多个线圈都受某一触点串并联电路的控制，为了简化电路，在梯形图中可设置该电路控制的存储器的位，设置中间单元如图 6-34 所示，这类似于继电器电路中的中间继电器。

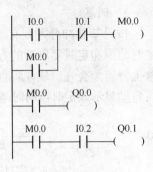

图 6-34　设置中间单元

3．尽量减少可编程序控制器的输入信号和输出信号

可编程序控制器的价格与 I/O 点数有关，因此减少 I/O 点数是降低硬件费用的主要措施。如果几个输入器件触点的串并联电路总是作为一个整体出现，可以将他们作为可编程序控制器的一个输入信号，只占可编程序控制器的一个输入点。如果某器件的触点只用一次并且与 PLC 输出端的负载串联，不必将它们作为 PLC 的输入信号，可以将它们放在 PLC 外部的输出回路，与外部负载串联。

4．外部互锁电路的设立

为了防止控制正反转的两个接触器同时动作造成三相电源短路，应在 PLC 外部设置硬件互锁电路。

5．外部负载的额定电压

PLC 的继电器输出模块和双向晶闸管输出模块一般只能驱动额定电压 AC 220V 的负载，交流接触器的线圈应选用 220V 的。

6.3　定时器指令

6.3.1　定时器指令介绍

S7-200 系列 PLC 的定时器是对内部时钟累计时间增量计时的。每个定时器均有一个 16 位的当前值寄存器用以存放当前值（16 位符号整数）；一个 16 位的预置值寄存器用以存放时间的设定值；还有一位状态位，反映其触点的状态。

1．工作方式

S7-200 系列 PLC 定时器按工作方式分三大类定时器。定时器的指令格式如表 6-3 所示。

表 6-3　定时器的指令格式

LAD	STL	说　　明
???? IN　TON ????-PT　???ms	TON　T××，PT	TON—通电延时定时器 TONR—记忆型通电延时定时器 TOF—断电延时型定时器
???? IN　TONR ????-PT　???ms	TONR T××，PT	IN 是使能输入端，指令盒上方（????）输入定时器的编号（T××），范围为 T0～T255；当定时器的编号选定后，???ms 处将自动显示定时器的时基。PT 是预置值输入端，
???? IN　TOF ????-PT　???ms	TOF　T××，PT	最大预置值为 32767；PT 的数据类型：INT； PT 操作数有：IW、QW、MW、SMW、T、C、VW、SW、AC、常数

2．时基

按时基脉冲分，则有 1ms、10ms、100ms 三种定时器。不同的时基标准，定时精度、定时范围和定时器刷新的方式不同。在梯形图中录入定时器指令后将鼠标指针在定时器指令盒上停留一会儿，软件将自动提示不同时基所对应的定时器的编号，选择定时器的编号后，将自动显示该定时器的时基，定时器指令编号的选择如图 6-35 所示。

图 6-35　定时器指令编号的选择

1）定时精度和定时范围。定时器的工作原理是：使能输入有效后，当前值 PT 对 PLC 内部的时基脉冲增 1 计数，当计数值大于或等于定时器的预置值后，状态位置 1。其中，最小计时单位为时基脉冲的宽度，又为定时精度；从定时器输入有效，到状态位输出有效，经过的时间为定时时间，即：定时时间=预置值×时基。当前值寄存器为 16bit，最大计数值为 32767，由此可推算不同分辨率的定时器的设定时间范围。CPU 22X 系列 PLC 的 256 个定时器分属 TON（TOF）和 TONR 工作方式，以及 3 种时基标准，定时器的类型如表 6-4 所示。可见时基越大，定时时间越长，但精度越差。

表 6-4　定时器的类型

工 作 方 式	时基/ms	最大定时范围/s	定 时 器 号
	1	32.767	T0，T64
TONR	10	327.67	T1-T4，T65-T68
	100	3276.7	T5-T31，T69-T95
	1	32.767	T32，T96
TON/TOF	10	327.67	T33-T36，T97-T100
	100	3276.7	T37-T63，T101-T255

2）1ms、10ms、100ms 定时器的刷新方式不同。1ms 定时器每隔 1ms 刷新一次与扫描周期和程序处理无关即采用中断刷新方式。因此当扫描周期较长时，在一个周期内可能被多次刷新，其当前值在一个扫描周期内不一定保持一致。

10ms 定时器则由系统在每个扫描周期开始自动刷新。由于每个扫描周期内只刷新一次，故而每次程序处理期间，其当前值为常数。

100ms 定时器则在该定时器指令执行时刷新。下一条执行的指令，即可使用刷新后的结果，非常符合正常的思路，使用方便可靠。但应当注意，如果该定时器的指令不是每个周期都执行，定时器就不能及时刷新，可能导致出错。

3．定时器指令工作原理

下面我们将从原理应用等方面分别叙述通电延时型，有记忆的通电延时型，断电延时型三种定时器的使用方法。

1）通电延时定时器（TON）指令工作原理，程序及时序分析如图 6-36 所示。

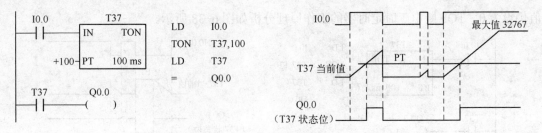

图 6-36 通电延时定时器工作原理,程序及时序分析

当 I0.0 接通时即使能端(IN)输入有效时,驱动 T37 开始计时,当前值从 0 开始递增,计时到设定值 PT 时,T37 状态位置 1,其常开触点 T37 接通,驱动 Q0.0 输出,其后当前值仍增加,但不影响状态位。当前值的最大值为 32767。当 I0.0 分断时,使能端无效时,T37 复位,当前值清 0,状态位也清 0,即回复原始状态。若 I0.0 接通时间未到设定值就断开,T37 则立即复位,Q0.0 不会有输出。

2)记忆型通电延时定时器(TONR)指令工作原理。使能端(IN)输入有效时(接通),定时器开始计时,当前值递增,当前值大于或等于预置值(PT)时,输出状态位置 1。使能端输入无效(断开)时,当前值保持(记忆),使能端(IN)再次接通有效时,在原记忆值的基础上递增计时。

注意:TONR 记忆型通电延时型定时器采用线圈复位指令 R 进行复位操作,当复位线圈有效时,定时器当前位清零,输出状态位置 0。

TONR 记忆型通电延时型定时器工作原理分析如图 6-37 所示。如 T3,当输入 IN 为 1 时,定时器计时;当 IN 为 0 时,其当前值保持并不复位;下次 IN 再为 1 时,T3 当前值从原保持值开始往上加,将当前值与设定值 PT 比较,当前值大于等于设定值时,T3 状态位置 1,驱动 Q0.0 有输出,以后即使 IN 再为 0,也不会使 T3 复位,要使 T3 复位,必须使用复位指令。

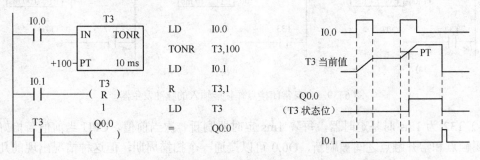

图 6-37 TONR 记忆型通电延时型定时器工作原理分析

3)断电延时型定时器(TOF)指令工作原理。断电延时型定时器用来在输入断开,延时一段时间后,才断开输出。使能端(IN)输入有效时,定时器输出状态位立即置 1,当前值复位为 0。使能端(IN)断开时,定时器开始计时,当前值从 0 递增,当前值达到预置值时,定时器状态位复位为 0,并停止计时,当前值保持。

如果输入断开的时间,小于预定时间,定时器仍保持接通。IN 再接通时,定时器当前值仍设为 0。TOF 断电延时定时器的工作原理分析如图 6-38 所示。

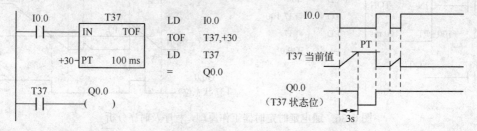

图 6-38　TOF 断电延时定时器的工作原理分析

小结：

1）以上介绍的 3 种定时器具有不同的功能。接通延时定时器（TON）用于单一间隔的定时；有记忆接通延时定时器（TONR）用于累计时间间隔的定时；断开延时定时器（TOF）用于故障事件发生后的时间延时。

2）TOF 和 TON 共享同一组定时器，不能重复使用。即不能把一个定时器同时用作 TOF 和 TON。例如，不能既有 TON　T32，又有 TOF　T32。

6.3.2　定时器指令应用举例

1．一个机器扫描周期的时钟脉冲发生器

自身常闭接点作使能输入的脉冲发生器如图 6-39 所示，使用定时器本身的常闭触点作定时器的使能输入。定时器的状态位置 1 时，依靠本身的常闭触点的断开使定时器复位，并重新开始定时，进行循环工作。采用不同时基标准的定时器时，会有不同的运行结果，具体分析如下：

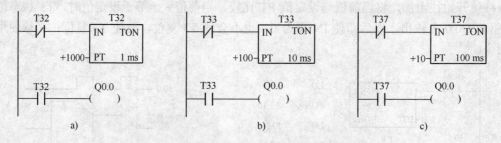

图 6-39　自身常闭接点作使能输入的脉冲发生器

1）T32 为 1ms 时基定时器，每隔 1ms 定时器刷新一次当前值，CPU 当前值若恰好在处理常闭触点和常开触点之间被刷新，Q0.0 可以接通一个扫描周期，但这种情况出现的几率很小，一般情况下，不会正好在这时刷新。若在执行其他指令时，定时时间到，1ms 的定时刷新，使定时器输出状态位置位，常闭触点打开，当前值复位，定时器输出状态位立即复位，所以输出线圈 Q0.0 一般不会通电。

2）若将图中 6-39 的定时器 T32 换成 T33，时基变为 10ms，当前值在每个扫描周期开始刷新，计时时间到时，扫描周期开始时，定时器输出状态位置位，常闭触点断开，立即将定时器当前值清零，定时器输出状态位复位（为 0）。这样输出线圈 Q0.0 永远不可能通电。

3）若用时基为 100ms 的定时器，如 T37，当前指令执行时刷新，Q0.0 在 T37 计时时间到时准确地接通一个扫描周期。可以输出一个断开为延时时间，接通为一个扫描周期的时钟脉冲。

4）若将输出线圈的常闭接点作为定时器的使能输入，如图 6-40 所示，则无论何种时基都能正常工作。

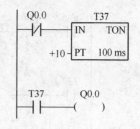

图 6-40 输出线圈的常闭接点作使能输入

2. 延时断开电路

延时断开电路如图 6-41 所示。当 I0.0 接通时，Q0.0 接通并保持，当 I0.0 断开后，经 4s 延时后，Q0.0 断开。T37 同时被复位。

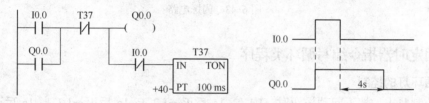

图 6-41 延时断开电路

3. 延时接通和断开

延时接通、断开电路如图 6-42 所示，电路用 I0.0 控制 Q0.1，I0.0 的常开触点接通后，T37 开始定时，9s 后 T37 的常开触点接通，使 Q0.1 变为 ON，I0.0 为 ON 时其常闭触点断开，使 T38 复位。I0.0 变为 OFF 后 T38 开始定时，7s 后 T38 的常闭触点断开，使 Q0.1 变为 OFF，T38 也被复位。

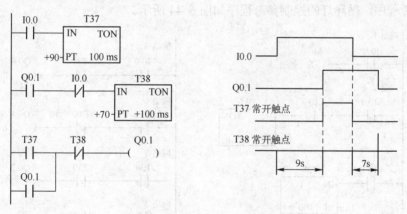

图 6-42 延时接通、断开电路

4. 闪烁电路

图 6-43 所示为闪烁电路，I0.0 的常开触点接通后，T37 的 IN 输入端为 1 状态，T37 开始定时。2s 后定时时间到，T37 的常开触点接通，使 Q0.0 变为 ON，同时 T38 开始计时。3s 后 T38 的定时时间到，它的常闭触点断开，使 T37 的 IN 输入端变为 0 状态，T37 的常开触点断开，Q0.0 变为 OFF，同时使 T38 的 IN 输入端变为 0 状态，其常闭触点接通，T37 又开始定时，以后 Q0.0 的线圈将这样周期性地"通电"和"断电"，直到 I0.0 变为 OFF，Q0.0 线圈"通电"时间等于 T38 的设定值，"断电"时间等于 T37 的设定值。

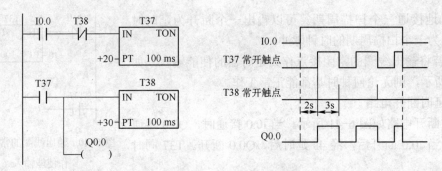

图 6-43 闪烁电路

6.3.3 用定时器指令编写循环类程序

1. 循环灯的控制

1）控制要求：按下起动按钮时，L1 亮 1s 后灭→L2 亮 1s 后灭→L3 亮 1s 后灭→L1 亮 1s 后灭，循环。按下停止按钮，三只灯都熄灭。

2）I/O 分配

输入：起动按钮，I0.0；停止按钮（常开按钮），I0.1。

输出：L1，Q0.0；L2，Q0.1；L3，Q0.2。

3）分析：三只灯的循环周期为 3s，用三个定时器，分别计时 1s，当第 3 个定时器计时完成，定时器全部复位，一个周期结束。如此循环。

4）参考程序，循环灯的控制参考程序如图 6-44 所示。

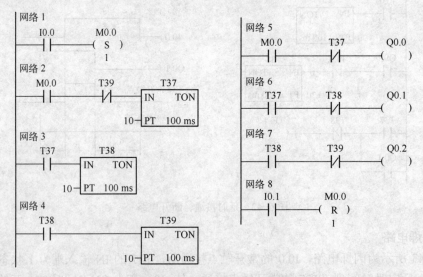

图 6-44 循环灯的控制参考程序

2. 传送带的控制

1）控制要求：落料漏斗 Y0 起动后，传送带 M1 立即起动，经 5s 后起动传送带 M2；传送带 M2 起动 5s 后应起动传送带 M3；传送带 M3 起动 5s 后起动传送带 M4；落料漏斗 Y0 停止后过 5s 停止 M1，M1 停止后，过 5s 停止 M2，M2 停止后过 5s 再停止 M3，M3 停止后

152

过 5s 在停止 M4。

2）I/O 分配

输入：起动按钮，I0.0；停止按钮，I0.1。

输出：落料 Y0，Q0.0；M1，Q0.1；M2，Q0.2；M3，Q0.3；M4，Q0.4。

3）分析：控制过程分为起动和停止两个过程，在程序中用 M0.0 控制起动过程，M0.1 控制停止过程。起动过程中有 3 个延时，用 3 个定时器完成，停止过程有 4 个延时，用 4 个定时器完成。最后分析各级传送带的起动和停止条件，集中写输出。

4）参考程序，传送带控制的参考程序如图 6-45 所示。

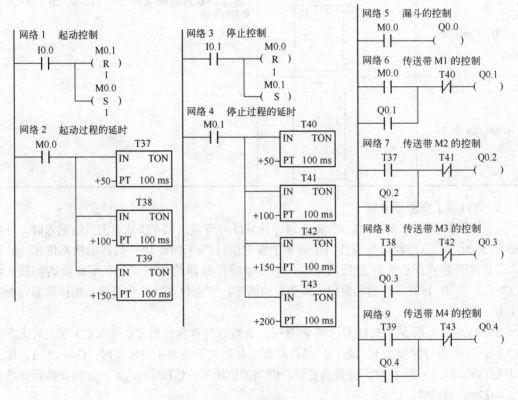

图 6-45 传送带控制的参考程序

6.4 计数器指令

6.4.1 计数器指令介绍

计数器利用输入脉冲上升沿累计脉冲个数。结构主要由一个 16 位的预置值寄存器、一个 16 位的当前值寄存器和一位状态位组成。当前值寄存器用以累计脉冲个数，计数器当前值大于或等于预置值时，状态位置 1。

S7-200 系列 PLC 有三类计数器：CTU-加计数器、CTUD-加/减计数器、CTD-减计数。

1. 计数器的指令格式（如表 6-5 所示）

表 6-5　计数器的指令格式

STL	LAD	指令使用说明
CTU　Cxxx，PV	???? CU　CTU R ????—PV	1）梯形图指令符号中：CU 为加计数脉冲输入端；CD 为减计数脉冲输入端；R 为加计数复位端；LD 为减计数复位端；PV 为预置值 2）Cxxx 为计数器的编号，范围为：C0～C255 3）PV 预置值最大范围：32767；PV 的数据类型：INT；PV 操作数为：VW、T、C、IW、QW、MW、SMW、AC、AIW、K 4）CTU/CTUD/CD 指令使用要点：STL 形式中 CU，CD，R，LD 的顺序不能错；CU，CD，R，LD 信号可为复杂逻辑关系
CTD　Cxxx，PV	???? CD　CTD LD ????—PV	
CTUD　Cxxx，PV	???? CU　CTUD CD R ????—PV	

2. 计数器工作原理分析

1）加计数器指令（CTU）。当 R=0 时，计数脉冲有效；当 CU 端有上升沿输入时，计数器当前值加 1。当计数器当前值大于或等于设定值（PV）时，该计数器的状态位 C-bit 置 1，即其常开触点闭合。计数器仍计数，但不影响计数器的状态位。直至计数达到最大值（32767）。当 R=1 时，计数器复位，即当前值清零，状态位 C-bit 也清零。加计数器计数范围：0～32767。

2）加/减计数指令（CTUD）。当 R=0 时，计数脉冲有效；当 CU 端（CD 端）有上升沿输入时，计数器当前值加 1（减 1）。当计数器当前值大于或等于设定值时，C-bit 置 1，即其常开触点闭合。当 R=1 时，计数器复位，即当前值清零，C-bit 也清零。加减计数器计数范围：-32768～32767。

3）减计数指令（CTD）。当复位 LD 有效时，LD=1，计数器把设定值（PV）装入当前值存储器，计数器状态位复位（置 0）。当 LD=0，即计数脉冲有效时，开始计数，CD 端每来一个输入脉冲上升沿，减计数的当前值从设定值开始递减计数，当前值等于 0 时，计数器状态位置位（置1），停止计数。

【例 6-3】 加减计数器指令应用示例，程序及运行时序如图 6-46 所示。

【例 6-4】 减计数指令应用示例，程序及运行时序如图 6-47 所示。

在复位脉冲 I1.0 有效时，即 I1.0=1 时，当前值等于预置值，计数器的状态位置 0；当复位脉冲 I1.0=0，计数器有效，在 CD 端每来一个脉冲的上升沿，当前值减 1 计数，当前值从预置值开始减至 0 时，计数器的状态位 C-bit=1，Q0.0=1。在复位脉冲 I1.0 有效时，即 I1.0=1 时，计数器 CD 端即使有脉冲上升沿，计数器也不减 1 计数。

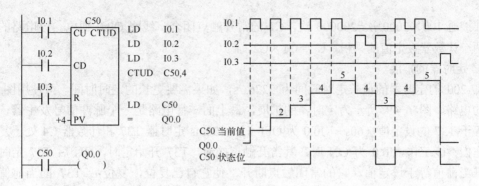

图 6-46　加/减计数器应用示例程序及运行时序

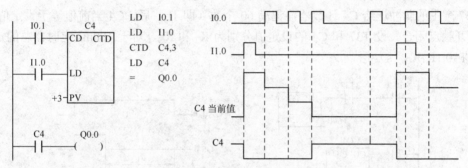

图 6-47　减计数器应用示例程序及运行时序

6.4.2　计数器指令应用举例

1. 计数器的扩展

S7-200 系列 PLC 计数器最大的计数范围是 32767，若需更大的计数范围，则需进行扩展。图 6-48 所示为计数器扩展电路。

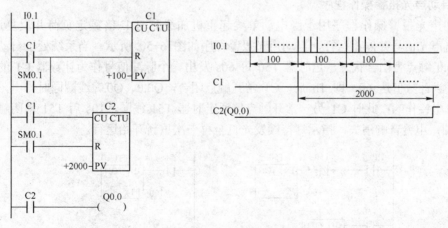

图 6-48　计数器扩展电路

图中是两个计数器的组合电路，C1 形成了一个设定值为 100 次自复位计数器。计数器 C1 对 I0.1 的接通次数进行计数，I0.1 的触点每闭合 100 次 C1 自复位重新开始计数。同时，连接到计数器 C2 的 CU 端 C1 常开触点闭合，使 C2 计数一次，当 C2 计数到 2000 次时，

I0.1 共接通 100×2000 次=200000 次，C2 的常开触点闭合，线圈 Q0.0 通电。该电路的计数值为两个计数器设定值的乘积，$C_总=C1×C2$。

2. 定时器的扩展

S7-200 的定时器的最长定时时间为 3276.7s，如果需要更长的定时时间，可使用图 6-49 所示的电路。图 6-49 所示为定时器的扩展，最上面一行电路是一个脉冲信号发生器，脉冲周期等于 T37 的设定值（60s）。I0.0 为 OFF 时，100ms 定时器 T37 和计数器 C4 处于复位状态，它们不能工作。I0.0 为 ON 时，其常开触点接通，T37 开始定时，60s 后 T37 定时时间到，其当前值等于设定值，它的常闭触点断开，使它自己复位，复位后 T37 的当前值变为 0，同时它的常闭触点接通，使它自己的线圈重新"通电"又开始定时，T37 将这样周而复始地工作，直到 I0.0 变为 OFF。

T37 产生的脉冲送给 C4 计数器，记满 60 个数（即 1h）后，C4 当前值等于设定值 60，它的常开触点闭合。设 T37 和 C4 的设定值分别为 K_T 和 K_C，对于 100ms 定时器总的定时时间为：$T=0.1K_TK_C$（s）。

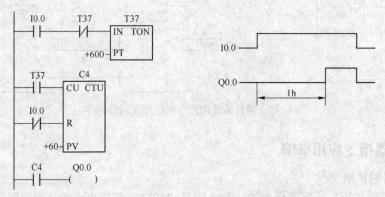

图 6-49　定时器的扩展

3. 自动声光报警操作程序

自动声光报警操作程序用于当电动单梁起重机加载到 1.1 倍额定负荷并反复运行 1h 后，发出声光信号并停止运行，自动声光报警程序如图 6-50 所示。当系统处于自动工作方式时，I0.0 触点为闭合状态，定时器 T50 每 60s 发出一个脉冲信号作为计数器 C1 的计数输入信号，当计数值达 60，即 1h 后，C1 常开触点闭合，Q0.0、Q0.7 线圈同时得电，指示灯灯发光且电铃作响；此时 C1 另一常开触点接通定时器 T51 线圈，10s 后 T51 常闭触点断开 Q0.7 线圈，电铃音响消失，指示灯持续发光直至再一次重新开始运行。

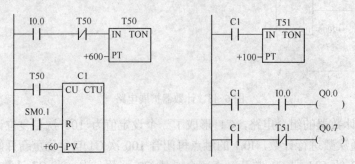

图 6-50　自动声光报警

6.5 比较指令

比较指令是将两个操作数按指定的条件比较，操作数可以是整数，也可以是实数，在梯形图中用带参数和运算符的触点表示比较指令，比较条件成立时，触点就闭合，否则断开。比较触点可以装入，也可以串、并联。比较指令为上、下限控制提供了极大的方便。

1. 指令格式

比较指令格式如表 6-6 所示。说明：

"××"表示比较运算符：==等于、<小于、>大于、≤小于等于、≥大于等于、<>不等于。

"□"表示操作数 N1，N2 的数据类型及范围：

B (Byte)：字节比较（无符号整数），如：LDB==IB2 MB2

I (INT) / W (Word)：整数比较，（有符号整数），如：AW>= MW2 VW12

注意：LAD 中用"I"，STL 中用"W"。

DW (Double Word)：双字的比较（有符号整数），如：OD= VD24 MD1

R (Real)：实数的比较（有符号的双字浮点数，仅限于 CPU214 以上）

N1，N2 操作数的类型包括：I，Q，M，SM，V，S，L，AC，VD，LD，常数。

表 6-6　比较指令格式

STL	LAD	说　明
LD□×× IN1 IN 2	─┤ ××□ ├─　IN1 / IN2	比较触点接起始母线
LD N　A□××IN1 IN 2	─┤ N ├─┤ ××□ ├─　IN1 / IN2	比较触点的"与"
LD N　O□×× IN1 IN 2	─┤ N ├─　┤ ××□ ├─　IN1 / IN2	比较触点的"或"

2. 指令应用举例

【例 6-5】 调整模拟调整电位器 0，改变 SMB28 字节数值，当 SMB28 数值小于或等于 50 时，Q0.0 输出，其状态指示灯打开；当 SMB28 数值大于或等于 150 时，Q0.1 输出，状态指示灯打开。梯形图程序和语句表程序如图 6-51 所示。

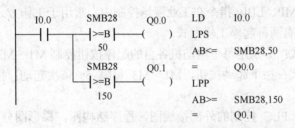

图 6-51　例 6-6 图

【例 6-6】 用定时器和数据比较指令实现周期 5s，占空比 40%的脉冲发生器，如图 6-52 所示。

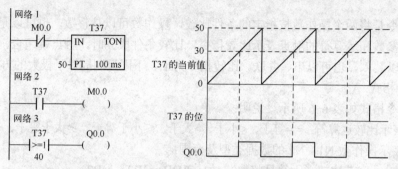

图 6-52 定时器和数据比较指令实现的脉冲发生器

6.6 程序控制类指令

程序控制类指令用于程序运行状态的控制，主要包括系统控制、跳转和子程序调用，顺序控制等指令。

6.6.1 跳转指令

1）JMP/LBL 指令格式（如图 6-53 所示）。

JMP：跳转指令，使能输入有效时，把程序的执行跳转到同一程序指定的标号（n）处执行。

LBL：指定跳转的目标标号。操作数 n 的范围为 0～255。

必须强调的是：跳转指令及标号必须同在主程序内或在同一子程序内，同一中断服务程序内，不可由主程序跳转到中断服务程序或子程序，也不可由中断服务程序或子程序跳转到主程序。

2）跳转指令示例，如图 6-54 所示。图中当 I0.0 为 ON 时，I0.0 的常开触点接通，即 JMP1 条件满足，程序跳转执行 LBL 标号 1 以后的指令，而在 JMP1 和 LBL1 之间的指令一概不执行，在这个过程中，即使 I0.1 接通 Q0.1 也不会有输出；此时 I0.0 的常闭触点断开，不执行 JMP2，所以 I0.2 接通，Q0.2 有输出。当 I0.0 断开时，则其常开触点 I0.0 断开，其常闭触点接通，此时不执行 JMP1，而执行 JMP2，所以 I0.1 接通，Q0.1 有输出，而 I0.2 即使接通，Q0.2 也没有输出。

3）应用举例。JMP、LBL 指令在工业现场控制中，常用于工作方式的选择。如有 3 台电动机 M1～M3，具有两种起停工作方式。

① 手动操作方式：分别用每个电动机各自的起停按钮控制 M1～M3 的起停状态。

② 自动操作方式：按下起动按钮，M1～M3 每隔 5s 依次起动；按下停止按钮，M1～M3 同时停止。

跳转指令应用的 PLC 控制的外部接线图，程序结构图，梯形图分别如图 6-55a、b、c 所示。

从控制要求中，可以看出，需要在程序中体现两种可以任意选择的控制方式。所以运用跳转指令的程序结构可以满足控制要求。如图 6-55b 所示，当操作方式选择开关闭合时，I0.0 的常开触点闭合，跳过手动程序段不执行；I0.0 常闭触点断开，选择自动方式的程序段执行。而操作方式选择开关断开时的情况与此相反，跳过自动方式程序段不执行，选择手动方式程序段执行。

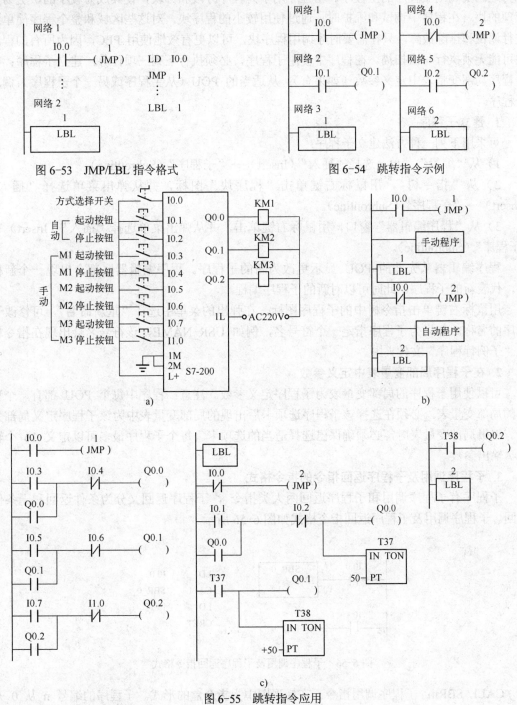

图 6-53 JMP/LBL 指令格式　　　　　　图 6-54 跳转指令示例

图 6-55 跳转指令应用

a) 外部接线图　b) 程序结构图　c) 梯形图

6.6.2 子程序调用及子程序返回指令

通常将具有特定功能、并且多次使用的程序段作为子程序。主程序中用指令决定具体子程序的执行状况。当主程序调用子程序并执行时，子程序执行全部指令直至结束。然后，系统将返回至调用子程序的主程序。子程序用于为程序分段和分块，使其成为较小的、更易于管理的块。在程序中调试和维护时，通过使用较小的程序块，对这些区域和整个程序简单地进行调试和排除故障。只在需要时才调用程序块，可以更有效地使用 PLC，因为所有的程序块可能无须执行每次扫描。在程序中使用子程序，必须执行下列三项任务：建立子程序；在子程序局部变量表中定义参数（如果有）；从适当的 POU（从主程序或另一个子程序）调用子程序。

1. 建立子程序

可采用下列一种方法建立子程序：

1）从"编辑"菜单，选择"插入"（Insert）→"子程序"（Subroutine）。

2）从"指令树"，用鼠标右键单击"程序块"图标，并从弹出菜单选择"插入"（Insert）→"子程序"（Subroutine）。

3）从"程序编辑器"窗口，用鼠标右键单击，并从弹出菜单选择"插入"（Insert）→"子程序"（Subroutine）。

程序编辑器从先前的 POU 显示更改为新的子程序。程序编辑器底部会出现一个新标签，代表新的子程序。此时可以对新的子程序编程。

用鼠标右键单击指令树中的子程序图标，在弹出的菜单中选择"重新命名"，可修改子程序的名称。如果为子程序指定一个符号名，例如 USR_NAME，该符号名会出现在指令树的"子例行程序"文件夹中。

2. 在子程序局部变量表中定义参数

可以使用子程序的局部变量表为子程序定义参数。注意：程序中每个 POU 都有一个独立的局部变量表，必须在选择该子程序选项卡后出现的局部变量表中为该子程序定义局部变量。编辑局部变量表时，必须确保已选择适当的选项卡。每个子程序最多可以定义 16 个输入/输出参数。

3. 子程序调用及子程序返回指令的指令格式

子程序有子程序调用和子程序返回两大类指令，子程序返回又分为条件返回和无条件返回。子程序调用及子程序返回指令格式如图 6-56 所示。

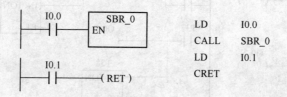

图 6-56 子程序调用及子程序返回指令格式

CALL SBRn：子程序调用指令。在梯形图中为指令盒的形式。子程序的编号 n 从 0 开始，随着子程序个数的增加自动生成。操作数 n 的范围为 0～63。

CRET：子程序条件返回指令，条件成立时结束该子程序，返回原调用处的指令 CALL 的下一条指令。

RET：子程序无条件返回指令，子程序必须以本指令作结束。由编程软件自动生成。

需要说明的是：

1）子程序可以多次被调用，也可以嵌套（最多 8 层）还可以自己调自己。

2）子程序调用指令用在主程序和其他调用子程序的程序中，子程序的无条件返指令在子程序的最后网络段，梯形图指令系统能够自动生成子程序的无条件返回指令，用户无须输入。

4. 带参数的子程序调用指令

1）带参数的子程序的概念及用途。子程序可能有要传递的参数（变量和数据），这时可以在子程序调用指令中包含相应参数，它可以在子程序与调用程序之间传送。如果子程序仅用要传递的参数和局部变量，则为带参数的子程序（可移动子程序）。为了移动子程序，应避免使用任何全局变量/符号（I、Q、M、SM、AI、AQ、V、T、C、S、AC 内存中的绝对地址），这样可以导出子程序并将其导入另一个项目。子程序中的参数必须有一个符号名（最多为 23 个字符）、一个变量类型和一个数据类型。子程序最多可传递 16 个参数。传递的参数在子程序局部变量表中定义，局部变量表如图 6-57 所示。

	Name	Var Type	Data Type	Comment	
	EN	IN	BOOL		
L0.0	IN1	IN	BOOL		
LB1	IN2	IN	BYTE		
L2.0	IN3	IN	BOOL		
LD3	IN4	IN	DWORD		
		IN			
LD7	INOUT	IN_OUT	REAL		
		IN_OUT			
LD11	OUT	OUT	REAL		
		OUT			

图 6-57 局部变量表

2）变量的类型。局部变量表中的变量有 IN、OUT、IN/OUT 和 TEMP 等 4 种类型。

IN（输入）型：将指定位置的参数传入子程序。如果参数是直接寻址（例如 VB10），在指定位置的数值被传入子程序。如果参数是间接寻址，（例如*AC1），地址指针指定地址的数值被传入子程序。如果参数是数据常量（16#1234）或地址（&VB100），常量或地址数值被传入子程序。

IN_OUT（输入-输出）型：将指定参数位置的数值被传入子程序，并将子程序的执行结果的数值返回至相同的位置。输入/输出型的参数不允许使用常量（例如 16#1234）和地址（例如&VB100）。

OUT（输出）型：将子程序的结果数值返回至指定的参数位置。常量（例如 16#1234）和地址（例如&VB100）不允许用作输出参数。

在子程序中可以使用 IN，IN/OUT，OUT 类型的变量和调用子程序 POU 之间传递参数。

TEMP 型：是局部存储变量，只能用于子程序内部暂时存储中间运算结果，不能用来传递参数。

3）数据类型。局部变量表中的数据类型包括：能流、布尔（位）、字节、字、双字、整数、双整数和实数型。

能流：能流仅用于位（布尔）输入。能流输入必须用在局部变量表中其他类型输入之前。只有输入参数允许使用。在梯形图中表达形式为用触点（位输入）将左侧母线和子程序的指令盒连接起来。图 6-58 中的使能输入（EN）和 IN1 输入使用布尔逻辑，带参数子程序调用如图 6-58 所示。

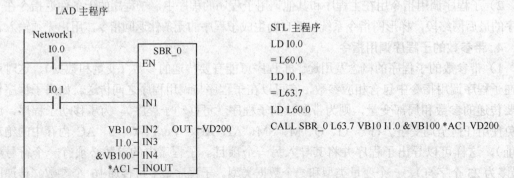

图 6-58　带参数子程序调用

布尔：该数据类型用于位输入和输出。图 6-57 中的 IN3 是布尔输入。

字节、字、双字：这些数据类型分别用于 1、2 或 4B 不带符号的输入或输出参数。

整数、双整数：这些数据类型分别用于 2 或 4B 带符号的输入或输出参数。

实数：该数据类型用于单精度（4B）IEEE 浮点数值

4）建立带参数子程序的局部变量表。局部变量表隐藏在程序显示区，将梯形图显示区向下拖动，可以露出局部变量表，在局部变量表输入变量名称、变量类型、数据类型等参数以后，用鼠标双击指令树中子程序（或选择单击方框快捷键〈F9〉，在弹出的菜单中选择子程序项），在梯形图显示区显示出带参数的子程序调用指令盒。

局部变量表变量类型的修改方法：用光标选中变量类型区，单击鼠标右键得到一个下拉菜单，单击选中的类型，在变量类型区光标所在处可以得到选中的类型。

子程序传递的参数放在子程序的局部存储器（L）中，局部变量表最左列是系统指定的每个被传递参数的局部存储器地址。

5）带参数子程序调用指令格式。对于梯形图程序，在子程序局部变量表中为该子程序定义参数后（见表 6-7），将生成客户化的调用指令块（见图 6-57），指令块中自动包含子程序的输入参数和输出参数。在 LAD 程序的 POU 中插入调用指令：第一步，打开程序编辑器窗口中所需的 POU，光标滚动至调用子程序的网络处。第二步，在指令树中，打开"子程序"文件夹然后用鼠标双击。第三步，为调用指令参数指定有效的操作数。有效操作数为：存储器的地址、常量、全局变量以及调用指令所在的 POU 中的局部变量（并非被调用子程序中的局部变量）。

注意：① 如果在使用子程序调用指令后，然后修改该子程序的局部变量表，调用指令则无效。必须删除无效调用，并用反映正确参数的最新调用指令代替该调用。② 子程序和调用程序共用累加器。不会因使用子程序对累加器执行保存或恢复操作。

带参数子程序调用的 LAD 指令格式如图 6-57 所示。图 6-57 中的 STL 主程序是由编程软件 STEP-7 Micro/WIN32 从 LAD 程序建立的 STL 代码。注意：系统保留局部变量存储器 L 内存的 4B（LB60-LB63），用于调用参数。在图 6-57 中，L 内存（如 L60，L63.7）被用于保存布尔输入参数，此类参数在 LAD 中被显示为能流输入。图 6-57 的由 Micro/WIN 从 LAD 图形建立的 STL 代码，可在 STL 视图中显示。

若用 STL 编辑器输入与图 6-57 相同的子程序，语句表编程的调用程序为：

    LD I0.0
    CALL SBR_0   I0.1， VB10， I1.0， &VB100， *AC1， VD200

需要说明的是：该程序只能在 STL 编辑器中显示，因为用作能流输入的布尔参数，未在 L 内存中保存。

子程序调用时，输入参数被复制到局部存储器。子程序完成时，从局部存储器复制输出参数到指定的输出参数地址。

在带参数的"调用子程序"指令中，参数必须与子程序局部变量表中定义的变量完全匹配。参数顺序必须以输入参数开始，其次是输入 / 输出参数，然后是输出参数。位于指令树中的子程序名称的工具将显示每个参数的名称。

【例 6-7】 编制一个带参数的子程序，完成任意两个整数的加法。

1）建立一个子程序，并在该子程序局部变量表中输入局部变量，如图 6-59 所示。

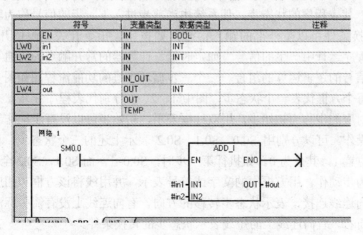

图 6-59 两个整数的加法带参数的子程序

2）用局部变量表中定义的局部变量编写两个整数加法带参数的子程序，如图 6-59 所示。

3）在主程序中调用带参数的子程序，如图 6-60 所示。

4）在图 6-60 所示的主程序中应根据子程序局部变量表中变量的数据类型（INT）指定输入、输出变量的地址（对于整数型的变量应按字编址），输入变量也可以为常量，给输入输出变量指定地址如图 6-61 所示，便可以实现 VW0+VW2=VW100 的运算。

由例 6-7 可以看出，带参数的子程序是独立的，可以用来实现某一特定的控制功能。带参数的子程序可以导出，形成一个扩展名为 .awl 的文件，（通过菜单"文件"→"导出"）。在其他的项目中通过菜单"文件"→"导入"该文件，便可以直接使用该子程序。

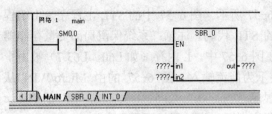
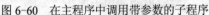
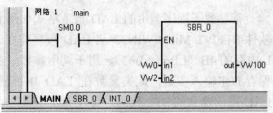

图 6-60　在主程序中调用带参数的子程序　　　　　图 6-61　给输入输出变量指定地址

6.6.3　步进顺序控制指令

在运用 PLC 进行顺序控制中常采用顺序控制指令，这是一种由功能图设计梯形图的步进型指令。首先用程序流程图来描述程序的设计思想，然后再用指令编写出符合程序设计思想的程序。使用功能流程图可以描述程序的顺序执行、循环、条件分支，程序的合并等功能流程概念。顺序控制指令可以将程序功能流程图转换成梯形图程序，功能流程图是设计梯形图程序的基础。

1. 功能流程图简介

功能流程图是按照顺序控制的思想，根据工艺过程，输出量的状态变化，将一个工作周期划分为若干顺序相连的步，在任何一步内，各输出量 ON/OFF 状态不变，但是相邻两步输出量的状态是不同的。所以，可以将程序的执行分成各个程序步，通常用顺序控制继电器的位 S0.0～S31.7 代表程序的状态步。使系统由当前步进入下一步的信号称为转换条件，又称步进条件。转换条件可以是外部的输入信号，如按钮、指令开关、限位开关的接通/断开等；也可以是程序运行中产生的信号，如定时器、计数器的常开触点的接通等；转换条件还可能是若干个信号的逻辑运算的组合。一个三步循环步进的功能流程图如图 6-62 所示，功能流程图中的每个方框代表一个状态步，图中 1、2、3 分别代表程序 3 步状态。与控制过程的初始状态相对应的步称为初始步，用双线框表示，初始步可以没有步动作或者在初始步进行手动复位的操作。可以分别用 S0.0，S0.1，S0.2 表示上述的三个状态步，程序执行到某步时，该步状态位置 1，其余为 0。如执行第一步时，S0.0=1，而 S0.1，S0.2 全为 0。每步所驱动的负载，称为步动作，用方框中的文字或符号表示，并用线将该方框和相应的步相连。状态步之间用有向连线连接，表示状态步转移的方向，有向连线上没有箭头标注时，方向为自上而下，自左而右。有向连线上的短线表示状态步的转换条件。

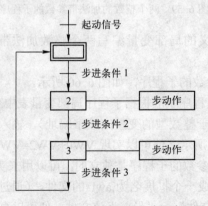

图 6-62　一个三步循环步进功能流程图

2. 顺序控制指令

顺序控制用 3 条指令描述程序的顺序控制步进状态，顺序控制指令格式如表 6-7 所示。

表 6-7　顺序控制指令格式

LAD	STL	说　明
??? SCR	LSCR n	步开始指令，为步开始的标志，该步的状态元件的位置 1 时，执行该步
??? —(SCRT)	SCRT n	步转移指令，使能有效时，关断本步，进入下一步。该指令由转换条件的接点起动，n 为下一步的顺序控制状态元件
—(SCRE)	SCRE	步结束指令，为步结束的标志

1）顺序步开始指令（LSCR）。步开始指令，顺序控制继电器位 $S_{X,Y}=1$ 时，该程序步执行。

2）顺序步结束指令（SCRE）。SCRE 为顺序步结束指令，顺序步的处理程序在 LSCR 和 SCRE 之间。

3）顺序步转移指令（SCRT）。使能输入有效时，将本顺序步的顺序控制继电器位清零，下一步顺序控制继电器位置 1。

在使用顺序控制指令时应注意：

① 步进控制指令 SCR 只对状态元件 S 有效。为了保证程序的可靠运行，驱动状态元件 S 的信号应采用短脉冲。

② 当输出需要保持时，可使用 S/R 指令。

③ 不能把同一编号的状态元件用在不同的程序中，例如，如果在主程序中使用 S0.1，则不能在子程序中再使用。

④ 在 SCR 段中不能使用 JMP 和 LBL 指令。即不允许跳入或跳出 SCR 段，也不允许在 SCR 段内跳转。可以使用跳转和标号指令在 SCR 段周围跳转。

⑤ 不能在 SCR 段中使用循环指令 FOR、NEXT 和结束指令 END。

3. 应用举例

【例 6-8】 使用顺序控制结构，编写出实现红、绿灯循环显示的程序（要求循环间隔时间为 1s）。

根据控制要求首先画出红绿灯顺序显示的功能流程图，如图 6-63 所示。起动条件为按钮 I0.0，步进条件为时间，状态步的动作为点红灯，熄绿灯，同时起动定时器，步进条件满足时，关断本步，进入下一步。梯形图程序如图 6-64 所示。

分析：当 I0.0 输入有效时，起动 S0.0，执行程序的第一步，输出 Q0.0 置 1（点亮红灯），Q0.1 置 0（熄灭绿灯），同

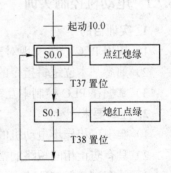

图 6-63　例 6-8 功能流程图

时起动定时器 T37，经过 1s，步进转移指令使得 S0.1 置 1，S0.0 置 0，程序进入第二步，输出点 Q0.1 置 1（点亮绿灯），输出点 Q0.0 置 0（熄灭红灯），同时起动定时器 T38，经过 1s，步进转移指令使得 S0.0 置 1，S0.1 置 0，程序进入第一步执行。如此周而复始，循环工

作，直到 I0.1 接通时，红灯、绿灯同时熄灭。

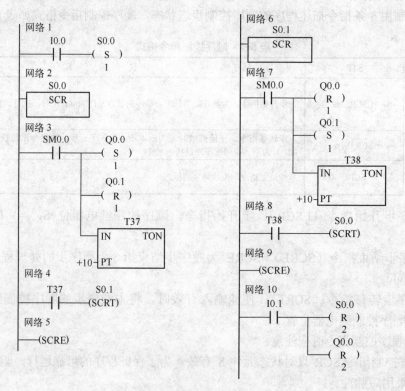

图 6-64　例 6-8 梯形图

6.7　实训

6.7.1　电动机控制实训

1. 实训目的

1）应用 PLC 技术实现对三相异步电动机的控制。

2）熟悉基本位逻辑指令的使用，训练编程的思想和方法。

3）掌握在 PLC 控制中互锁的实现及采取的措施。

2. 控制要求

1）实现三相异步电动机的正转、反转、停止控制。

2）具有防止相间短路的措施。

3）具有过载保护环节。

3. 实训内容及指导

1）I/O 分配及外部接线。三相异步电动机的正转、反转、停止控制的电路原理图如图 6-65 所示。该图为按钮和电气双重互锁的正反停电路。PLC 控制的输入/输出配置及外部接线图如图 6-66 所示，电动机在正反转切换时，为了防止因主电路电流过大，或接触器质量不好，某一接触器的主触点被断电时产生的电弧熔焊而被粘结，其线圈断电后

166

主触点仍然是接通的，这时，如果另一接触器线圈通电，仍将造成三相电源短路事故。为了防止这种情况的出现，应在可编程控制器的外部设置由 KM1 和 KM2 的常闭触点组成的硬件互锁电路，见图 6-66，假设 KM1 的主触点被电弧熔焊，这时其辅助常闭触点处于断开状态，因此 KM2 线圈不可能得电。

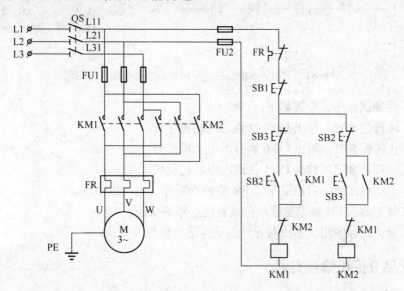

图 6-65　三相异步电动机正反停控制的电器原理图（主电路和控制电路）

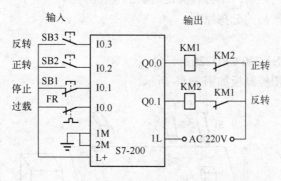

图 6-66　PLC 控制的输入输出配置及外部接线图

　　2）程序设计。三相异步电动机正反停控制的梯形图及语句表如图 6-67 所示。图中利用 PLC 输入映像寄存器的 I0.2 和 I0.3 的常闭接点，实现互锁，以防止正反转换接时的相间短路。

　　按下正向起动按钮 SB2 时，常开触点 I0.2 闭合，驱动线圈 Q0.0 并自锁，通过输出电路，接触器 KM1 得电吸合，电动机正向起动并稳定运行。

　　按下反转起动按钮 SB3 时，常闭触点 I0.3 断开 Q0.0 的线圈，KM1 失电释放，同时 I0.3 的常开触点闭合接通 Q0.1 线圈并自锁，通过输出电路，接触器 KM2 得电吸合，电动机反向起动，并稳定运行。

　　按下停止按钮 SB1，或过载保护 FR 动作，都可使 KM1 或 KM2 失电释放，电动机停止运行。

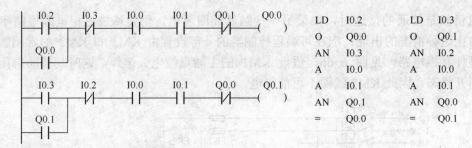

LD	I0.2		LD	I0.3
O	Q0.0		O	Q0.1
AN	I0.3		AN	I0.2
A	I0.0		A	I0.0
A	I0.1		A	I0.1
AN	Q0.1		AN	Q0.0
=	Q0.0		=	Q0.1

图 6-67　三相异步电动机正反停控制的梯形图及语句表

3）运行并调试程序。步骤如下：

① 按正转按钮 SB2，输出 Q0.0 接通，电动机正转。

② 按停止按钮 SB1，输出 Q0.0 断开，电动机停转。

③ 按反转按钮 SB3，输出 Q0.1 接通，电动机反转。

④ 模拟电动机过载，将热继电器 FR 的触点断开，电动机停转。

⑤ 将热继电器的 FR 触点复位，在重复正反停的操作。

⑥ 运行调试过程中用状态图对元件的动作进行监控并记录。

6.7.2　正次品分拣机编程实训

1. 实训目的

1）加深对定时器的理解，掌握各类定时器的使用方法。

2）理解企业车间产品的分拣原理。

2. 实验器材

1）实验装置（含 S7-200 CPU224）一台。

2）正次品分拣模拟控制板如图 6-68 所示。

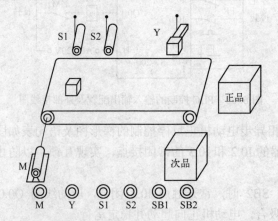

图 6-68　正次品分拣模拟控制版

3）连接导线若干。

3. 控制要求

1）用启动和停止按钮控制电动机 M 运行和停止。在电动机运行时，被检测的产品（包括正次品）在皮带上运行。

2）产品（包括正、次品）在皮带上运行时，S1（检测器）检测到的次品，经过 5s 传送，到达次品剔除位置时，起动电磁铁 Y 驱动剔除装置，剔除次品（电磁铁通电 1s），检测器 S2 检测到的次品，经过 3s 传送，起动 Y，剔除次品；正品继续向前输送。

4. PLC I/O 端口分配及参考程序

1）I/O 分配。

输入				输出		
SB1	I0.0	M 起动按钮		M	Q0.0	电动机（传送带驱动）
SB2	I0.1	M 停止按钮（常闭）		Y	Q0.1	次品剔除
S1	I0.2	检测站 1				
S2	I0.3	检测站 2				

2）正次品分拣操作参考程序如图 6-69 所示。

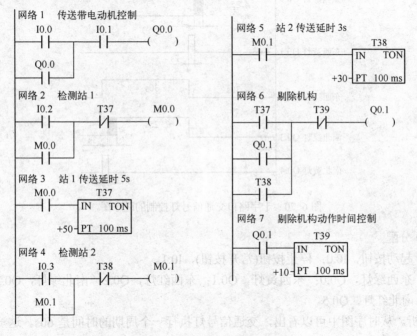

图 6-69 正次品分拣操作参考程序

5. 实训内容及要求

1）按 I/O 分配表完成 PLC 外部电路接线。

2）输入参考程序并编辑。

3）编译、下载、调试应用程序。

4）通过实验模板，模拟控制要求，看显示出运行结果是否正确。

6. 思考练习

1）分析各种定时器的使用方法及不同之处。

2）总结程序输入、调试的方法和经验。

3）程序要求增加皮带传送机构不工作时，检测机构不允许工作（剔除机构不动作），编写梯形图控制程序。

4）若 SB2 按钮改成常开按钮，试修改梯形图。

6.7.3 交通信号灯的控制编程实训

1）控制要求。起动后，南北红灯亮并维持 30s。在南北红灯亮的同时，东西绿灯也亮，到 25s 时，东西绿灯闪亮（闪烁周期为 1s），3s 后熄灭，在东西绿灯熄灭后，东西黄灯亮 2s 后灭，东西红灯亮 30s。与此同时，南北红灯灭，南北绿灯亮。南北绿灯亮了 25s 后闪亮，3s 后熄灭，黄灯亮 2s 后熄灭，南北红灯亮，东西绿灯亮，循环。十字路口交通信号灯控制的时序图如图 6-70 所示。

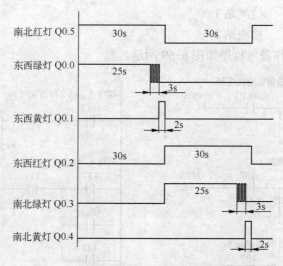

图 6-70　十字路口交通信号灯控制的时序图

2）I/O 分配。

输入：起动按钮，I0.0；停止按钮(常开按钮)，I0.1。

输出：东西绿灯，Q0.0；东西黄灯，Q0.1；东西红灯，Q0.2；南北绿灯，Q0.3；南北黄灯，Q0.4；南北红灯，Q0.5。

3）分析。从时序图中可以看出，交通信号灯执行一个周期的时间是 60s。这一个周期可以分为 0～25s、25～28s、28～30s、30～55s、55～58s、58～60s 共 6 个时间段。这 6 个时间段分别用 T37（25s）、T38（3s）、T39（2s）、T40（25s）、T41（3s）、T42（2s）6 个定时器计时。绿灯闪烁可以编一个周期为 1s 的闪烁电路，也可以直接使用 SM0.5 串入绿灯的输出中。

4）参考程序，交通信号灯控制的梯形图如图 6-71 所示。

6.7.4 轧钢机的控制实训

1. 实训目的

1）熟悉计数器的使用。

2）用状态图监视计数器的计数的过程。

3）用 PLC 构成轧钢机控制系统。

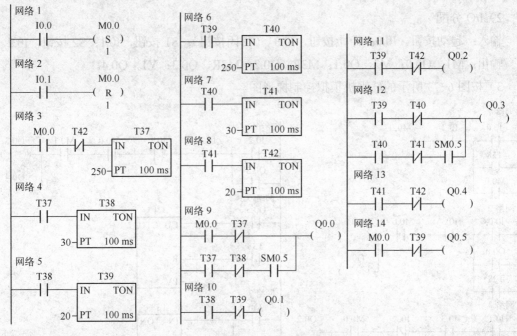

网络 1
　　I0.0　　　M0.0
　　┤├────（ S ）
　　　　　　　　1

网络 2
　　I0.1　　　M0.0
　　┤├────（ R ）
　　　　　　　　1

网络 3
　　M0.0　　T42　　　　T37
　　┤├──┤/├──┤IN　　TON│
　　　　　250─┤PT　100 ms│

网络 4
　　T37　　　　T38
　　┤├──┤IN　　TON│
　　　30─┤PT　100 ms│

网络 5
　　T38　　　　T39
　　┤├──┤IN　　TON│
　　　20─┤PT　100 ms│

网络 6
　　T39　　　　T40
　　┤├──┤IN　　TON│
　　250─┤PT　100 ms│

网络 7
　　T40　　　　T41
　　┤├──┤IN　　TON│
　　　30─┤PT　100 ms│

网络 8
　　T41　　　　T42
　　┤├──┤IN　　TON│
　　　20─┤PT　100 ms│

网络 9
　　M0.0　　T37　　　　　　Q0.0
　　┤├──┤/├────────（ ）
　　T37　　T38　　SM0.5
　　┤├──┤/├──┤├

网络 10
　　T38　　T39　　Q0.1
　　┤├──┤/├──（ ）

网络 11
　　T39　　T42　　Q0.2
　　┤├──┤/├──（ ）

网络 12
　　T39　　T40　　　　　　Q0.3
　　┤├──┤/├────────（ ）
　　T40　　T41　　SM0.5
　　┤├──┤/├──┤├

网络 13
　　T41　　T42　　Q0.4
　　┤├──┤/├──（ ）

网络 14
　　M0.0　　T39　　Q0.5
　　┤├──┤/├──（ ）

图 6-71　交通信号灯控制的梯形图

2．实训内容

1）控制要求

轧钢机的模拟控制实训如图 6-72 所示。当起动按钮按下，电动机 M1、M2 运行，按 S1 表示检测到物件，电动机 M3 正转，即 M3F 亮。再按 S2，电动机 M3 反转，即 M3R 亮，同时电磁阀 Y1 动作。再按 S1，电动机 M3 正转，重复经过三次循环，再按 S2，则停机一段时间（3s），取出成品后，继续运行，不需要按起动。当按下"停止"按钮时，必须按起动后方可运行。必须注意不先按 S1，而按 S2 将不会有动作。

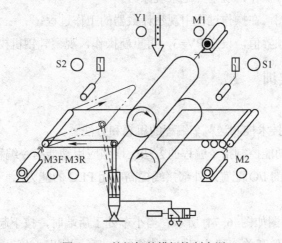

图 6-72　轧钢机的模拟控制实训

2）I/O 分配

输入：起动按钮，I0.0；停止按钮，I0.3 （常闭按钮）；S1 按钮，I0.1；S2 按钮，I0.2。

输出：M1，Q0.0；M2，Q0.1；M3F，Q0.2；M3R，Q0.3；Y1，Q0.4。

3）按图 6-73 所示的轧钢机模拟控制梯形图。

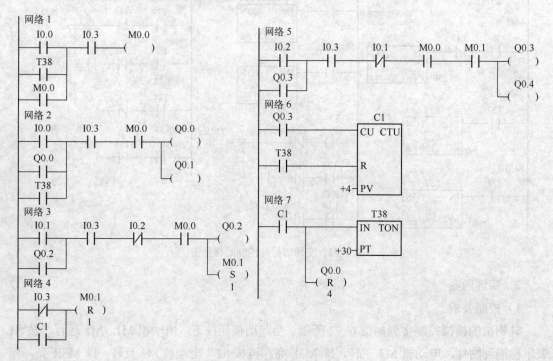

图 6-73 轧钢机模拟控制梯形图

3．调试并运行程序

1）按控制要求进行操作，观察并记录现象。

2）通过程序状态图，在操作过程中观察计数器的工作过程。

3）改变计数器的预置值，设定 PV=3，再重新操作，观察轧钢机模拟实验板现象。

6.7.5 送料车控制实训

1．实训目的

1）掌握应用 PLC 技术控制送料车编程的思想和方法。

2）掌握应用顺序功能控制指令编程的方法，增强应用功能指令编程的意识。

3）熟练掌握 PLC 的 I/O 配置及外部接线提高应用 PLC 的能力。

2．控制要求

送料小车控制示意图如图 6-74 所示。当小车处于后端时，按下起动按钮，小车向前运行，行至前端压下前限位开关，翻斗门打开装货，7s 后，关闭翻斗门，小车向后运行，行至后端，压下后限位开关，打开小车底门卸货，5s 后底门关闭，完成一次动作。

要求控制送料小车的运行，并具有以下几种运行方式。

1）手动操作：用各自的控制按钮，一一对应地接通或断开各负载的工作方式。

2）单周期操作：按下起动按钮，小车往复运行一次后，停在后端等待下次起动。

3）连续操作：按下起动按钮，小车自动连续往复运动。

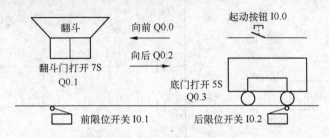

图 6-74　送料小车控制示意图

3．I/O 分配及外部接线图

I/O 分配及外部接线图如图 6-75 所示。

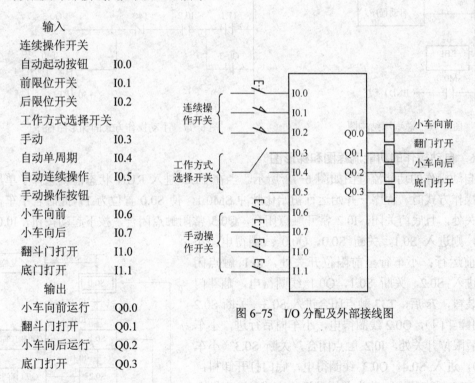

图 6-75　I/O 分配及外部接线图

输入
连续操作开关
自动起动按钮　　I0.0
前限位开关　　　I0.1
后限位开关　　　I0.2
工作方式选择开关
手动　　　　　　I0.3
自动单周期　　　I0.4
自动连续操作　　I0.5
手动操作按钮
小车向前　　　　I0.6
小车向后　　　　I0.7
翻斗门打开　　　I1.0
底门打开　　　　I1.1
输出
小车向前运行　　Q0.0
翻斗门打开　　　Q0.1
小车向后运行　　Q0.2
底门打开　　　　Q0.3

4．程序结构图

总程序结构图如图 6-76 所示，其中包括手动程序和自动程序两个程序块，由跳转指令选择执行。当方式选择开关接通手动操作方式时，I0.3 输入映像寄存器置位为 1，I0.4，I0.5 输入映像寄存器置位为 0。I0.3 常闭触点断开，执行手动程序；I0.4，I0.5 常闭触点均为闭合状态，跳过自动程序不执行。若方式选择开关接通单周期或连续操作方式时，I0.3 触点闭合，I0.4，I0.5 触点断开，使程序跳过手动程序而选择执行自动程序。

5. 手动操作方式的梯形图程序

手动操作方式的梯形图程序如图 6-77 所示。

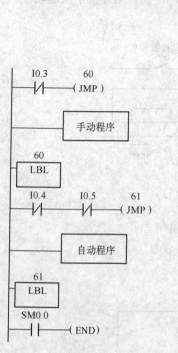

图 6-76　总程序结构图

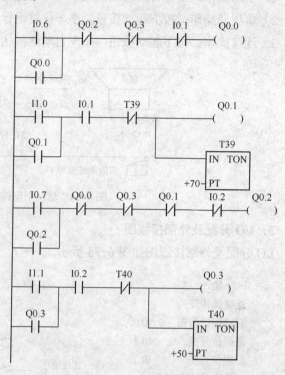

图 6-77　手动操作方式的梯形图程序

6. 自动操作的功能流程图和梯形图

自动操作的功能流程图如图 6-78 所示。当在 PLC 进入 RUN 状态前就选择了单周期或连续操作方式时，程序一开始运行初始化脉冲 SM0.1，使 S0.0 置位为 1，此时若小车在后限位开关处，且底门关闭，I0.2 常开触点闭合，Q0.3 常闭触点闭合，按下起动按钮，I0.0 触点闭合，则进入 S0.1，关断 S0.0，Q0.0 线圈得电，小车向前运行；小车行至前限位开关处，I0.1 触点闭合，进入 S0.2，关断 S0.1，Q0.1 线圈得电，翻斗门打开装料，7s 后，T37 触点闭合进入 S0.3，关断 S0.2（关闭翻斗门），Q0.2 线圈得电，小车向后行进，小车行至后限位开关处，I0.2 触点闭合，关断 S0.3（小车停止），进入 S0.4，Q0.3 线圈得电，底门打开卸料，5s 后 T38 触点闭合。若为单周期运行方式，I0.4 触点接通，再次进入 S0.0，此时如果按下起动按钮，I0.0 触点闭合，则开始下一周期的运行；若为连续运行方式，I0.5 触点接通，进入 S0.1，Q0.0 线圈得电，小车再次向前行进，实现连续运行。自动操作步进梯形图如图 6-79 所示。

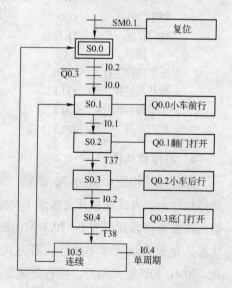

图 6-78　自动操作的功能流程图

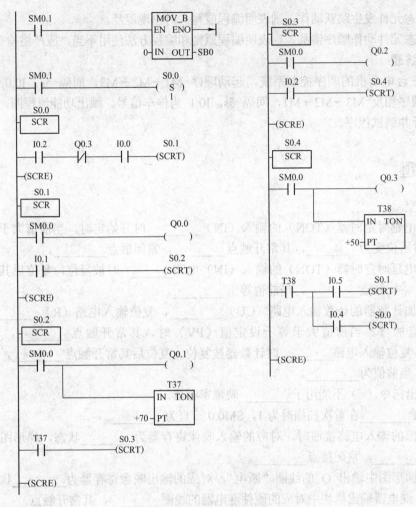

图 6-79　自动操作步进梯形图

7. 调试并运行程序

功能流程图具有良好的可读性，可先阅读功能流程图预测其结果，然后再上机运行程序，观察运行结果，看是否符合控制要求。若出现局部问题可充分利用监控和测试功能进行调试；若出现整体错误，应重新审核程序。对照编程原则和编程方法进行全面的检查。

1）各状态步的驱动处理的检查。运用监控和测试手段，强制其对应的状态元件激活，若驱动负载还有其他条件，需将这些条件加上，看负载能否驱动。若能正常驱动，表明驱动处理正常，问题在状态转移处理上；若不能正常驱动，表明问题在程序上，需要检查该状态对应的驱动程序。

2）状态的转移处理的检查。同样运用监控和测试手段，首先使功能流程图的初始化状态激活，依次使转移条件动作，监控各状态能否按规定的顺序进行转移。若不能正常转移，故障可能有以下几种情况：

① 转移条件为 ON 没有任何状态元件动作，则表明编程或写入时转移条件或状态元件的编号错误。

② 状态元件发生跳跃动作，则表明编程或写入时出现混乱。

③ 状态元件动作顺序错乱，则表明编程原则和编程方法使用不当，应严格检查程序。

8．训练题

一个三台电动机的顺序控制系统，起动顺序 M1→M2→M3，间隔 5s，I0.0 为起动信号。停车顺序相反 M3→M2→M1，间隔 5s，I0.1 为停车信号。画出功能流程图，并写出梯形图。运行并调试程序。

6.8　习题

1．填空

1）通电延时定时器（TON）的输入（IN）_____时开始定时，当前值大于等于设定值时其定时器位变为_____，其常开触点_____，常闭触点_____。

2）通电延时定时器（TON）的输入（IN）电路_____时被复位，复位后其常开触点_____，常闭触点_____，当前值等于_____。

3）若加计数器的计数输入电路（CU）_____，复位输入电路（R）_____，计数器的当前值加 1。当前值大于等于设定值（PV）时，其常开触点_____，常闭触点_____。复位输入电路_____时计数器被复位，复位后其常开触点_____，常闭触点_____，当前值为_____。

4）输出指令（=）不能用于_____映像寄存器。

5）SM_____在首次扫描时为 1，SM0.0 一直为_____。

6）外部的输入电路接通时，对应的输入映像寄存器为_____状态，梯形图中对应的常开接点_____，常闭接点_____。

7）若梯形图中输出 Q 的线圈"断电"，对应的输出映像寄存器为_____状态，在输出刷新后，继电器输出模块中对应的硬件继电器的线圈_____，其常开触点_____。

8）步进控制指令 SCR 只对_____有效。为了保证程序的可靠运行，对它的驱动信号应采用_____。

9）功能流程图是根据_____，将一个工作周期划分为若干顺序相连的步，在任何一步内，各输出量 ON/OFF 状态_____，但是相邻两步输出量的状态是不同的。与控制过程的初始状态相对应的步称为_____。

10）子程序局部变量表中的变量有_____、_____、_____、_____四中类型，子程序最多可传递_____个参数。

2．写出图 6-80 所示梯形图的语句表程序。

3．使用置位指令、复位指令，编写两套程序，控制要求如下：

1）起动时，电动机 M1 先起动时，电动机 M1 起动后才能起动电动机 M2，停止时，电动机 M1、M2 同时停止。

2）起动时，电动机 M1，M2 同时起动，停止时，只有在电动机 M2 停止时，电动机 M1 才能停止。

4．用 S、R 和跳变指令设计出图 6-81 所示波形图的梯形图。

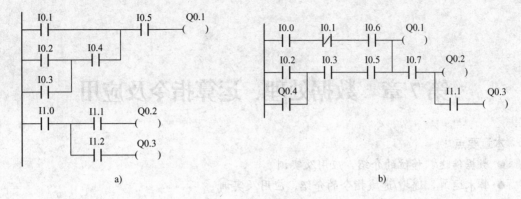

图 6-80 习题 2 的图所示梯形图

5. 设计满足图 6-82 所示时序图的梯形图。

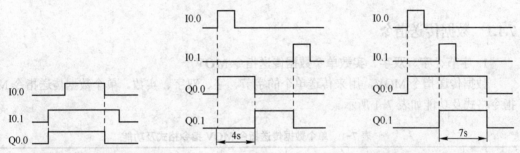

图 6-81 习题 4 的所示波形图的梯形图   图 6-82 习题 5 的所示时序图的梯形图

6. 如图 6-83 所示。按钮 I0.0 按下后，Q0.0 变为 1 状态并自保持，I0.1 输入 3 个脉冲后，（用 C1 计数），T37 开始定时，5s 后，Q0.0 变为 0 状态，同时 C1 被复位，在可编程序控制器刚开始时执行用户程序时，C1 也被复位，设计出梯形图。

7. 设计周期为 5s，占空比为 20%的方波输出信号程序。

8. 使用顺序控制结构，编写出实现红黄绿三种颜色信号灯循环显示程序(要求循环间隔时间为 0.5s)，并画出该程序设计的功能流程图。

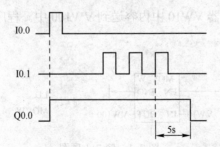

图 6-83 习题 6 的波形图的梯形图

第7章 数据处理、运算指令及应用

本章要点

● 数据传送、移位的介绍、应用及实训
● 算术运算、递增/递减指令的介绍、应用及实训

7.1 数据处理指令

7.1.1 数据传送指令

1. 字节、字、双字、实数单个数据传送指令 MOV

数据传送指令 MOV，用来传送单个的字节、字、双字、实数。单个数据传送指令 MOV 指令格式及功能如表 7-1 所示。

表 7-1 单个数据传送指令 MOV 指令格式及功能

LAD	MOV_B EN ENO ????—IN OUT—????	MOV_W EN ENO ????—IN OUT—????	MOV_DW EN ENO ????—IN OUT—????	MOV_R EN ENO ????—IN OUT—????
STL	MOVB IN，OUT	MOVW IN，OUT	MOVD IN，OUT	MOVR IN，OUT
数据类型	字节	字、整数	双字、双整数	实数
功能	使能输入有效时，即 EN=1 时，将一个输入 IN 的字节、字/整数、双字/双整数或实数送到 OUT 指定的存储器输出。在传送过程中不改变数据的大小。传送后，输入存储器 IN 中的内容不变			

【例 7-1】 将变量存储器 VW10 中内容送到 VW100 中。程序如图 7-1 所示。

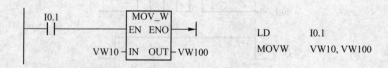

图 7-1 例 7-1 题图

2. 字节、字、双字、实数数据块传送指令 BLKMOV

数据块传送指令将从输入地址 IN 开始的 N 个数据传送到输出地址 OUT 开始的 N 个单元中，N 的范围为 1 至 255，N 的数据类型为：字节。数据传送指令 BLKMOV 指令格式及功能如表 7-2 所示。

178

表 7-2　数据传送指令 BLKMOV 指令格式及功能

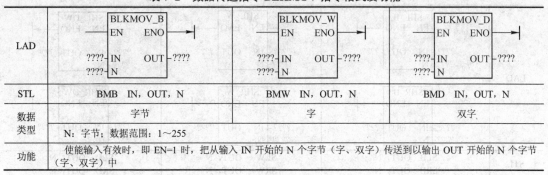

LAD	BLKMOV_B EN　ENO ????–IN　OUT–???? ????–N	BLKMOV_W EN　ENO ????–IN　OUT–???? ????–N	BLKMOV_D EN　ENO ????–IN　OUT–???? ????–N
STL	BMB　IN, OUT, N	BMW　IN, OUT, N	BMD　IN, OUT, N
数据 类型	字节	字	双字
	N：字节；数据范围：1～255		
功能	使能输入有效时，即 EN=1 时，把从输入 IN 开始的 N 个字节（字、双字）传送到以输出 OUT 开始的 N 个字节（字、双字）中		

【例 7-2】　程序举例：将变量存储器 VB20 开始的 4B（VB20～VB23）中的数据，移至 VB100 开始的 4B 中（VB100-VB103）。程序如图 7-2 所示。

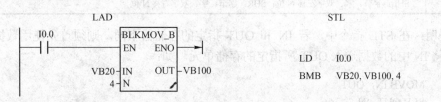

图 7-2　例 7-2 图

程序执行后，将 VB20～VB23 中的数据 30、31、32、33 送到 VB100～VB103。

执行结果如下：数组 1 数据	30	31	32	33
数据地址	VB20	VB21	VB22	VB23
块移动执行后：数组 2 数据	30	31	32	33
数据地址	VB100	VB101	VB102	VB103

7.1.2　移位指令及应用举例

移位指令分为左、右移位和循环左、右移位及寄存器移位指令三大类。前两类移位指令按移位数据的长度又分字节型、字型、双字型 3 种。

1. 左、右移位指令

左、右移位数据存储单元与 SM1.1（溢出）端相连，移出位被放到特殊标志存储器 SM1.1 位。移位数据存储单元的另一端补 0。移位指令格式及功能见表 7-3。

1）左移位指令（SHL）。使能输入有效时，将输入 IN 的无符号数字节、字或双字中的各位向左移 N 位后（右端补 0），将结果输出到 OUT 所指定的存储单元中，如果移位次数大于 0，最后一次移出位保存在"溢出"存储器位 SM1.1。如果移位结果为 0，零标志位 SM1.0 置 1。

2）右移位指令（SHR）。使能输入有效时，将输入 IN 的无符号数字节、字或双字中的各位向右移 N 位后，将结果输出到 OUT 所指定的存储单元中，移出位补 0，最后一移出位保存在 SM1.1。如果移位结果为 0，零标志位 SM1.0 置 1。

表 7-3　移位指令格式及功能

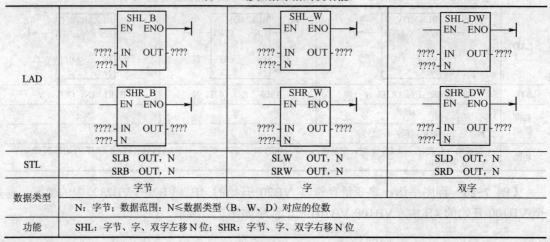

LAD	SHL_B / SHR_B	SHL_W / SHR_W	SHL_DW / SHR_DW
STL	SLB　OUT，N SRB　OUT，N	SLW　OUT，N SRW　OUT，N	SLD　OUT，N SRD　OUT，N
数据类型	字节	字	双字
	N：字节；数据范围：N≤数据类型（B、W、D）对应的位数		
功能	SHL：字节、字、双字左移 N 位；SHR：字节、字、双字右移 N 位		

说明：在 STL 指令中，若 IN 和 OUT 指定的存储器不同，则须首先使用数据传送指令 MOV 将 IN 中的数据送入 OUT 所指定的存储单元。如：

　　MOVB IN，OUT
　　SLB OUT，N

2. 循环左、右移位指令

循环移位将移位数据存储单元的首尾相连，同时又与溢出标志 SM1.1 连接，SM1.1 用来存放被移出的位。循环左、右移位指令格式及功能见表 7-4。

表 7-4　循环左、右移位指令格式及功能

LAD	ROL_B / ROR_B	ROL_W / ROR_W	ROL_DW / ROR_DW
STL	RLB　OUT，N RRB　OUT，N	RLW　OUT，N RRW　OUT，N	RLD　OUT，N RRD　OUT，N
数据类型	字节	字	双字
功能	ROL：字节、字、双字循环左移 N 位；ROR：字节、字、双字循环右移 N 位。		

1）循环左移位指令（ROL）。使能输入有效时，将 IN 输入无符号数（字节、字或双字）循环左移 N 位后，将结果输出到 OUT 所指定的存储单元中，移出的最后一位的数值送溢出标志位 SM1.1。当需要移位的数值是零时，零标志位 SM1.0 为 1。

2）循环右移位指令（ROR）。使能输入有效时，将 IN 输入无符号数（字节、字或双字）循环右移 N 位后，将结果输出到 OUT 所指定的存储单元中，移出的最后一位的数值送溢出标志位 SM1.1。当需要移位的数值是零时，零标志位 SM1.0 为 1。

3）移位次数 N≥数据类型（B、W、D）时的移位位数的处理。如果操作数是字节，当移位次数 N≥8 时，则在执行循环移位前，先对 N 进行模 8 操作（N 除以 8 后取余数），其结果 0～7 为实际移动位数。

如果操作数是字，当移位次数 N≥16 时，则在执行循环移位前，先对 N 进行模 16 操作（N 除以 16 后取余数），其结果 0～15 为实际移动位数。

如果操作数是双字，当移位次数 N≥32 时，则在执行循环移位前，先对 N 进行模 32 操作（N 除以 32 后取余数），其结果 0～31 为实际移动位数。

说明：在 STL 指令中，若 IN 和 OUT 指定的存储器不同，则须首先使用数据传送指令 MOV 将 IN 中的数据送入 OUT 所指定的存储单元。如：

```
MOVB    IN, OUT
SLB     OUT, N
```

【例 7-3】 程序应用举例，将 AC0 中的字循环右移两位，将 VW200 中的字左移 3 位。程序及运行结果如图 7-3 所示。

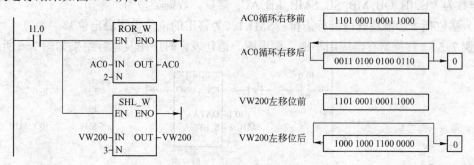

图 7-3　例 7-3 题图

【例 7-4】 用 I0.0 控制接在 Q0.0～Q0.7 上的 8 个彩灯循环移位，从右到左以 0.5s 的速度依次点亮，保持任意时刻只有一个指示灯亮，到达最左端后，再从右到左依次点亮。

分析：8 个彩灯循环移位控制，可以用字节的循环移位指令。根据控制要求，首先应置彩灯的初始状态为 QB0=1，即右边第一盏灯亮；接着灯从右到左以 0.5s 的速度依次点亮，即要求字节 QB0 中的 "1" 用循环左移位指令每 0.5s 移动一位，因此须在 ROL_B 指令的 EN 端接一个 0.5s 的移位脉冲（可用定时器指令实现）。梯形图程序和语句表程序如图 7-4 所示。

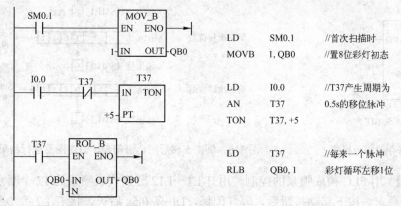

图 7-4　例 7-4 题图

3. 移位寄存器指令（SHRB）

移位寄存器指令是可以指定移位寄存器的长度和移位方向的移位指令移位寄存器指令格式如图 7-5 所示。

说明：

1）移位寄存器指令 SHRB 将 DATA 数值移入移位寄存器。梯形图中，EN 为使能输入端，连接移位脉冲信号，每次使能有效时，整个移位寄存器移动 1 位。DATA 为数据输入端，连接移入移位寄存器的二进制数值，执行指令时将该位的值移入寄存器。S_BIT 指定移位寄存器的最低位。N 指定移位寄存器的长度和移位方向，移位寄存器的最大长度为 64 位，N 为正值表示左移位，输入数据（DATA）移入移位寄存器的最低位（S_BIT），并移出移位寄存器的最高位。移出的数据被放置在溢出内存位（SM1.1）中。N 为负值表示右移位，输入数据移入移位寄存器的最高位中，并移出最低位（S_BIT）。移出的数据被放置在溢出内存位（SM1.1）中。

2）DATA 和 S_BIT 的操作数为 I, Q, M, SM, T, C, V, S, L 。数据类型为：BOOL 变量。N 的操作数为 VB, IB, QB, MB, SB, SMB, LB, AC, 常量。数据类型为：字节。

3）移位指令影响特殊内部标志位：SM1.1（为移出的位值设置溢出位）。

【例 7-5】 移位寄存器应用举例。梯形图、语句表、时序图及运行结果如图 7-6 所示。

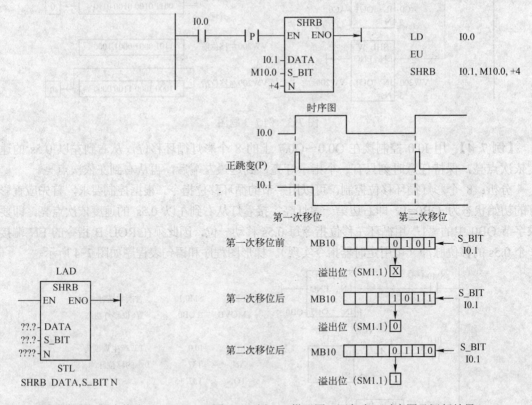

图 7-5 移位寄存器指令格式   图 7-6 例 7-5 梯形图、语句表、时序图及运行结果

【例 7-6】 用 PLC 构成喷泉的控制。用灯 L1～L12 分别代表喷泉的 12 个喷水注。

1）控制要求。按下起动按钮后，隔灯闪烁，L1 亮 0.5s 后灭，接着 L2 亮 0.5s 后灭，接着 L3 亮 0.5s 后灭，接着 L4 亮 0.5s 后灭，接着 L5、L9 亮 0.5s 后灭，接着 L6、L10 亮 0.5s 后灭，接着 L7、L11 亮 0.5s 后灭，接着 L8、L12 亮 0.5s 后灭，L1 亮 0.5s 后灭，如此循环下去，直至按下停止按钮，喷泉控制示意图如图 7-7 所示。

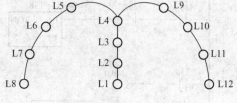

图 7-7　喷泉控制示意图

2）I/O 分配。

输入	输出	
（常开）起动按钮：I0.0	L1：Q0.0	L5、L9：Q0.4
（常闭）停止按钮：I0.1	L2：Q0.1	L6、L10：Q0.5
	L3：Q0.2	L7、L11：Q0.6
	L4：Q0.3	L8、L12：Q0.7

3）喷泉控制梯形图程序。

分析：应用移位寄存器控制，根据喷泉模拟控制的 8 位输出（Q0.0～Q0.7），须指定一个 8 位的移位寄存器（M10.1～M11.0），移位寄存器的 S_BIT 位为 M10.1，并且移位寄存器的每一位对应一个输出，移位寄存器的位与输出对应关系图如图 7-8 所示。例 7-6 喷泉模拟控制梯形图如图 7-9 所示。

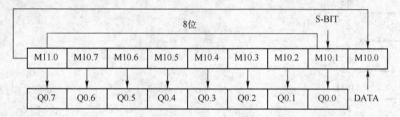

图 7-8　移位寄存器的位与输出对应关系图

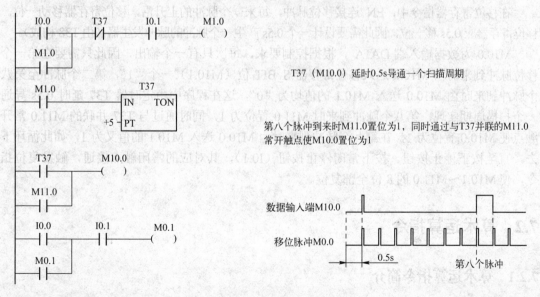

图 7-9　例 7-6 喷泉模拟控制梯形图

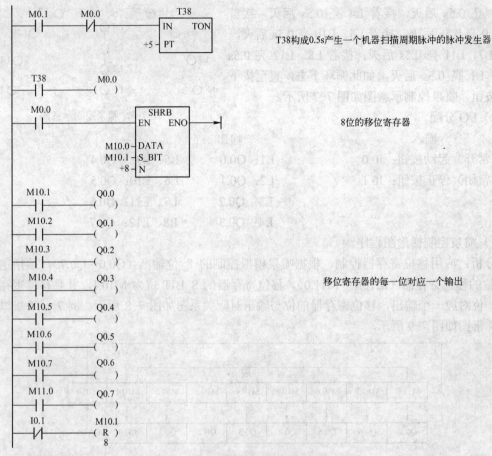

在移位寄存器指令中，EN 连接移位脉冲，每来一个脉冲的上升沿，移位寄存器移动一位。移位寄存器应 0.5s 移一位，因此需要设计一个 0.5s 产生一个脉冲的脉冲发生器（由 T38 构成）。

M10.0 为数据输入端 DATA，根据控制要求，每次只有一个输出，因此只需要在第一个移位脉冲到来时由 M10.0 送入移位寄存器 S_BIT 位（M10.1）一个"1"，第二个脉冲至第八个脉冲到来时由 M10.0 送入 M10.1 的值均为"0"，这在程序中由定时器 T37 延时 0.5s 导通一个扫描周期实现，第八个脉冲到来时 M11.0 置位为 1，同时通过与 T37 并联的 M11.0 常开触点使 M10.0 置位为 1，在第九个脉冲到来时由 M10.0 送入 M10.1 的值又为 1，如此循环下去，直至按下停止按钮。按下常闭停止按钮（I0.1），其对应的常闭触点接通，触发复位指令，使 M10.1～M11.0 的 8 位全部复位。

7.2 算术运算指令

7.2.1 算术运算指令简介

1. 整数与双整数加减法指令

整数加法（ADD_I）和减法（SUB_I）指令是：使能输入有效时，将两个 16 位符号整数相加或相减，并产生一个 16 位的结果输出到 OUT。

双整数加法（ADD_D）和减法（SUB_D）指令是：使能输入有效时，将两个 32 位符号整数相加或相减，并产生一个 32 位结果输出到 OUT。

整数与双整数加减法指令格式如表 7-5 所示。

表 7-5　整数与双整数加减法指令格式

	ADD_I	SUB_I	ADD_DI	SUB_DI
LAD	EN ENO IN1 OUT IN2	EN ENO IN1 OUT IN2	EN ENO IN1 OUT IN2	EN ENO IN1 OUT IN2
STL	MOVW IN1, OUT +I IN2, 0UT	MOVW IN1, OUT -I IN2, 0UT	MOVD IN1, OUT +D IN2, 0UT	MOVD IN1, OUT +D IN2, 0UT
功能	IN1+IN2=OUT	IN1-IN2=OUT	IN1+IN2=OUT	IN1-IN2=OUT

说明：当 IN1、IN2 和 OUT 操作数的地址不同时，在 STL 指令中，首先用数据传送指令将 IN1 中的数值送入 OUT，然后再执行加、减运算即：OUT+IN2=OUT、OUT-IN2=OUT。为了节省内存，在整数加法的梯形图指令中，可以指定 IN1 或 IN2=OUT，这样，可以不用数据传送指令。如指定 INI=OUT，则语句表指令为：+I IN2，OUT；如指定 IN2=OUT，则语句表指令为：+I IN1，OUT。在整数减法的梯形图指令中，可以指定 IN1=OUT，则语句表指令为：-I IN2，OUT。这个原则适用于所有的算术运算指令，且乘法和加法对应，减法和除法对应。

【例 7-7】 求 5000 加 400 的和，5000 在数据存储器 VW200 中，结果放入 AC0。程序如图 7-10 所示。

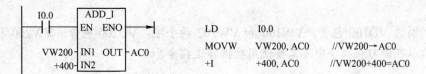

```
I0.0        ADD_I
─┤├─        EN  ENO ──( )──        LD    I0.0
      VW200─IN1 OUT─AC0            MOVW  VW200, AC0    //VW200→AC0
       +400─IN2                    +I    +400, AC0     //VW200+400=AC0
```

图 7-10　例 7-7 题图

2. 整数乘除法指令

整数乘除法指令格式如表 7-6 所示。

表 7-6　整数乘除法指令格式

	MUL_I	DIV_I	MUL_DI	DIV_DI	MUL	DIV
LAD	EN ENO IN1 OUT IN2	EN ENO IN1 OUT IN2	EN ENO IN1 OUT IN2	EN ENO IN1 OUT IN2	EN ENO IN1 OUT IN2	EN ENO IN1 OUT IN2
STL	MOVW IN1, OUT *I IN2, 0UT	MOVW IN1, OUT /I IN2, 0UT	MOVD IN1, OUT *D IN2, 0UT	MOVD IN1, OUT /D IN2, 0UT	MOVW IN1, OUT MUL IN2, OUT	MOVW IN1, OUT DIV IN2, OUT
功能	IN1×IN2=OUT	IN1/IN2=OUT	IN1×IN2=OUT	IN1/IN2=OUT	IN1×IN2=OUT	IN1/IN2=OUT

整数乘法指令（MUL_I）是：使能输入有效时，将两个 16 位符号整数相乘，并产生一个 16 位积，从 OUT 指定的存储单元输出。

整数除法指令（DIV_I）是：使能输入有效时，将两个 16 位符号整数相除，并产生一个 16 位商，从 OUT 指定的存储单元输出，不保留余数。如果输出结果大于一个字，则溢出位 SM1.1 置位为 1。

双整数乘法指令（MUL_D）：使能输入有效时，将两个 32 位符号整数相乘，并产生一个 32 位乘积，从 OUT 指定的存储单元输出。

双整数除法指令（DIV_D）：使能输入有效时，将两个 32 位整数相除，并产生一个 32 位商，从 OUT 指定的存储单元输出，不保留余数。

整数乘法产生双整数指令（MUL）：使能输入有效时，将两个 16 位整数相乘，得出一个 32 位乘积，从 OUT 指定的存储单元输出。

整数除法产生双整数指令（DIV）：使能输入有效时，将两个 16 位整数相除，得出一个 32 位结果，从 OUT 指定的存储单元输出。其中高 16 位放余数，低 16 位放商。

【例 7-8】 乘除法指令应用举例，程序如图 7-11 所示。

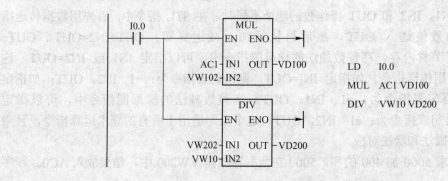

图 7-11 例 7-8 题图

注意：因为 VD100 包含：VW100 和 VW102 两个字，VD200 包含：VW200 和 VW202 两个字，所以在语句表指令中不需要使用数据传送指令。

3. 实数加减乘除指令

实数加减乘除指令格式指令格式如表 7-7 所示。

表 7-7 实数加减乘除指令

	ADD_R	SUB_R	MUL_R	DIV_R
LAD	EN ENO IN1 OUT IN2	EN ENO IN1 OUT IN2	EN ENO IN1 OUT IN2	EN ENO IN1 OUT IN2
STL	MOVD IN1, OUT +R IN2, OUT	MOVD IN1, OUT -R IN2, OUT	MOVD IN1, OUT *R IN2, OUT	MOVD IN1, OUT /R IN2, OUT
功能	IN1+IN2=OUT	IN1-IN2=OUT	IN1×IN2=OUT	IN1/IN2=OUT

实数加法（ADD_R）、减法（SUB_R）指令：将两个 32 位实数相加或相减，并产生一个 32 位实数结果，从 OUT 指定的存储单元输出。

实数乘法（MUL_R）、除法（DIV_R）指令：使能输入有效时，将两个 32 位实数相乘（除），并产生一个 32 位积（商），从 OUT 指定的存储单元输出。

186

【例 7-9】 实数运算指令的应用，程序如图 7-12 所示。

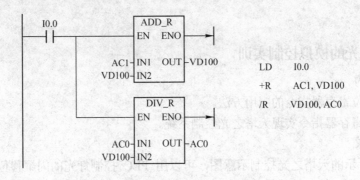

```
LD    I0.0
+R    AC1, VD100
/R    VD100, AC0
```

图 7-12 例 7-9 题图

7.2.2 递增、递减指令

递增、递减指令用于对输入无符号数字节、符号数字、符号数双字进行加 1 或减 1 的操作。递增、递减指令格式如表 7-8 所示。

表 7-8 递增、递减指令格式

LAD	INC_B / DEC_B		INC_W / DEC_W		INC_DW / DEC_DW	
STL	INCB OUT	DECB OUT	INCW OUT	DECW OUT	INCD OUT	DECD OUT
功能	字节加 1	字节减 1	字加 1	字减 1	双字加 1	双字减 1

1）递增字节（INC_B）/递减字节（DEC_B）指令。在输入字节（IN）上加 1 或减 1，并将结果置入 OUT 指定的变量中。递增和递减字节运算不带符号。

2）递增字（INC_W）/递减字（DEC_W）指令。在输入字（IN）上加 1 或减 1，并将结果置入 OUT。递增和递减字运算带符号（16#7FFF 到 16#8000）。

3）递增双字（INC_DW）/递减双字（DEC_DW）指令。在输入双字（IN）上加 1 或减 1，并将结果置入 OUT。递增和递减双字运算带符号（16#7FFFFFFF 到 16#80000000）。

说明：

1）EN 采用一个机器扫描周期的短脉冲触发；使 ENO = 0 的错误条件：SM4.3（运行时间），0006（间接地址），SM1.1 溢出。

2）在梯形图指令中，IN 和 OUT 可以指定为同一存储单元，这样可以节省内存，在语句表指令中不需使用数据传送指令。

7.3 实训

7.3.1 天塔之光的模拟控制实训

1. 实训目的

1）掌握移位寄存器指令的应用方法。

2）用移位寄存器指令实现天塔之光控制系统。

2. 控制要求

图 7-13 所示的天塔之光控制示意图，可以用 PLC 控制灯光的闪耀移位及时序的变化等。控制要求如下：按起动按钮，L12→L11→L10→L8→L1→L1、L2、L9→L1、L5、L8→L1、L4、L7→L1、L3、L6→L1→L2、L3、L4、L5→L6、L7、L8、L9→L1、L2、L6→L1、L3、L7→L1、L4、L8→L1、L5、L9→L1→L2、L3、L4、L5→L6、L7、L8、L9→L12→L11→L10……循环下去，直至按下停止按钮。

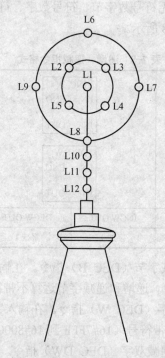

图 7-13 天塔之光控制示意图

3. I/O 分配

输入	输出			
起动按钮：I0.0	L1：Q0.0	L4 Q0.3	L7：Q0.6	L10 Q1.1
停止按钮：I0.1	L2：Q0.1	L5 Q0.4	L8：Q0.7	L11 Q1.2
	L3：Q0.2	L6 Q0.5	L9：Q1.0	L12 Q1.3

4. 程序设计

分析：根据灯光闪亮移位，分为 19 步，因此可以指定一个 19 位的移位寄存器（M10.1～

M10.7，M11.0～M11.7，M12.0～M12.3），移位寄存器的每一位对应一步。而对于输出，如：L1（Q0.0）分别在"5、6、7、8、9、10、13、14、15、16、17"步时被点亮，即其对应的移位寄存器位"M10.5、M10.6、M10.7、M11.0、M11.1、M11.2、M11.5、M11.6、M12.0、M12.1"置位为 1 时，Q0.0 置位为 1，所以需要将这些位所对应的常开触点并联后输出 Q0.0，以此类推其他的输出。移位寄存器移位脉冲和数据输入配合的关系如图 7-14 所示。

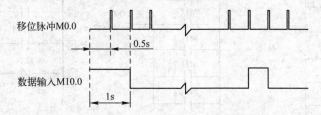

图 7-14　移位寄存器移位脉冲和数据输入配合的关系

5. 输入、调试程序并运行程序。天塔之光控制梯形图如图 7-15 所示。

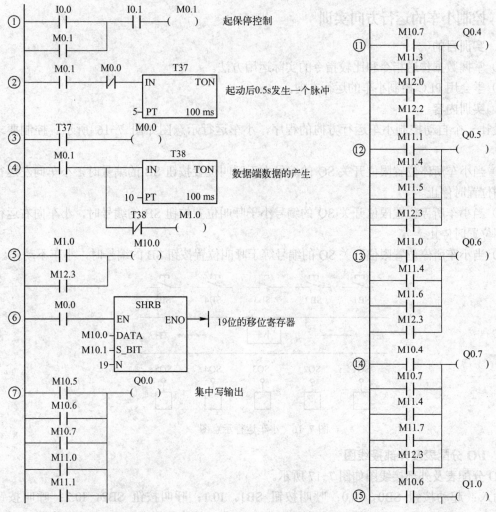

图 7-15　天塔之光控制梯形图

189

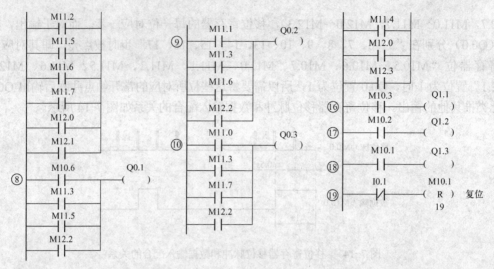

图 7-15 天塔之光控制梯形图（续）

7.3.2 控制小车的运行方向实训

1．实训目的

1）掌握数据传送指令和比较指令的实际运用方法。

2）学会用 PLC 控制小车的运行方向。

2．实训内容

设计一个自动控制小车运行方向的程序，小车运行示意图如图 7-16 所示。控制要求如下：

1）当小车所停位置限位开关 SQ 的编号大于呼叫位置按钮 SB 的编号时，小车向左运行到呼叫位置时停止。

2）当小车所停位置限位开关 SQ 的编号小于呼叫位置按钮 SB 的编号时，小车向右运行到呼叫位置时停止。

3）当小车所停位置限位开关 SQ 的编号等于呼叫位置按钮 SB 的编号时，小车不动作。

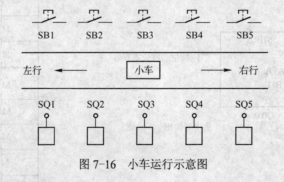

图 7-16 小车运行示意图

3．I/O 分配表及外部接线图

I/O 分配表及外部接线图如图 7-17 所示。

输入：起动按钮 SB0，I0.0；呼叫按钮 SB1，I0.1；呼叫按钮 SB2，I0.2；呼叫按钮 SB3，I0.3；呼叫按钮 SB4，I0.4；呼叫按钮 SB5，I0.5；停止按钮 SB6，I0.6；1#位置 SQ1，

I1.1；2#位置 SQ2，I1.2；3#位置 SQ3，I1.3；4#位置 SQ4，I1.4；5#位置 SQ5，I1.5。

输出：小车右行 KM1，Q0.0；小车左行 KM2，Q0.1

4．参考程序

分析：当按钮接通或行程开关被压下时将呼叫按钮号和行程开关的位号用数据传送指令分别送到字节 VB1 和 VB2 中，按下起动按钮后，用比较指令将 VB1 和 VB2 进行比较，决定小车左、右行或停止，当按下停止按钮，小车停止，VB1、VB2 清零。小车运行方向控制参考程序如图 7-18 所示。

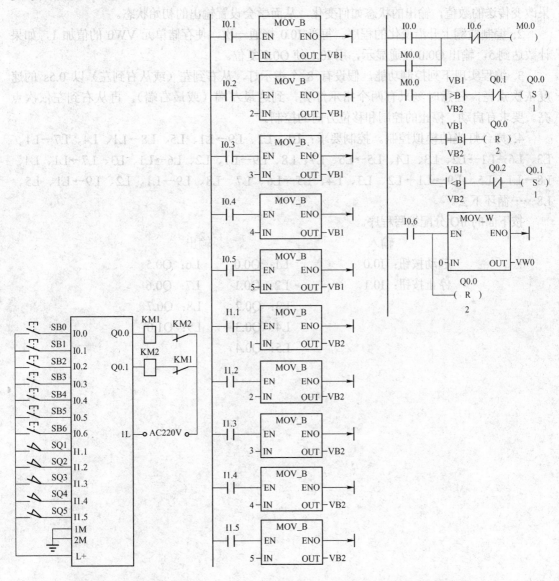

图 7-17　I/O 分配表及外部接线图　　　　图 7-18　小车运行方向控制参考程序

5．调试程序

1）模拟调试。先不接输出端的电源进行模拟调试。将 PLC 转到运行状态，按下起动按钮和呼叫按钮，观察输出的指示灯，是否符合控制要求。

2）带负载调试。模拟调试无误后，接通输出端的电源，按下起动按钮和呼叫按钮，小车按照控制的运行方向自动控制，按下停止按钮，小车停止。

7.4 习题

1. 用传送指令控制输出的变化，要求控制 Q0.0～Q0.7 对应的 8 个指示灯，在 I0.0 接通时，使输出隔位接通，在 I0.1 接通时，输出取反后隔位接通。上机调试程序，记录结果。如果改变传送的数值，输出的状态如何变化，从而学会设置输出的初始状态。

2. 编制检测上升沿变化的程序。每当 I0.0 接通一次，使存储单元 VW0 的值加 1，如果计数达到 5，输出 Q0.0 接通显示，用 I0.1 使 Q0.0 复位。

3. 编程实现下列控制功能，假设有 8 个指示灯，从右到左（或从右到左）以 0.5s 的速度依次点亮，任意时刻只有两个指示灯亮，到达最左端（或最右端），再从右到左依次点亮。要求有启动、停止的控制和移位方向的控制。

4. 舞台灯光的模拟控制。控制要求：L1、L2、L9→L1、L5、L8→L1、L4、L7→L1、L3、L6→L1→L2、L3、L4、L5→L6、L7、L8、L9→L1、L2、L6→L1、L3、L7→L1、L4、L8→L1、L5、L9→L1→L2、L3、L4、L5→L6、L7、L8、L9→L1、L2、L9→L1、L5、L8……循环下去。

按下面的 I/O 分配编写程序。

输入	输出	
起动按钮：I0.0	L1：Q0.0	L6：Q0.5
停止按钮：I0.1	L2：Q0.1	L7：Q0.6
	L3：Q0.2	L8：Q0.7
	L4：Q0.3	L9：Q1.0
	L5：Q0.4	

第 8 章　特殊功能指令

本章要点
- 中断指令的功能应用举例及实训
- 高速计数器指令、高速脉冲输出指令功能及指令向导的应用举例及实训
- PID 指令的原理及 PID 控制功能的应用及 PID 指令向导的应用实训

8.1　中断源和中断指令

S7-200 设置了中断功能，用于实时控制、高速处理、通信和网络等复杂和特殊的控制任务。中断就是终止当前正在运行的程序，去执行为立即响应的信号而编制的中断服务程序，执行完毕再返回原先被终止的程序并继续运行。

8.1.1　中断源

1．中断源的类型

中断源即发出中断请求的事件，又称为中断事件。为了便于识别，系统给每个中断源都分配一个编号，称为中断事件号。S7-200 系列可编程控制器最多有 34 个中断源，分为三大类：通信中断、输入/输出中断和时基中断。

1）通信中断。在自由口通信模式下，用户可通过编程来设置波特率、奇偶校验和通信协议等参数。用户通过编程控制通讯端口的事件为通信中断。

2）I/O 中断。I/O 中断包括外部输入上升/下降沿中断、高速计数器中断和高速脉冲输出中断。S7-200 用输入（I0.0、I0.1、I0.2 或 I0.3）上升/下降沿产生中断。这些输入点用于捕获在发生时必须立即处理的事件。高速计数器中断指对高速计数器运行时产生的事件实时响应，包括当前值等于预设值时产生的中断，计数方向的改变时产生的中断或计数器外部复位产生的中断。脉冲输出中断是指预定数目脉冲输出完成而产生的中断。

3）时基中断。时基中断包括定时中断和定时器 T32/T96 中断。定时中断用于支持一个周期性的活动。周期时间从 1～255ms，时基是 1ms。使用定时中断 0，必须在 SMB34 中写入周期时间；使用定时中断 1，必须在 SMB35 中写入周期时间。将中断程序连接在定时中断事件上，若定时中断被允许，则计时开始，每当达到定时时间值，执行中断程序。定时中断可以用来对模拟量输入进行采样或定期执行 PID 回路。定时器 T32/T96 中断指允许对定时时间间隔产生中断。这类中断只能用时基为 1ms 的定时器 T32/T96 构成。当中断被启用后，当前值等于预置值时，在 S7-200 执行的正常 1ms 定时器更新的过程中，执行连接的中断程序。

2．中断优先级和排队等候

优先级是指多个中断事件同时发出中断请求时，CPU 对中断事件响应的优先次序。S7-200

规定的中断优先由高到低依次是：通信中断、I/O 中断和定时中断。每类中断中不同的中断事件又有不同的优先级，如表 8-1 所示。

表 8-1　中断事件及优先级

优先级分组	组内优先级	中断事件号	中断事件说明	中断事件类别
通信中断	0	8	通信口 0：接收字符	通信口 0
	0	9	通信口 0：发送完成	
	0	23	通信口 0：接收信息完成	
	1	24	通信口 1：接收信息完成	通信口 1
	1	25	通信口 1：接收字符	
	1	26	通信口 1：发送完成	
I/O 中断	0	19	PTO 0 脉冲串输出完成中断	脉冲输出
	1	20	PTO 1 脉冲串输出完成中断	
	2	0	I0.0 上升沿中断	外部输入
	3	2	I0.1 上升沿中断	
	4	4	I0.2 上升沿中断	
	5	6	I0.3 上升沿中断	
	6	1	I0.0 下降沿中断	
	7	3	I0.1 下降沿中断	
	8	5	I0.2 下降沿中断	
	9	7	I0.3 下降沿中断	
	10	12	HSC0 当前值=预置值中断	高速计数器
	11	27	HSC0 计数方向改变中断	
	12	28	HSC0 外部复位中断	
	13	13	HSC1 当前值=预置值中断	
	14	14	HSC1 计数方向改变中断	
	15	15	HSC1 外部复位中断	
	16	16	HSC2 当前值=预置值中断	
	17	17	HSC2 计数方向改变中断	
	18	18	HSC2 外部复位中断	
	19	32	HSC3 当前值=预置值中断	
	20	29	HSC4 当前值=预置值中断	
	21	30	HSC4 计数方向改变	
	22	31	HSC4 外部复位	
	23	33	HSC5 当前值=预置值中断	
定时中断	0	10	定时中断 0	定时
	1	11	定时中断 1	
	2	21	定时器 T32 CT=PT 中断	定时器
	3	22	定时器 T96 CT=PT 中断	

一个程序中总共可有 128 个中断。S7-200 在各自的优先级组内按照先来先服务的原则为中断提供服务。在任何时刻，只能执行一个中断程序。一旦一个中断程序开始执行，则一直

执行至完成。不能被另一个中断程序打断，即使是更高优先级的中断程序。中断程序执行中，新的中断请求按优先级排队等候。中断队列能保存的中断个数有限，若超出，则会产生溢出。

8.1.2 中断指令

中断指令有 4 条，包括开、关中断指令，中断连接、分离指令。中断指令格式如表 8-2 所示。

表 8-2 中断指令格式

LAD	—(ENI)	—(DISI)	ATCH EN ENO ????–INT ????–EVNT	DTCH EN ENO ????–EVNT
STL	ENI	DISI	ATCH INT，EVNT	DTCH EVNT
操作数及数据类型	无	无	INT：常量 0~127 EVNT：常量，CPU 224: 0~23; 27~33 INT/EVNT 数据类型：字节	EVNT：常量，CPU224:0~23; 27~33 数据类型：字节

1．开、关中断指令

开中断（ENI）指令全局性允许所有中断事件。关中断（DISI）指令全局性禁止所有中断事件，中断事件的每次出现均被排队等候，直至使用全局开中断指令重新启用中断。

PLC 转换到 RUN（运行）模式时，中断开始时被禁用，可以通过执行开中断指令，允许所有中断事件。执行关中断指令会禁止处理中断，但是现有中断事件将继续排队等候。

2．中断连接、分离指令

中断连接指令（ATCH）指令将中断事件（EVNT）与中断程序号码（INT）相连接，并启用中断事件。

分离中断（DTCH）指令取消某中断事件（EVNT）与所有中断程序之间的连接，并禁用该中断事件。

注意：一个中断事件只能连接一个中断程序，但多个中断事件可以调用一个中断程序。

8.1.3 中断程序及举例

中断程序是为处理中断事件而事先编好的程序。中断程序不是由程序调用，而是在中断事件发生时由操作系统调用。在中断程序中不能改写其他程序使用的存储器，最好使用局部变量。中断程序应实现特定的任务，应"越短越好"，中断程序由中断程序号开始，以无条件返回指令（CRETI）结束。在中断程序中禁止使用 DISI、ENI、HDEF、LSCR 和 END 指令。

建立中断程序的方法：从"编辑"菜单→"选择插入"（Insert）→"中断"（Interrupt）。

【例 8-1】编程完成采样工作，要求每 10ms 采样一次。

分析：完成每 10ms 采样一次，需用定时中断，查表 8-1 可知，定时中断 0 的中断事件号为 10。因此在主程序中将采样周期（10ms）即定时中断的时间间隔写入定时中断 0 的特殊存储器 SMB34，并将中断事件 10 和 INT_0 连接，全局开中断。在中断程序 0 中，将模拟量输入信号读入，程序如图 8-1 所示。

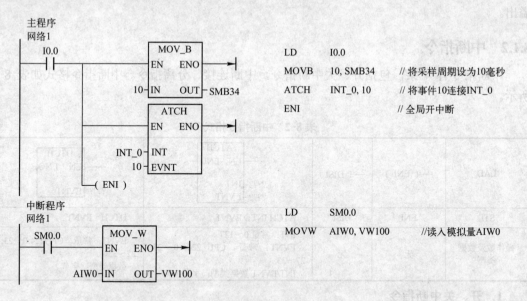

图 8-1　例 8-1 程序

【例 8-2】　利用定时中断功能编制一个程序，实现如下功能：当 I0.0 由 OFF→ON，Q0.0 亮 1s，灭 1s，如此循环反复直至 I0.0 由 ON→OFF，Q0.0 变为 OFF。程序如图 8-2 所示。

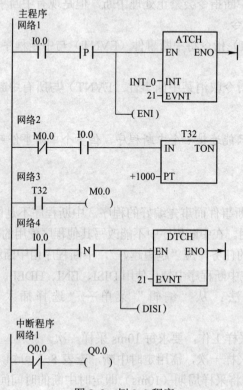

图 8-2　例 8-2 程序

8.2　高速计数器与高速脉冲输出

前面讲的计数器指令的计数速度受扫描周期的影响，对比 CPU 扫描频率高的脉冲输入，就不能满足控制要求了。为此，SIMATIC S7-200 系列 PLC 设计了高速计数功能（HSC），其计数自动进行不受扫描周期的影响，最高计数频率取决于 CPU 的类型，CPU22x 系列最高计数频率为 30kHz，用于捕捉比 CPU 扫描速率更快的事件，并产生中断，执行中断程序，完成预定的操作。高速计数器最多可设置 12 种不同的操作模式。用高速计数器可实现高速运动的精确控制。

SIMATIC S7-200 CPU22x 系列 PLC 还设有高速脉冲输出，输出频率可达 20kHz，用于 PTO（脉冲串输出，输出一个频率可调，占空比为 50%的脉冲）和 PWM 输出（脉宽调制输出，输出占空比可调的脉冲）。PTO（脉冲串输出）多用于带有位置控制功能的步进驱动器或伺服驱动器，通过输出脉冲的个数，作为位置给定值的输入，以实现定位控制功能。通过改变定位脉冲的输出频率，可以改变运动的速度。PWM（脉宽调制）输出用于直接驱动调速系统或运动控制系统的输出级，控制逆变主回路。

8.2.1　占用输入/输出端子

1. 高速计数器占用输入端子

CPU224 有 6 个高速计数器，其占用的输入端子如表 8-3 所示。各高速计数器不同的输入端有专用的功能，如：时钟脉冲端、方向控制端、复位端和起动端。

表 8-3　高速计数器占用的输入端子

高速计数器	使用的输入端子	高速计数器	使用的输入端子
HSC0	I0.0, I0.1, I0.2	HSC3	I0.1
HSC1	I0.6, I0.7, I1.0, I1.1	HSC4	I0.3, I0.4, I0.5
HSC2	I1.2, I1.3, I1.4, I1.5	HSC5	I0.4

注意：同一个输入端不能用于两种不同的功能。但是高速计数器当前模式未使用的输入端均可用于其他用途，如作为中断输入端或作为数字量输入端。例如，如果在模式 2 中使用高速计数器 HSC0，模式 2 使用 I0.0 和 I0.2，则 I0.1 可用于边缘中断或用于 HSC3。

2. 高速脉冲输出占用的输出端子

S7-200 晶体管输出型的 PLC（如 CPU224DC/DC/DC）有 PTO、PWM 两台高速脉冲发生器。PTO 功能可输出指定个数、指定周期的方波脉冲（占空比 50%）；PWM 功能可输出脉宽变化的脉冲信号，用户可以指定脉冲的周期和脉冲的宽度。若一台发生器指定给数字输出点 Q0.0，另一台发生器则指定给数字输出点 Q0.1。当 PTO、PWM 发生器控制输出时，将禁止输出点 Q0.0、Q0.1 的正常使用；当不使用 PTO、PWM 高速脉冲发生器时，输出点 Q0.0、Q0.1 恢复正常的使用，即由输出映像寄存器决定其输出状态。

8.2.2　高速计数器的工作模式

1．高速计数器的计数方式

1）单路脉冲输入的内部方向控制加/减计数。即只有一个脉冲输入端，通过高速计数器的控制字节的第 3 位来控制作加计数或者减计数。该位为 1，加计数；该位为 0，减计数。如图 8-3 所示内部方向控制的单路加/减计数。

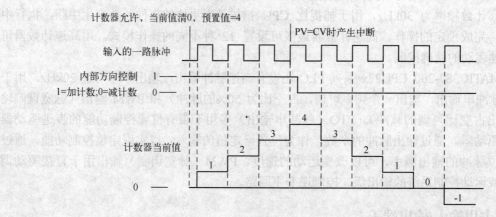

图 8-3　内部方向控制的单路加/减计数

2）单路脉冲输入的外部方向控制加/减计数。即有一个脉冲输入端，有一个方向控制端，方向输入信号等于 1 时，加计数；方向输入信号等于 0 时，减计数。如图 8-4 所示外部方向控制的单路加/减计数。

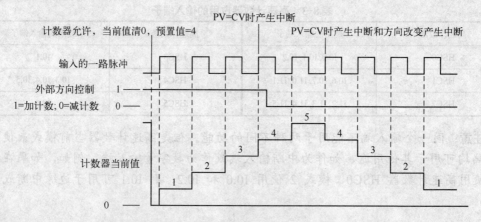

图 8-4　外部方向控制的单路加/减计数

3）两路脉冲输入的单相加/减计数。即有两个脉冲输入端，一个是加计数脉冲，一个是减计数脉冲，计数值为两个输入端脉冲的代数和，两路脉冲输入的加/减计数如图 8-5 所示。

4）两路脉冲输入的双相正交计数。即有两个脉冲输入端，输入的两路脉冲 A 相、B 相，相位互差 90°（正交），A 相超前 B 相 90° 时，加计数；A 相滞后 B 相 90° 时，减计数。在这种计数方式下，可选择 1X 模式（单倍频，一个时钟脉冲计一个数）和 4X 模式（四倍频，一个时钟脉冲计四个数），如图 8-6 和图 8-7 所示。

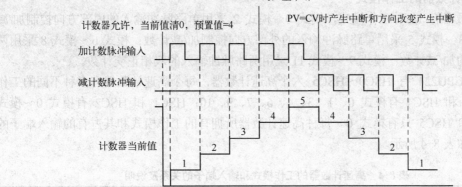

图 8-5　两路脉冲输入的加/减计数

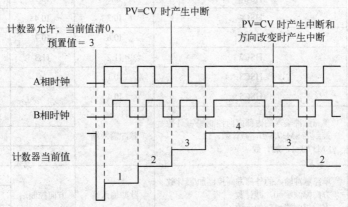

图 8-6　两路脉冲输入的双相正交计数 1X 模式

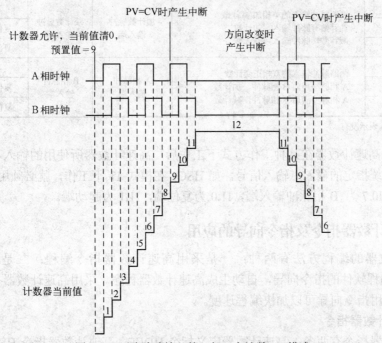

图 8-7　两路脉冲输入的双相正交计数 4X 模式

2. 高速计数器的工作模式

高速计数器有 12 种工作模式，模式 0～模式 2 采用单路脉冲输入的内部方向控制加/减计数；模式 3～模式 5 采用单路脉冲输入的外部方向控制加/减计数；模式 6～模式 8 采用两路脉冲输入的加/减计数；模式 9～模式 11 采用两路脉冲输入的双相正交计数。

S7-200 CPU224 有 HSC0～HSC5 六个高速计数器，每个高速计数器有多种不同的工作模式。HSC0 和 HSC4 有模式 0、1、3、4、6、7、9、10；HSC1 和 HSC2 有模式 0～模式 11；HSC3 和 HSC5 只有模式 0。每种高速计数器所拥有的工作模式和其占有的输入端子的数目有关，如表 8-4 所示。

表 8-4　高速计数器的工作模式和输入端子的关系及说明

HSC 编号及其对应的输入端子	功能及说明	占用的输入端子及其功能			
	HSC0	I0.0	I0.1	I0.2	×
	HSC4	I0.3	I0.4	I0.5	×
	HSC1	I0.6	I0.7	I1.0	I1.1
	HSC2	I1.2	I1.3	I1.4	I1.5
	HSC3	I0.1	×	×	×
	HSC5	I0.4	×	×	×
HSC 模式					
0	单路脉冲输入的内部方向控制加/减计数 控制字 SM37.3=0，减计数 SM37.3=1，加计数	脉冲输入端	×	×	×
1			×	复位端	×
2			×	复位端	起动
3	单路脉冲输入的外部方向控制加/减计数 方向控制端=0，减计数 方向控制端=1，加计数	脉冲输入端	方向控制端	×	×
4				复位端	×
5				复位端	起动
6	两路脉冲输入的单相加/减计数 加计数有脉冲输入，加计数 减计数端脉冲输入，减计数	加计数脉冲输入端	减计数脉冲输入端	×	×
7				复位端	×
8				复位端	起动
9	两路脉冲输入的双相正交计数 A 相脉冲超前 B 相脉冲，加计数 A 相脉冲滞后 B 相脉冲，减计数	A 相脉冲输入端	B 相脉冲输入端	×	×
10				复位端	×
11				复位端	起动

说明：表中×表示没有

选用某个高速计数器在某种工作方式下工作后，高速计数器所使用的输入不是任意选择的，必须按系统指定的输入点输入信号。如 HSC1 在模式 11 下工作，就必须用 I0.6 为 A 相脉冲输入端，I0.7 为 B 相脉冲输入端，I1.0 为复位端，I1.1 为起动端。

8.2.3　高速计数器指令及指令向导的应用

高速计数器的编程方法有两种：一是采用高速计数器指令编程；二是通过 STEP7-Micro/WIN 编程软件的指令向导，自动生成高速计数器程序。采用高速计数器指令编程便于理解指令，利用指令向导可以加快编程速度。

1. 高速计数器指令

高速计数器指令有两条：高速计数器定义指令 HDEF、高速计数器指令 HSC。高速计数器指令格式如表 8-5 所示。

表 8-5　高速计数器指令格式

LAD	HDEF EN ENO ????-HSC ????-MODE	HSC EN ENO ????-N
STL	HDEF HSC, MODE	HSC N
功能说明	高速计数器定义指令 HDEF	高速计数器指令 HSC
操作数	HSC：高速计数器的编号，为常量（0~5）数据类型：字节 MODE 工作模式，为常量（0~11）数据类型：字节	N：高速计数器的编号，为常量（0~5）数据类型：字

1）高速计数器定义指令 HDEF。指令指定高速计数器（HSCx）的工作模式。工作模式的选择即选择了高速计数器的输入脉冲、计数方向、复位和起动功能。每个高速计数器只能用一条"高速计数器定义"指令。

2）高速计数器指令 HSC。根据高速计数器控制位的状态和按照 HDEF 指令指定的工作模式，控制高速计数器。参数 N 指定高速计数器的号码。

2．高速计数器指令向导及应用

高速计数器程序可以通过 STEP7-Micro/WIN 编程软件的指令向导自动生成。

【例 8-3】　高速计数器的应用举例。某设备采用位置编码器作为检测元件，需要高速计数器进行位置值的计数，其要求如下：计数信号为 A、B 两相相位差 90°的脉冲输入；使用外部计数器复位与启动信号，高电平有效；编码器每转的脉冲数为 2500，在 PLC 内部进行 4 倍频，计数开始值为"0"，当转动 1 转后，需要清除计数值进行重新计数。用指令向导的编程操作步骤如下。

1）打开 STEP7-Micro/WIN 软件，选择主菜单"工具"→"指令向导"进入向导编程页面，高速计数器指令向导编程页面如图 8-8 所示。

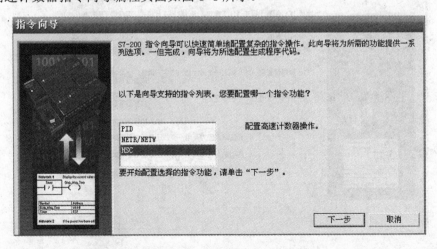

图 8-8　高速计数器指令向导编程页面

2）选择"HSC"→单击"下一步"按钮，计数器编号和计数模式选择页面如图 8-9 所示。选择计数器的编号和计数模式。在本例中选择"HSC1"和计数模式"11"，选择后单击"下一步"按钮。

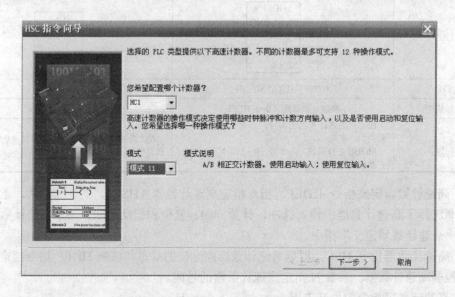

图 8-9　计数器编号和计数模式选择页面

3）图 8-10 为高速计数器初始化设定页面，分别输入高速计数器初始化子程序的符号名（默认的符号名为"HSC_INIT"）；高速计数器的预置值（本例输入值为"10000"）；计数器当前值的初始值（本例输入值"0"）；初始计数方向（本例中选择"增"）；复位信号的极性（本例选择高电平有效）；启动信号的极性（本例选择高电平有效）；计数器的倍率选择（本例选择 4 倍频"4X"）。完成后单击"下一步"按钮。

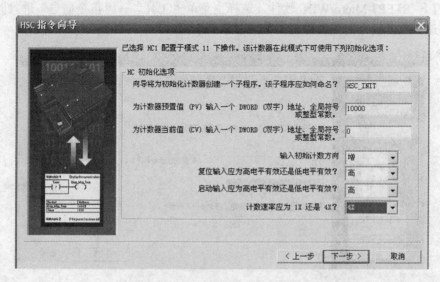

图 8-10　高速计数器初始化设定页面

4）在完成高速计数器的初始化设定后，出现高速计数器中断设置的页面如图 8-11 所示。本例中为当前值等于预置值时产生中断，并输入中断程序的符号名（默认的为 COUNT_EQ）。在"您希望为 HC1 编程多少个步骤？"栏，输入需要中断的步数，本例只有当前值清零 1 步，选择"1"。完成后单击"下一步"按钮。

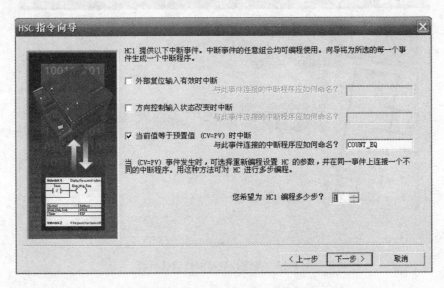

图 8-11　高速计数器中断设置的页面

5）高速计数器中断处理方式设定页面如图 8-12 所示。在本例中当 CV = PV 时需要将当前值清理，所以选择"更新当前值"选项，并在"新 CV"栏内输入新的当前值"0"。完成后单击"下一步"按钮。

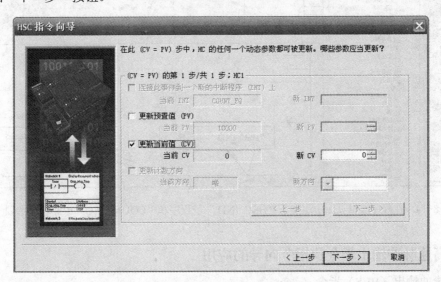

图 8-12　高速计数器中断处理方式设定页面

6）高速计数器中断处理方式设定完成后，出现高速计数器编程确认页面，如图 8-13 所示。该页面显示了由向导编程完成的而程序及使用说明，选择"完成"结束编程。

7）向导使用完成后在程序编辑器页面内自动增加了名称为"HSC_INIT"子程序和"COUNT_EQ"中断程序选项卡，如图 8-14 所示，分别单击"HSC_INIT"子程序和"COUNT_EQ"中断程序选项卡，可见其程序。

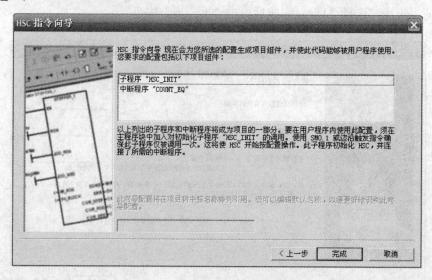

图 8-13 高速计数器编程确认页面

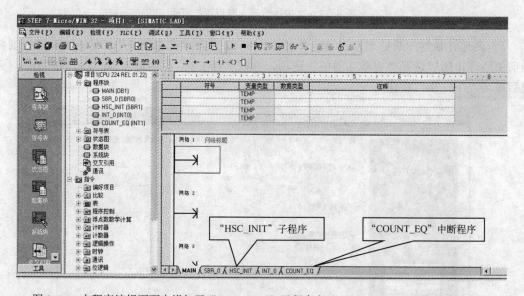

图 8-14 在程序编辑页面中增加了"HSC_INIT"子程序和"COUNT_EQ"中断程序选项卡

8.2.4 高速脉冲输出指令及指令向导的应用

1. 脉冲输出（PLS）指令

脉冲输出（PLS）指令功能为：使能有效时，检查用于脉冲输出（Q0.0 或 Q0.1）的特殊存储器位（SM），然后执行特殊存储器位定义的脉冲操作。脉冲输出（PLS）指令格式如表 8-6 所示。

表 8-6　脉冲输出（PLS）指令格式

LAD	STL	操作数及数据类型
PLS —EN ENO— ????—Q0.X	PLS Q	Q：常量（0 或 1） 数据类型：字

每个 PTO/PWM 发生器都有：一个控制字节（8 位）、一个脉冲计数值（无符号的 32 位数值）和一个周期时间和脉宽值（无符号的 16 位数值）。这些值都放在特定的特殊存储区（SM）。执行 PLS 指令时，S7-200 读这些特殊存储器位（SM），然后执行特殊存储器位定义的脉冲操作，即对相应的 PTO/PWM 发生器进行编程。

除了控制信息外，还有用于 PTO 功能的状态位。程序运行时，根据运行状态使某些位自动置位。可以通过程序来读取相关位的状态，用此状态作为判断条件，实现相应的操作。

PTO/PWM 生成器和输出映像寄存器共用 Q0.0 和 Q0.1。在 Q0.0 或 Q0.1 使用 PTO 或 PWM 功能时，PTO/PWM 发生器控制输出，并禁止输出点的正常使用，输出波形不受输出映像寄存器状态、输出强制、执行立即输出指令的影响；在 Q0.0 或 Q0.1 位置没有使用 PTO 或 PWM 功能时，输出映像寄存器控制输出，所以输出映像寄存器决定输出波形的初始和结束状态，即决定脉冲输出波形从高电平或低电平开始和结束，使输出波形有短暂的不连续，为了减小这种不连续的有害影响。

注意：可在起用 PTO 或 PWM 操作之前，将用于 Q0.0 和 Q0.1 的输出映像寄存器设为 0。

2．PTO 的使用

PTO 是可以指定脉冲数和周期的占空比为 50% 的高速脉冲串的输出。可在脉冲串完成时起动中断程序，若使用多段操作，则在包络表完成时起动中断程序。

PTO 功能可输出多个脉冲串，现用脉冲串输出完成时，新的脉冲串输出立即开始。这样就保证了输出脉冲串的连续性。PTO 功能允许多个脉冲串排队，从而形成流水线。流水线分为两种：单段流水线和多段流水线。

单段流水线是指：流水线中每次只能存储一个脉冲串的控制参数，初始 PTO 段一旦起动，必须按照对第二个波形的要求立即刷新 SM，并再次执行 PLS 指令，第一个脉冲串完成，第二个波形输出立即开始，重复此这一步骤可以实现多个脉冲串的输出。

单段流水线中的各段脉冲串可以采用不同的时间基准，但有可能造成脉冲串之间的不平稳过渡。输出多个高速脉冲时，编程复杂。

多段流水线是指在变量存储区 V 建立一个包络表。包络表存放每个脉冲串的参数，执行 PLS 指令时，S7-200 PLC 自动按包络表中的顺序及参数进行脉冲串输出。

多段流水线的特点是编程简单，能够通过指定脉冲的数量自动增加或减少周期，周期增量值Δ为正值会增加周期，周期增量值Δ为负值会减少周期，若Δ为零，则周期不变。在包络表中的所有的脉冲串必须采用同一时基，在多段流水线执行时，包络表的各段参数不能改变。多段流水线常用于步进电机的控制。

3．PWM 的使用

PWM 是脉宽可调的高速脉冲输出，通过控制脉宽和脉冲的周期，实现控制任务。

1）周期和脉宽。周期和脉宽时基为：微秒或毫秒，均为16位无符号数。

周期的范围从50～65535μs，或从2～65535ms。若周期小于两个时基，则系统默认为两个时基。

脉宽范围从0～65535μs或从0～65535ms。若脉宽大于等于周期，占空比等于100%，输出连续接通。若脉宽等于0，占空比为0%，则输出断开。

2）更新方式。有两种改变PWM波形的方法：同步更新和异步更新。

同步更新：不需改变时基时，可以用同步更新。执行同步更新时，波形的变化发生在周期的边缘，形成平滑转换。

异步更新：需要改变PWM的时基时，则应使用异步更新。异步更新使高速脉冲输出功能被瞬时禁用，与PWM波形不同步。这样可能造成控制设备振动。

常见的PWM操作是脉冲宽度不同，但周期保持不变，即不要求时基改变。因此先选择适合于所有周期的时基，尽量使用同步更新。

4．高速脉冲输出指令向导的应用

高速脉冲输出的程序可以用编程软件的指令向导生成。

【例8-4】 步进电机的控制要求如图8-15所示。用步进电动机实现的位置控制，为多速定位，包络表的起始地址为VB200，脉冲输出形式为PTO，脉冲输出端为Q0.0。从A点到B点为加速过程，从B到C为恒速运行，从C到D为减速过程。用指令向导的编程步骤如下：

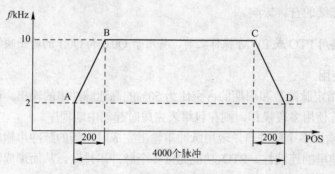

图8-15　步进电机的控制要求

1）打开STEP7-Mirco/WIN的程序编辑的页面，选择"工具"菜单→"位置控制向导"，位置控制向导如图8-16所示。

图8-16　位置控制向导

2）选择"配置 S7-200PLC 内置 PTO/PWM 操作"，并单击"下一步"按钮，选择配置如图 8-17 所示。

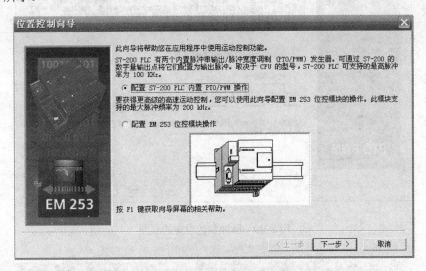

图 8-17　选择配置 PTO/PWM 操作

3）指定脉冲发生器的输出地址，如图 8-18 所示。本例选择 Q0.0。并单击"下一步"按钮。

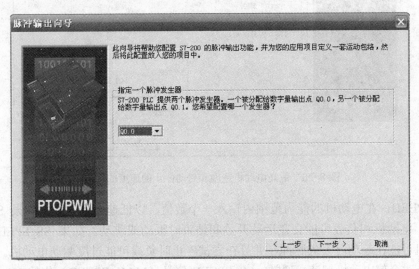

图 8-18　脉冲发生器的输出地址

4）在图 8-19 所示的选择 PTO 或 PWM 选择栏中选择"线性脉冲串输出（PTO）"输出形式。并单击"下一步"按钮。

5）在图 8-20 所示对话框中输入最高电动机速度（MAX_SPEED）和启动/停止的速度（SS_SPEED）的选定，并单击"下一步"按钮。

MAX_SPEED：在电动机扭矩能力范围内的最佳工作速度。驱动负载所需的转矩由摩擦力、惯性和加速／减速时间决定。

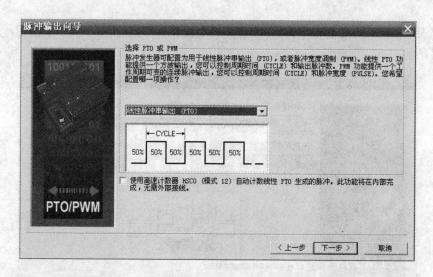

图 8-19　脉冲参数设定的页面

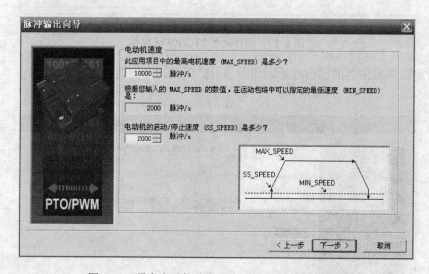

图 8-20　最高电动机速度和启动停止的速度的选定

SS_SPEED：在电动机的能力范围内输入一个数值，以低速驱动负载。如果 SS_SPEED 数值过低，电动机和负载可能会在运动开始和结束时颤动或跳动。如果 SS_SPEED 数值过高，电动机可能在起动时丢失脉冲，并且在尝试停止时负载可能过度驱动电动机。并且负载在试图停止时会使电动机超速。通常，SS_SPEED 值是（MAX_SPEED）值的 5%～15%。

MIN_SPEED 值由计算得出，用户不能输入。

6）在图 8-21 中以毫秒为单位指定设定电动机的加速、减速时间。

加速时间（ACCEL_TIME）：电动机从 SS_SPEED 加速至 MAX_SPEED 所需要的时间。

减速时间（DECEL_TIME）：电动机从 MAX_SPEED 减速至 SS_SPEED 所需要的时间。

加速时间和减速时间的默认设置均为 1000ms。

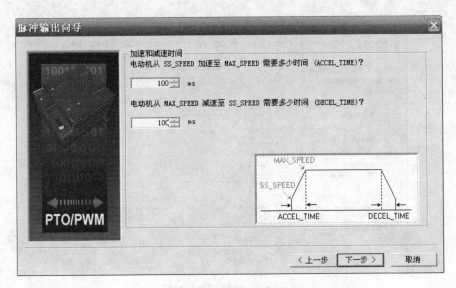

图 8-21 设定加减速时间

通常，电动机所需时间不到 1000ms。电动机加速和减速时间由反复试验决定。在开始时输入一个较大的数值。逐渐减少时间值直至电动机开始失速。

7）创建运动包络。如图 8-22 所示，单击"新包络"按钮，出现对话框，选择"是"按钮。

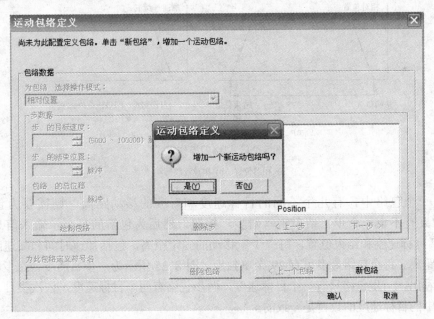

图 8-22 创建运动包络

8）配置运动包络界面。如图 8-23 所示。该界面需要选择操作模式、步的目标速度、结束位置及该包络的符号名。从 0 包络 0 步开始。设置完成单击"绘制包络"按钮，便可看到图中的运动包络曲线。本例中只有一个包络，这个包络只有一步。

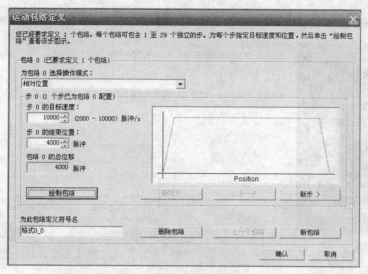

图 8-23 配置运动包络界面

为该包络选择操作模式（相对位置或单速连续旋转），并根据操作模式配置此包络。

相对位置模式指的是运动的终点位置是从起点侧开始计算脉冲数量，如图 8-24a 所示。

单速连续转动则不需要提供运动的终点位置，PTO 一直持续直至停止命令发出，如图 8-24b 所示。

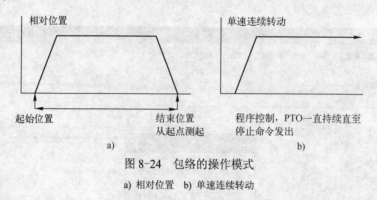

图 8-24 包络的操作模式

a) 相对位置　b) 单速连续转动

如果一个包络中，有几个不同的目标速度和对应的移动距离，则需要为包络定义"步"。如果有不止一个步，请单击"新步"按钮，然后为包络的每个步输入信息。每个"步"包括目标速度和结束位置，每"步"移动的固定距离，包括加速时间和减速时间在内所走过的距离。每个包络最多可有 29 个单独步。图 8-25 所示为一步、两步、三步、四步包络。可以看出，一步包络只有一个目标速度，两步包络有两个目标速度，依次类推，步的数目与包络中的目标速度的数目是一致的。

一个包络设置完成可以单击"新包络"，根据位置控制的需要设置新的包络。

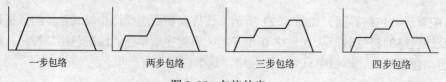

图 8-25 包络的步

9）包络表变量存储器地址的设定如图 8-26 所示，在变量存储器地址中设定表中设定包络表的起始地址。本例中包络表的起始地址为"VB200"，编程软件可以自动计算出包络表的结束地址为 VB269，单击"下一步"按钮。

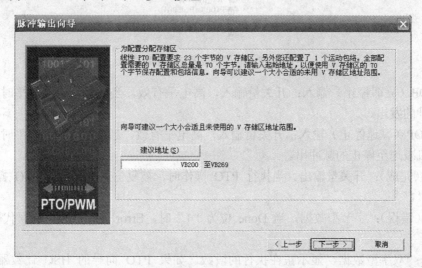

图 8-26　包络表变量存储器地址的设定

10）设定完成后出现图 8-27 所示的界面，进行设定确认，确认设定无误后单击"完成"按钮。

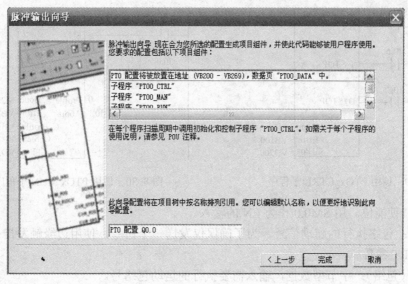

图 8-27　设定确认

11）通过向导编程结束后，会自动生成 PTO0_CTRL（控制）、PTO0_RUN（运行）、PTO0_MAN（手动模式）三个加密的带参数的子程序，向导生成的三个子程序如图 8-28 所示。

① PTOx_CTRL（控制）子程序：初始化和控制 PTO 操作，用 SM0.0 作为 EN 的输入，作为子程序调用，在程序中只使用一次，调用 PTOx_CTRL 子程序如图 8-29 所示。

图 8-28 向导生成的三个子程序

I_STOP（立即停止）输入：开关量输入，高电平有效，当此输入为高电平时，PTO 立即终止脉冲的发出。

D_STOP（减速停止）输入：开关量输入，高电平有效，当此输入为高电平时，PTO 会产生将电机减速至停止的脉冲串。

Done（完成）：开关量输出。当执行 PTO 操作时，被复位为"0"，当 PTO 操作完成时被置位为"1"。

Error（错误）：字节型数据，当 Done 位为"1"时，Error 字节会报告错误代码，"0" = 无错误。

C_Pos：双字型数据，显示正在执行的段数。如果 PTO 向导的 HSC 计数器功能已启用，C_Pos 参数包含用脉冲数目表示的模块；否则此数值始终为零。

② PTOx_RUN（运行包络）：当定义了一个或多个运动包络后，该子程序用于执行指定的运动包络，调用 PTOx_RUN 子程序如图 8-30 所示。

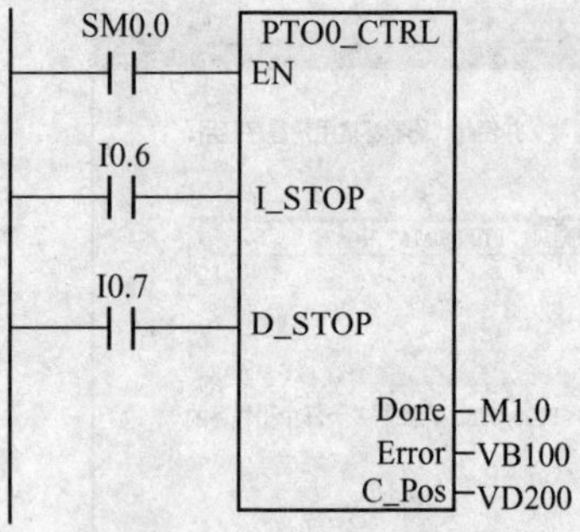

图 8-29 调用 PTOx_CTRL 子程序 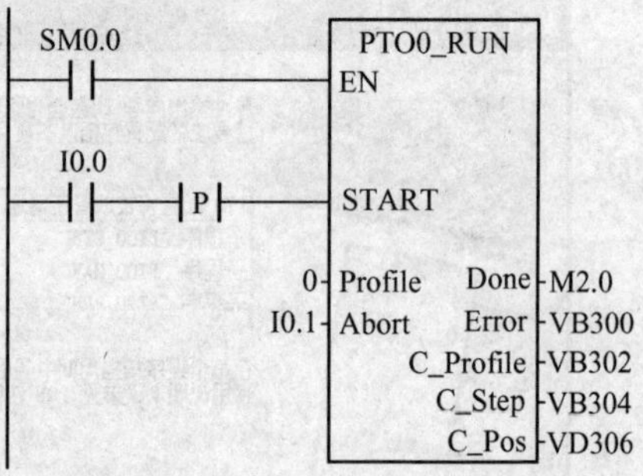   图 8-30 调用 PTOx_RUN 子程序

EN 位：使能位。用 SM0.0 作为 EN 的输入。

START：包络执行的起动信号。为了确保仅发送一个命令，使用边缘触发指令以脉冲方式开启 START 参数。

Profile（包络）：字节型数据，输入需要执行的运动包络号。

Abort（终止）：开关量输入，高电平有效，当该位为"1"时，取消包络运行命令，并减速至电机停止。

Done（完成）：开关量输出。当本子程序执行时，被复位为"0"，当本子程序执行完成时被置位为"1"。

Error（错误）：字节型数据，输出本子程序执行结果的错误信息，无错误时输出 0。

C_Profile（当前包络）：字节型数据，输出当前执行的包络号。

C_Step（当前步）：字节型数据，输出目前执行的包络的步号。

C_Pos（当前位置）：双字型数据，如果 PTO 向导的 HSC 计数器功能已启用，C_Pos 参数显示当前的脉冲数目；否则此数值始终为零。

③ PTOx_MAN（手动模式）：将 PTO 输出置于手动模式。这允许电动机起动、停止和按不同的速度运行。当 PTOx_MAN 子程序已启用时，除 PTOx_CTRL 外，任何其他 PTO 子程序都无法执行。调用 PTOx_MAN 子程序如图 8-31 所示。

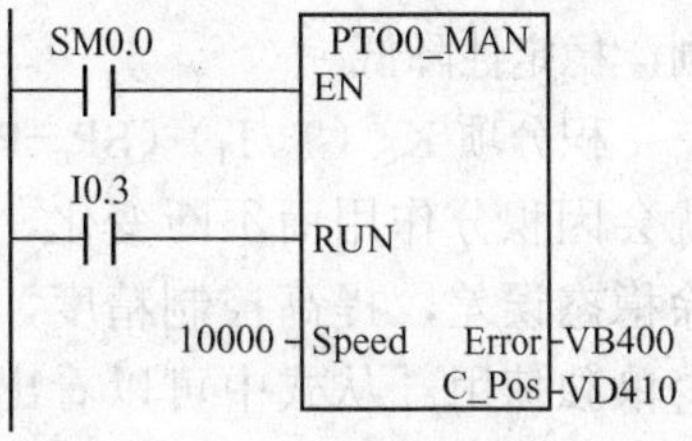

EN 位：使能位。用 SM0.0 作为 EN 的输入。

RUN（运行/停止）：启用 RUN（运行/停止）参数，命令 PTO 加速至指定速度（Speed（速度）参数），可以在电动机运行中更改 Speed 参数的数值；停用 RUN 参数：命令 PTO 减速至电动机停止。

Speed（速度参数）：DINT（双整数）值，输入目标速度值，当 RUN 已启用时，Speed 参数决定着速度。可以在电动机运行中更改此参数。

Error（错误）参数：包含本子程序的结果。"0"=无错误。

C_Pos（当前位置）：如果 PTO 向导的 HSC 计数器功能已启用，C_Pos 参数包含用脉冲数目表示的模块；否则此数值始终为零。

图 8-31 调用 PTOx_MAN 子程序

8.3 PID 控制及 PID 指令向导的应用

8.3.1 PID 指令

1. PID 算法

在工业生产过程控制中，模拟信号 PID（由比例、积分、微分构成的闭合回路）调节是常见的一种控制方法。运行 PID 控制指令，S7-200 将根据参数表中的输入测量值、控制设定值及 PID 参数，进行 PID 运算，求得输出控制值。参数表中有 9 个参数，全部为 32 位的实数，共占用 36B。PID 控制回路的参数表如表 8-7 所示。

表 8-7 PID 控制回路的参数表

地址偏移量	参 数	数据格式	参数类型	说 明
0	过程变量当前值 PVn	双字，实数	输入	必须在 0.0 至 1.0 范围内
4	给定值 SPn	双字，实数	输入	必须在 0.0 至 1.0 范围内
8	输出值 Mn	双字，实数	输入/输出	在 0.0 至 1.0 范围内
12	增益 Kc	双字，实数	输入	比例常量，可为正数或负数
16	采样时间 Ts	双字，实数	输入	以秒为单位，必须为正数
20	积分时间 Ti	双字，实数	输入	以分钟为单位，必须为正数
24	微分时间 T_d	双字，实数	输入	以分钟为单位，必须为正数
28	上一次的积分值 Mx	双字，实数	输入/输出	0.0 和 1.0 之间（根据 PID 运算结果更新）
32	上一次过程变量 PV_{n-1}	双字，实数	输入/输出	最近一次 PID 运算值

典型的 PID 算法包括三项：比例项、积分项和微分项。即：输出=比例项+积分项+微分项。计算机在周期性地采样并离散化后进行 PID 运算，算法如下：

$$M_n=K_c（SP_n-PV_n）+K_c（T_s/T_i）（SP_n-PV_n）+M_x+K_c（T_d/T_s）（PV_{n-1}-PV_n）$$

其中各参数的含义已在表 8-7 中描述。

比例项 $K_c（SP_n-PV_n）$：能及时地产生与偏差（SP_n-PV_n）成正比的调节作用，比例系数 K_c 越大，比例调节作用越强，系统的稳态精度越高，但 K_c 过大会使系统的输出量振荡加剧，稳定性降低。

积分项 $K_c（T_s/T_i）（SP_n-PV_n）+M_x$：与偏差有关，只要偏差不为 0，PID 控制的输出就会因积分作用而不断变化，直到偏差消失，系统处于稳定状态，所以积分的作用是消除稳态误差，提高控制精度，但积分的动作缓慢，给系统的动态稳定带来不良影响，很少单独使用。从式中可以看出：积分时间常数增大，积分作用减弱，消除稳态误差的速度减慢。

微分项 $K_c（T_d/T_s）（PV_{n-1}-PV_n）$：根据误差变化的速度（既误差的微分）进行调节，具有超前和预测的特点。微分时间常数 T_d 增大时，超调量减少，动态性能得到改善，如 T_d 过大，系统输出量在接近稳态时可能上升缓慢。

2．PID 控制回路选项

在很多控制系统中，有时只采用一种或两种控制回路。例如，可能只要求比例控制回路或比例和积分控制回路。通过设置常量参数值选择所需的控制回路。

1）如果不需要积分回路（即在 PID 计算中无"I"），则应将积分时间 T_i 设为无限大。由于积分项 M_x 的初始值，虽然没有积分运算，积分项的数值也可能不为零。

2）如果不需要微分运算（即在 PID 计算中无"D"），则应将微分时间 T_d 设定为 0.0。

3）如果不需要比例运算（即在 PID 计算中无"P"），但需要 I 或 ID 控制，则应将增益值 K_c 指定为 0.0。因为 K_c 是计算积分和微分项公式中的系数，将循环增益设为 0.0 会导致在积分和微分项计算中使用的循环增益值为 1.0。

3．PID 指令

PID 指令：使能有效时，根据回路参数表（TBL）中的输入测量值、控制设定值及 PID 参数进行 PID 计算。PID 指令格式如表 8-8 所示。

说明：

1）程序中可使用 8 条 PID 指令，分别编号 0～7，不能重复使用。

2）PID 指令不对参数表输入值进行范围检查。必须保证过程变量和给定值积分项前值和过程变量前值在 0.0 和 1.0 之间。

表 8-8 PID 指令格式

LAD	STL	说　明
PID EN　ENO ????-TBL ????-LOOP	PID TBL, LOOP	TBL：参数表起始地址 VB， 数据类型：字节 LOOP：回路号，常量（0～7）， 数据类型：字节

8.3.2 PID 控制功能及指令向导的应用

1．控制任务

一恒压供水水箱，通过变频器驱动的水泵供水，维持水位在满水位的 70%。过程变量 PV_n 为水箱的水位（由水位检测计提供），设定值为 70%，PID 输出控制变频器，即控制水箱注水调速电动机的转速。要求开机后，先手动控制电动机，水位上升到 70% 时，转换到 PID 自动调节。

I/O 分配：手动/自动切换开关 I0.0；模拟量输入 AIW0；模拟量输出 AQW0。

2．PID 回路参数表，恒压供水 PID 控制参数表如表 8-9 所示

表 8-9　恒压供水 PID 控制参数表

地　　址	参　　数	数　　值
VB100	过程变量当前值 PV_n	水位检测计提供的模拟量经 A-D 转换后的标准化数值
VB104	给定值 SPn	0.7
VB108	输出值 Mn	PID 回路的输出值（标准化数值）
VB112	增益 Kc	0.3
VB116	采样时间 Ts	0.1
VB120	积分时间 Ti	30
VB124	微分时间 Td	0（关闭微分作用）
VB128	上一次积分值 Mx	根据 PID 运算结果更新
VB132	上一次过程变量 PVn-1	最近一次 PID 的变量值

3．通过指令向导自动生成 PID 控制程序

S7-200 的 PID 控制程序可以通过指令向导自动生成。操作步骤如下：

1）打开 STEP7-Micro/WIN 编程软件，选择"工具"菜单→"指令向导"，出现图 8-32 所示选择 PID 指令向导。选择"PID"，并单击"下一步"按钮。

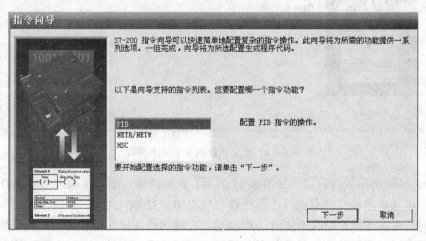

图 8-32　选择 PID 指令向导

2）指定 PID 指令的编号，如图 8-33 所示。

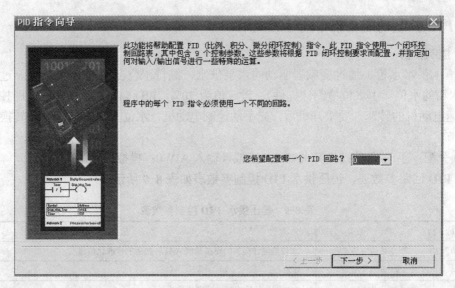

图 8-33　指定 PID 指令的编号

3）设定 PID 调节的基本参数，如图 8-34 所示。包括：指定给定值的下限、上限；比例增益 K_c；采样时间 T_s；积分时间 T_i；微分时间 T_d。设定完成单击"下一步"按钮。

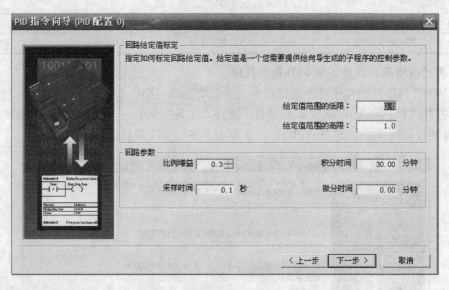

图 8-34　设定 PID 调节的基本参数

4）输入、输出参数的设定，如图 8-35 所示。在回路输入选项区输入信号 A/D 转换数据的极性，可以选择单极性或双极性，单极性数值在 0～32000 之间，双极性数值在-32000～32000 之间，可以选择使用或不使用 20%偏移；在输出选项区选择输出信号的类型：可以选择模拟量输出或数字量输出，输出信号的极性（单极性或双极性），选择是否使用 20%的偏移，选择 D-A 转换数据的下限（可以输入 D-A 转换数据的最小值）和上限（可以输入 D-A 转换数据的最大值）。设定完成单击"下一步"按钮。

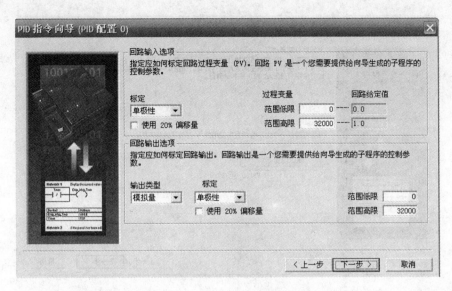

图 8-35　输入、输出参数的设定

5）输出报警参数的设定，如图 8-36 所示。选择是否使用输出下限报警，使用时应指定下限报警值；选择是否使用输出上限报警，使用时应指定上限报警值；选择是否使用模拟量输入模块错误报警，使用时指定模块位置。

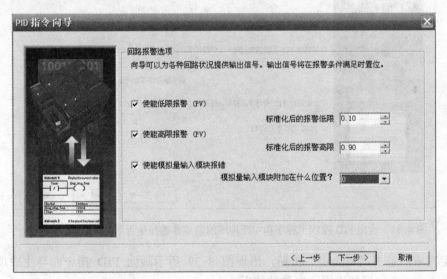

图 8-36　输出警报参数的设定

6）设定 PID 的控制参数占用的变量存储器的起始地址，如图 8-37 所示。

7）设定 PID 控制子程序和中断程序的名称并选择是否增加 PID 的手动控制。如图 8-38 所示。在选择了手动控制时，给定值将不再经过 PID 控制运算而直接进行输出，当 PID 位于手动模式时，输出应当通过向"Manual Output（手动输出）"参数写入一个标准化数值（0.00 至 1.00）的方法控制输出，而不是用直接改变输出的方法控制输出。这样会在 PID 返回自动模式时提供无扰动转换。

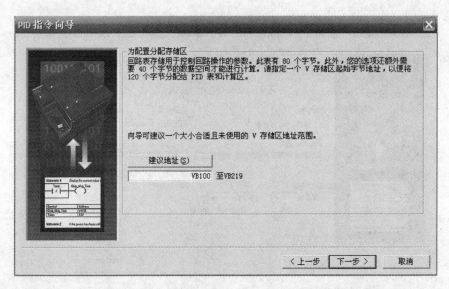

图 8-37　设定 PID 的控制参数占用的变量存储器的起始地址

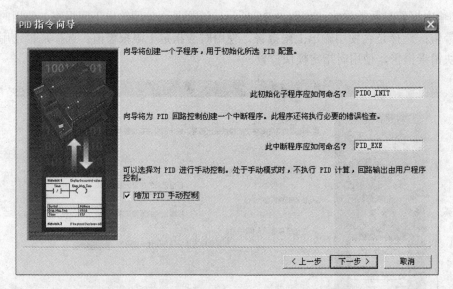

图 8-38　设定 PID 控制子程序和中断程序的名称并选择是否增加 PID 的手动控制

设定完成后单击"下一步"按钮,出现图 8-39 所示画面 PID 指令向导生成项目的确认,单击"完成"按钮结束编程向导的使用。

8)PID 指令向导生成的子程序和中断程序是加密的程序,子程序中全部使用的是局部变量,其中的输入和输出变量需要在调用程序中按照数据类型的要求对其进行赋值,PID 运算子程序的局部变量表如图 8-40 所示。中断程序直接通过子程序启用,不需要控制信号和变量。

输入变量如下。

EN:子程序使能控制端,通常使用 SM0.0 对子程序进行调用。

PV_I:模拟量输入地址,输入为 16 位整数,取值范围为 0~32000。

Setpoint_R：给定值的输入，取值范围为 0.0～1.0。

Auto_Manual：自动与手动转换信号，布尔型数据，"0"为手动，"1"为自动。

ManualOutput：手动模式时回路输出的期望值，数据类型为实数，数据范围为 0.0～1.0。

输出变量如下。

Output：PID 运算后输出的模拟量，数据类型为 16 位整数，数据范围为 0～32000，此处应指定输出映像寄存器的地址，放置该输出模拟量。

HighAlarm：输出上限报警信号，布尔型数据。

LowAlarm：输出下限报警信号，布尔型数据。

ModuleErr：模块出错的报警信号，布尔型数据。

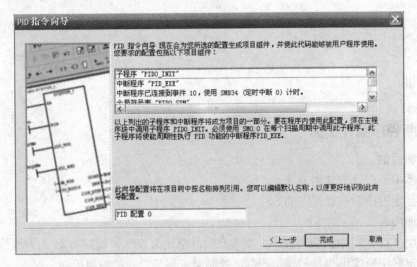

图 8-39　PID 指令向导生成项目的确认

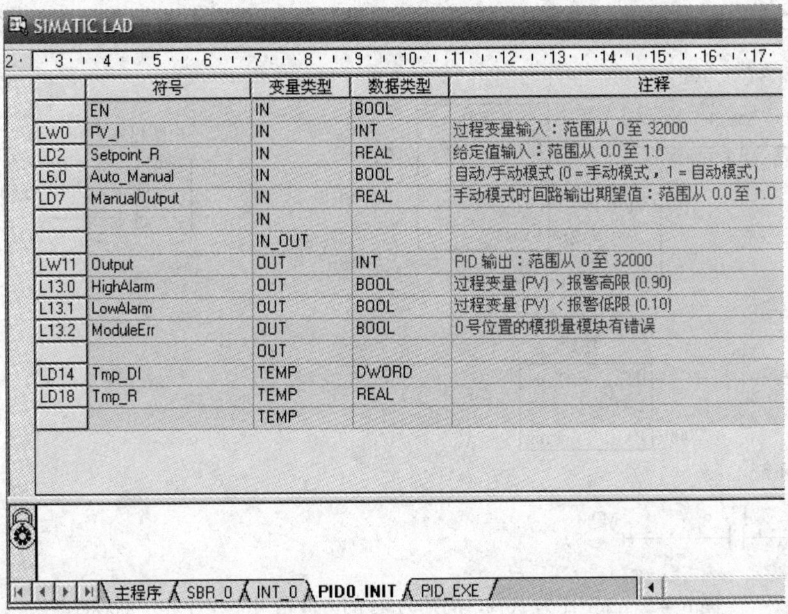

	符号	变量类型	数据类型	注释
	EN	IN	BOOL	
LW0	PV_I	IN	INT	过程变量输入：范围从 0 至 32000
LD2	Setpoint_R	IN	REAL	给定值输入：范围从 0.0 至 1.0
L6.0	Auto_Manual	IN	BOOL	自动/手动模式 (0 = 手动模式，1 = 自动模式)
LD7	ManualOutput	IN	REAL	手动模式时回路输出期望值：范围从 0.0 至 1.0
		IN		
		IN_OUT		
LW11	Output	OUT	INT	PID 输出：范围从 0 至 32000
L13.0	HighAlarm	OUT	BOOL	过程变量 (PV) 报警高限 (0.90)
L13.1	LowAlarm	OUT	BOOL	过程变量 (PV) 报警低限 (0.10)
L13.2	ModuleErr	OUT	BOOL	0号位置的模拟量模块有错误
		OUT		
LD14	Tmp_DI	TEMP	DWORD	
LD18	Tmp_R	TEMP	REAL	
		TEMP		

主程序 SBR_0 INT_0 PID0_INIT PID_EXE

图 8-40　PID 运算子程序的局部变量表

9）在 PLC 程序中可以通过调用 PID 运算子程序（PID0_INIT），实现 PID 控制，如图 8-41 所示。

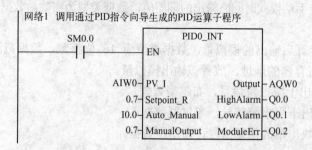

网络1 调用通过PID指令向导生成的PID运算子程序

图 8-41　在 PLC 程序中调用 PID 运算子程序

8.4　实训

8.4.1　中断程序编程实训

1．实训目的

1）熟悉中断指令的使用方法。

2）掌握定时中断设计程序的方法。

2．实训内容

1）利用 T32 定时中断编写程序，要求产生占空比为 50%，周期为 4s 的方波信号。

2）用定时中断实现喷泉的模拟控制，控制要求同第 7 章的喷泉控制。

3．参考程序

1）产生占空比为 50%，周期为 4s 的方波信号，主程序和中断程序如图 8-42 所示。

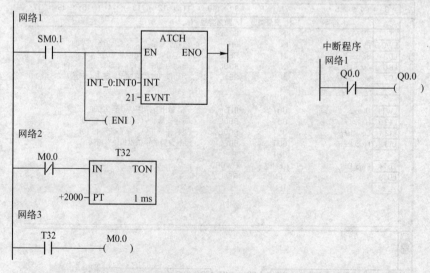

图 8-42　占空比为 50%，周期为 4s 的方波信号主程序和中断程序

2）喷泉的模拟控制参考程序如图 8-43 所示。

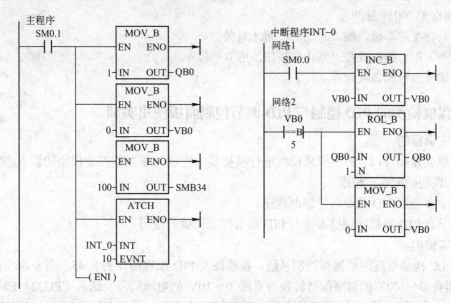

图 8-43 喷泉的模拟控制参考程序

分析：程序中采用定时中断 0，其中断号为 10，定时中断 0 的周期控制字 SMB34 中的定时时间设定值的范围为 1～255ms。喷泉模拟控制的移位时间为 0.5s，大于定时中断 0 的最大定时时间设定值 255ms，所以以将中断的时间间隔设为 100ms，这样中断执行 5 次，其时间间隔为 0.5s，在程序中用 VB0 来累计中断的次数，每执行一次中断，VB0 在中断程序中加 1，当 VB0=5 时，即时间间隔为 0.5s，QB0 移一位。

4．输入并调试程序

用状态图监视程序的运行，并记录观察到的现象。

8.4.2 高速输出指令向导编程实训

1．实训目的

1）熟悉指令向导的使用。

2）通过实训的编程、调试练习观察程序执行的过程，分析指令的工作原理，熟悉指令的具体应用，掌握编程技巧和能力。

2．实训内容

利用指令向导编程实现图 8-44 所示位置控制要求。

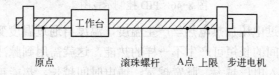

图 8-44 位置控制示意图

1）按下"起动"按钮，工作台先以 500Hz 的低速返回原点，停 2s。然后工作台从原点运行到 A 点停下。在工作台向 A 点运行的过程中，要求最初和最后的 2000 个脉冲的路程，以 500Hz 的低速运行，其余路程以 2000Hz 的速度运行（设 A 点距离原点 30000 个脉冲，上限距离原点 35000 个脉冲）。

2）只有在停车时，按"起动"按钮才有效。

3）当工作台越限或按"停止"按钮，应立即停车。

3．编译运行和调试程序

8.4.3　温度检测的 PID 控制与 PID 调节控制面板使用实训

1．实训目的

1）学会使用 PLC 的模拟量模块进行模拟量的控制，掌握模拟量模块的输入/输出的接线，输入模块的配置与校准。

2）学会使用 PID 指令向导编制程序。

3）学会 PID 参数的调整方法与 PID 调节控制面板的使用

2．实训内容

用 PLC 构成温度的检测和控制系统，接线图及 PID 原理图如图 8-45、图 8-46 所示。温度变送器将 0～100℃的温度信号转换为直流 0～10V 的电压信号，送入 CPU224+EM235 的模拟量输入通道 B（对应的模拟量输入映像寄存器 AIW2），并将其转换为 0～32000 的数字量。加热电阻丝用 AQW0 输出的 0～10V 的电压。

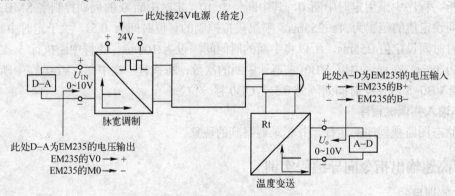

图 8-45　温度检测与控制示意图

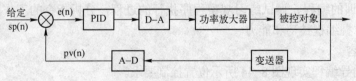

图 8-46　PID 控制示意图

温度控制原理：通过电压加热电热丝产生温度，温度再通过温度变送器变送为电压。加热电热丝时根据加热时间的长短可产生不一样的热能，这就需用到脉冲。输入电压不同就能产生不一样的脉宽，输入电压越大，脉宽越宽，通电时间越长，热能越大，温度越高，输出电压就越高。

PID 闭环控制：通过 PLC+A–D+D–A 实现 PID 闭环控制。比例、积分、微分系数取得合适，系统就容易稳定，这些都可以通过 PLC 软件编程来实现。

3．方法与步骤

1）按图 8-45 接线并按要求进行输入模块的配置与校准。模拟量模块用 EM235。接线并进行输入模块的配置与校准的方法。

第 1 步：EM235 配置设定开关 SW1～SW6 设置为 010001，即将输入类型及范围设置为 0～10V。

第 2 步：模拟量输入模块的校准。

设定模拟量输入类型后，需要进行模块的校准，此操作需要经过调整模块中的"增益调整"电位器实现。

校准调节影响所有的输入通道。即使在校准以后，如果模拟量多路转换器之前的输入电路元件值发生变化，从不同通道输入同一个输入信号，其信号值也会有微小的不同。校准输入的步骤如下：

① 切断模块电源，用 DIP 开关选择需要的输入范围。

② 接通 CPU 和模块电源，使模块稳定 15 min。

③ 用一个变送器、一个电压源或电流源，将零值信号加到模块的一个输入端。

④ 读取该输入通道在 CPU 中的测量值。

⑤ 调节模块上的 OFFSET（偏值）电位器，直到读数为零或需要的数字值。

⑥ 将一个满刻度模拟量信号接到某一个输入端子，读出 A-D 转换后的值。

⑦ 调节模块上的 GAIN（增益）电位器，直到读数为 32000 或需要的数字值。

⑧ 必要时重复上述校准偏值和增益的过程。

2）用 PID 指令向导编制程序。在 PID 指令向导的对话框中，设置 PID 回路 0 的设定值范围为 0.0～100.0（百分值），增益值为 1.0，采样周期值为 0.1s，积分时间值为 1.0min，微分时间值为 0min（关闭微分作用）。设置 PID 的输入、输出量均为单极性，变化范围均为 0～32000。输出类型为模拟量，回路使用报警功能，报警下限值为 0.1，报警上限值为 0.9。占用 VB0～VB119。增加手动控制功能。

3）完成了向导中的设置工作后，将会自动生成子程序 PID0_INIT 和中断程序 PID_EXE。在编程时，在主程序中调用子程序 PID0_INIT，主程序梯形图如图 8-47 所示所示。设置 PID0_INIT 的输入过程变量 PV_I 的地址为 AIW2，实数设定值 Setpoint_R 为 30.0（百分值），Auto_Manual 端接 I0.0 为自动与手动转换信号，"0"为手动，"1"为自动，手动模式时回路输出的值 ManualOutput 为 0.3，数据类型为实数（等于设定值）。PID 控制器的输出变量 Output 的地址为 AQW0，报警上限 HighAlarm 为 Q0.0，报警下限 LowAlarm 为 Q0.1，模块出错报警 ModuleErr 为 Q0.2。

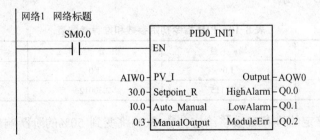

图 8-47 主程序梯形图

主程序中使用的 V 区地址不能与 PID 回路 0 占用的 VB0～VB119 冲突。用一直闭合的 SM0.0 的常开触点作为它的使能输入端（EN）。

将程序块和数据块下载到 PLC 后，将 PLC 切换到 RUN 模式，执行菜单命令"工具" →"PID 调节控制面板"，用 PID 调节控制面板监视 PID 回路的运行情况。在 PID 调节控制面板中单击"高级"按钮，在打开的对话框中使用系统预置的参数，滞后值和偏差值分别为 0.02 和 0.08，动态响应的类型为中速。

单击"开始自动调节"按钮，启动自整定过程。开始自整定的曲线 1 如图 8-48 所示。图中回路的设定值 SP 为纵坐标 30.0 处的水平线，PV 是过程变量（温度值），MV 是控制器的输出值。

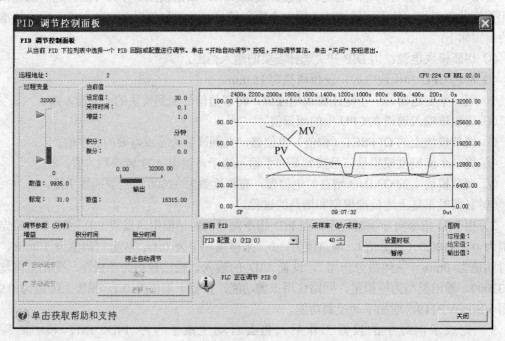

图 8-48　开始自整定的曲线 1

自整定过程是从稳态开始的，在自整定过程中，当误差超出滞后区时，自动切换 MV 的方向，因此 MV 的波形近似为方波。

自整定结束后，"调节参数"区给出了推荐的控制器参数。PID 指令初始参数和推荐的控制器参数比较见表 8-10。选择"手动调节"，点击"更新 PLC"将新的参数下载至 PLC，用新的参数进行 PID 控制。

表 8-10　PID 指令初始参数和推荐参数表

	增　益	积　分　时　间	微　分　时　间
初始参数	1.0	1.0	0.0
推荐参数	2.622115	2.30012	0.0

4）观察用自整定的推荐参数将给定值由 30%跳变到 50%的阶跃响应的曲线，并进行分析。

8.5 习题

1. 编写程序完成数据采集任务，要求每 100ms 采集一个数。

2. 利用上升沿和下降沿中断，编制图 8-49 所示的对 90°相位差的脉冲输入进行二分频处理的控制程序。出现 I0.0 上升沿或下降沿时 Q0.0 置位，出现 I0.1 上升沿或下降沿时 Q0.0 复位。

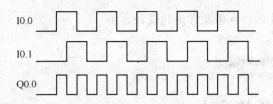

图 8-49　题 8-2 的控制要求

3. 编写一个输入/输出中断程序，要求实现：

1）从 0 到 255 的计数。

2）当输入端 I0.0 为上升沿时，执行中断程序 0，程序采用加计数。

3）当输入端 I0.0 为下降沿时，执行中断程序 1，程序采用减计数。

4）计数脉冲为 SM0.5。

4. 什么是 PTO 和 PWM，各有什么用途？

5. S7-200 哪种输出类型的 PLC 有高速脉冲发生器？

6. 使用高速计数器指令向导，要求：用高速计数器 HSC1 实现加计数，当计数值=200 时，将当前值清 0。

7. PID 控制回路选项如何设置？

第9章 PLC应用系统设计及实例

本章要点

● PLC 应用系统设计的步骤及常用的设计方法

● 应用举例

● PLC 的装配、检测和维护

9.1 PLC 应用系统的设计

9.1.1 PLC 控制系统的设计内容及设计步骤

1. PLC 控制系统的设计内容

1）根据设计任务书，进行工艺分析，并确定控制方案，它是设计的依据。

2）选择输入设备（如按钮、开关、传感器等）和输出设备（如继电器、接触器和指示灯等执行机构）。

3）选定 PLC 的型号（包括机型、容量、I/O 模块和电源等）。

4）分配 PLC 的 I/O 点，绘制 PLC 的 I/O 硬件接线图。

5）编写程序并调试。

6）设计控制系统的操作台、电气控制柜等以及安装接线图。

7）编写设计说明书和使用说明书。

2. 设计步骤

1）工艺分析。深入了解控制对象的工艺过程、工作特点、控制要求，并划分控制的各个阶段，归纳各个阶段的特点，和各阶段之间的转换条件，画出控制流程图或功能流程图。

2）选择合适的 PLC 类型。在选择 PLC 机型时，主要考虑下面几点：

① 功能的选择。对于小型的 PLC 主要考虑 I/O 扩展模块、A-D 与 D-A 模块以及指令功能（如中断、PID 等）。

② I/O 点数的确定。统计被控制系统的开关量、模拟量的 I/O 点数，并考虑以后的扩充（一般加上 10%～20%的备用量），从而选择 PLC 的 I/O 点数和输出规格。

③ 内存的估算。用户程序所需的内存容量主要与系统的 I/O 点数、控制要求、程序结构长短等因素有关。一般可按下式估算：存储容量=开关量输入点数×10+开关量输出点数×8+模拟通道数×100+定时器/计数器数量×2+通信接口个数×300+备用量。

3）分配 I/O 点。分配 PLC 的输入/输出点，编写输入/输出分配表或画出输入/输出端子的接线图，接着就可以进行 PLC 程序设计，同时进行控制柜或操作台的设计和现场施工。

4）程序设计。对于较复杂的控制系统，根据生产工艺要求，画出控制流程图或功能流程图，然后设计出梯形图，再根据梯形图编写语句表程序清单，对程序进行模拟调试和修改，直到满足控制要求为止。

5）控制柜或操作台的设计和现场施工。设计控制柜及操作台的电器布置图及安装接线图；设计控制系统各部分的电气互锁图；根据图样进行现场接线，并检查。

6）应用系统整体调试。如果控制系统由几个部分组成，则应先作局部调试，然后再进行整体调试；如果控制程序的步序较多，则可先进行分段调试，然后连接起来总调。

7）编制技术文件。技术文件应包括：可编程序控制器的外部接线图等电气图样，电器布置图，电器元件明细表，顺序功能图，带注释的梯形图和说明。

9.1.2 PLC 的硬件设计和软件设计及调试

1. PLC 的硬件设计

PLC 硬件设计包括：PLC 及外围线路的设计、电气线路的设计和抗干扰措施的设计等。
选定 PLC 的机型和分配 I/O 点后，硬件设计的主要内容就是电气控制系统的原理图设计，电气控制元器件的选择和控制柜的设计。电气控制系统的原理图包括主电路和控制电路。控制电路中包括 PLC 的 I/O 接线和自动、手动部分的详细连接等。电器元件的选择主要是根据控制要求选择按钮、开关、传感器、保护电器、接触器、指示灯和电磁阀等。

2. PLC 的软件设计

软件设计包括系统初始化程序、主程序、子程序、中断程序、故障应急措施和辅助程序的设计，小型开关量控制一般只有主程序。首先应根据总体要求和控制系统的具体情况，确定程序的基本结构，画出控制流程图或功能流程图，简单的可以用经验法设计，复杂的系统一般用顺序控制设计法设计。

3. 软件硬件的调试

调试分模拟调试和联机调试。

软件设计好后一般先作模拟调试。可以用小开关和按钮模拟 PLC 的实际输入信号（如起动、停止信号）或反馈信号（如限位开关的接通或断开），再通过输出模块上各输出位对应的指示灯，观察输出信号是否满足设计的要求。需要模拟量信号 I/O 时，可用电位器和万用表配合进行。在编程软件中可以用状态图或状态图表监视程序的运行或强制某些编程元件。

硬件部分的模拟调试主要是对控制柜或操作台的接线进行测试。可在操作台的接线端子上模拟 PLC 外部的开关量输入信号，或操作按钮的指令开关，观察对应 PLC 输入点的状态。用编程软件将输出点强制 ON/OFF，观察对应的控制柜内 PLC 负载（指示灯、接触器等）的动作是否正常，或对应的接线端子上的输出信号的状态变化是否正确。

联机调试时，把编制好的程序下载到现场的 PLC 中。调试时，主电路一定要断电，只对控制电路进行联机调试。通过现场的联机调试，还会发现新的问题或对某些控制功能的改进。

9.1.3 PLC 程序设计常用的方法

PLC 程序设计常用的方法主要有经验设计法、继电器控制电路转换为梯形图法、顺序控制设计法等。

1. 经验设计法

经验设计法即在一些典型的控制电路程序的基础上，根据被控制对象的具体要求，进行选择组合，并多次反复调试和修改梯形图，有时需增加一些辅助触点和中间编程环节，才能达到控制要求。这种方法没有规律可遵循，设计所用的时间和设计质量与设计者的经验有很大的关系，所以称为经验设计法。经验设计法用于较简单的梯形图设计。应用经验设计法必须熟记一些典型的控制电路，如起保停电路、脉冲发生电路等，这些电路在前面的章节中已经介绍过。

2. 顺序控制设计法

根据功能流程图，以步为核心，从起始步开始一步一步地设计下去，直至完成。此法的关键是画出功能流程图。首先将被控制对象的工作过程按输出状态的变化分为若干步，并指出步之间的转换条件和每个步的控制对象。这种工艺流程图集中了工作的全部信息。在进行程序设计时，可以用中间继电器 M 来记忆步，一步一步地顺序进行，也可以用顺序控制指令来实现。下面将详细介绍功能流程图的种类及编程方法。

（1）单流程及编程方法

功能流程图的单流程结构形式简单，单流程结构如图 9-1 所示，其特点是：每一步后面只有一个转换，每个转换后面只有一步。各个步按顺序执行，上一步执行结束，转换条件成立，立即开通下一步，同时关断上一步。用顺序控制指令来实现功能流程图的编程方法，在前面的章节已经介绍过了，在这里将重点介绍用中间继电器 M 来记忆步的编程方法。

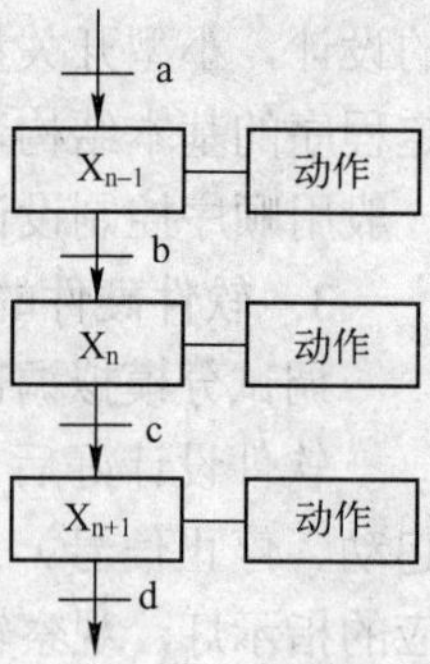

在图 9-1 中，当 $n-1$ 为活动步时，转换条件 b 成立，则转换实现，n 步变为活动步，同时 $n-1$ 步关断。由此可见，第 n 步成为活动步的条件是：$X_{n-1}=1$，$b=1$；第 n 步关断的条件只有一个 $X_{n+1}=1$。用逻辑表达式表示功能流程图的第 n 步开通和关断条件为：

$$X_n = (X_{n-1} \cdot b + X_n) \cdot \overline{X_{n+1}}$$

式中等号左边的 X_n 为第 n 步的状态，等号右边 X_{n+1} 表示关断第 n 步的条件，X_n 表示自保持信号，b 表示转换条件。

【例 9-1】 根据图 9-2 所示的功能流程图，设计出梯形图程序。下面将结合本例介绍常用的编程方法。

图 9-1 单流程结构

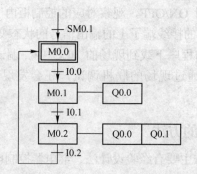

图 9-2 例 9-1 功能流程图

1）使用起保停电路模式的编程方法。在梯形图中，为了实现当前级步为活动步且转换条件成立时，才能进行步的转换，总是将代表前级步的中间继电器的常开接点与转换条件对应的接点串联，作为后续步的中间继电器得电的条件。当后续步被激活，应将前级步关断，所以用代表后续步的中间继电器常闭接点串在前级步的电路中。

图 9-2 所示的功能流程图对应的状态逻辑关系为：

$$M0.0 = (SM0.1 + M0.2 \cdot I0.2 + M0.0) \cdot \overline{M0.1}$$
$$M0.1 = (M0.0 \cdot I0.0 + M0.1) \cdot \overline{M0.2}$$
$$M0.2 = (M0.1 \cdot I0.1 + M0.2) \cdot \overline{M0.0}$$
$$Q0.0 = M0.1 + M0.2$$
$$Q0.1 = M0.2$$

对于输出电路的处理应注意：Q0.0 输出继电器在 M0.1、M0.2 步中都被接通，应将 M0.1 和 M0.2 的常开接点并联去驱动 Q0.0；Q0.1 输出继电器只在 M0.2 步为活动步时才接通，所以用 M0.2 的常开接点驱动 Q0.1。

使用起保停电路模式编制的梯形图程序如图 9-3 所示。

2）使用置位、复位指令的编程方法。S7-200 系列 PLC 有置位和复位指令，且对同一个线圈置位和复位指令可分开编程，所以可以实现以转换条件为中心的编程。

当前步为活动步且转换条件成立时，用 S 将代表后续步的中间继电器置位（激活），同时用 R 将本步复位（关断）。

在图 9-2 所示的功能流程图中，如用 M0.0 的常开接点和转换条件 I0.0 的常开接点串联作为 M0.1 置位的条件，同时作为 M0.0 复位的条件。这种编程方法很有规律，每一个转换都对应一个 S/R 的电路块，有多少个转换就有多少个这样的电路块。用置位、复位指令编制的梯形图程序如图 9-4 所示。

3）使用移位寄存器指令编程的方法。单流程的功能流程图各步总是顺序通断，并且同时只有一步接通，因此很容易采用移位寄存器指令实现这种控制。对于图 9-2 所示的功能流程图，可以指定一个两位的移位寄存器，用 M0.1、M0.2 代表有输出的两步，移位脉冲由代

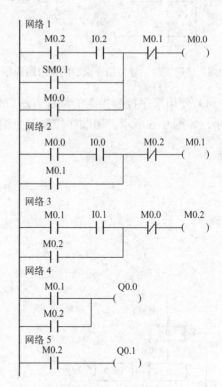

图 9-3　使用起保停电路模式编制的梯形图程序

表步状态的中间继电器的常开接点和对应的转换条件组成的串联支路并联提供，数据输入端（DATA）的数据由初始步提供。移位寄存器指令编制的梯形图程序如图 9-5 所示。在梯形图中将对应步的中间继电器的常闭接点串联连接，可以禁止流程执行的过程中移位寄存器 DATA 端置"1"，以免产生误操作信号，从而保证了流程的顺利执行。

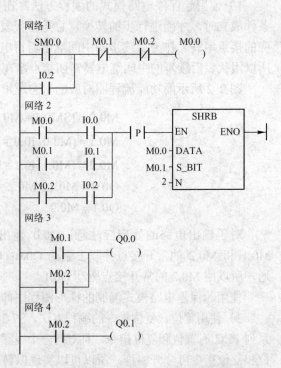

图 9-4　使用置位、复位指令编制的梯形图程序　　　　图 9-5　移位寄存器指令编制的梯形图

4）使用顺序控制指令的编程方法。使用顺序控制指令编程，必须使用 S 状态元件代表各步，如图 9-6 所示。用顺序控制指令编程的梯形图如图 9-7 所示。

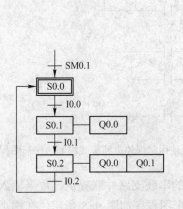

图 9-6　使用 S 状态元件代表各步

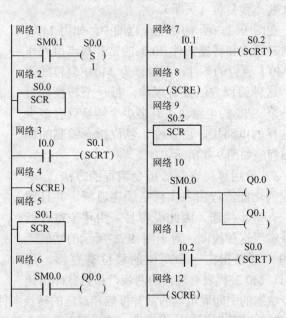

图 9-7　用顺序控制指令编程的梯形图

（2）选择分支及编程方法

选择分支分为两种，图 9-8 所示为选择分支开始，图 9-9 所示为选择分支结束。

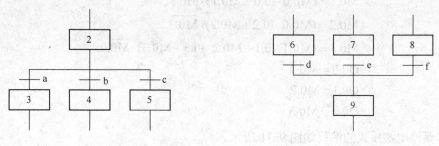

图 9-8　选择分支开始　　　　　　　　　　　图 9-9　选择分支结束

选择分支开始指：一个前级步后面紧接着若干个后续步可供选择，各分支都有各自的转换条件，在图中则表示为代表转换条件的短划线在各自分支中。

选择分支结束又称为选择分支合并，是指几个选择分支在各自的转换条件成立时转换到一个公共步上。

在图 9-8 中，假设 2 为活动步，若转换条件 a=1，则执行步 3；如果转换条件 b=1，则执行步 4；转换条件 c=1，则执行步 5。即哪个条件满足，则选择相应的分支，同时关断上一步 2。一般只允许选择其中一个分支。在编程时，若图 9-8 中的工步 2、3、4、5 分别用 M0.0、M0.1、M0.2、M0.3 表示，则当 M0.1、M0.2、M0.3 之一为活动步时，都将导致 M0.0=0，所以在梯形图中应将 M0.1、M0.2 和 M0.3 的常闭接点与 M0.0 的线圈串联，作为关断 M0.0 步的条件。

在图 9-9 中，如果步 6 为活动步，转换条件 d=1，则，则步 6 向步 9 转换；如果步 7 为活动步，转换条件 e=1，则步 7 向步 9 转换；如果步 8 为活动步，转换条件 f=1，则步 8 向步 9 转换。若图 9-9 中的步 6、7、8、9 分别用 M0.4、M0.5、M0.6、M0.7 表示，则 M0.7（步 9）的起动条件为：$M0.4 \cdot d + M0.5 \cdot e + M0.6 \cdot f$，在梯形图中，则为 M0.4 的常开接点串联与 d 转换条件对应的触点、M0.5 的常开接点串联与 e 转换条件对应的触点、M0.6 的常开接点串联与 f 转换条件对应的触点，三条支路并联后作为 M0.7 线圈的起动条件。

【例 9-2】　根据图 9-10 所示的功能流程图，设计出梯形图程序。

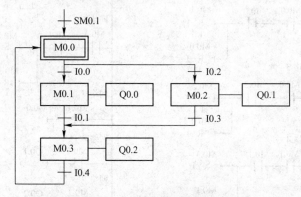

图 9-10　例 9-2 功能流程图

1）使用起保停电路模式的编程。对应的状态逻辑关系为：

$$M0.0 = (SM0.1 + M0.3 \cdot I0.4 + M0.0) \cdot \overline{M0.1} \cdot \overline{M0.2}$$

$$M0.1 = (M0.0 \cdot I0.0 + M0.1) \cdot \overline{M0.3}$$

$$M0.2 = (M0.0 \cdot I0.2 + M0.2) \cdot \overline{M0.3}$$

$$M0.3 = (M0.1 \cdot I0.1 + M0.2 \cdot I0.3 + M0.3) \cdot \overline{M0.0}$$

$$Q0.0 = M0.1$$

$$Q0.1 = M0.2$$

$$Q0.2 = M0.3$$

用起保停电路模式的编程如图 9-11 所示。

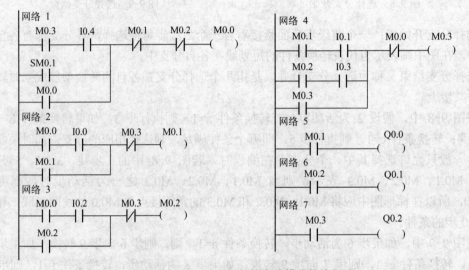

图 9-11　例 9-2 用起保停电路模式的编程

2）使用置位、复位指令的编程。对应的梯形图程序如图 9-12 所示。

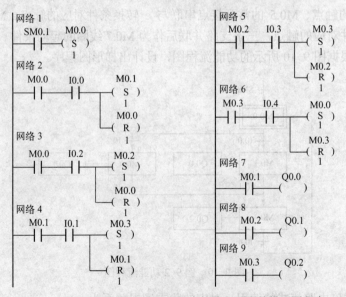

图 9-12　例 9-2 用置位、复位指令的编程对应的梯形图程序

232

3）使用顺序控制指令的编程。使用顺序控制指令编程的功能流程图如图 9-13 所示。使用顺序控制指令编程的梯形图程序如图 9-14 所示。

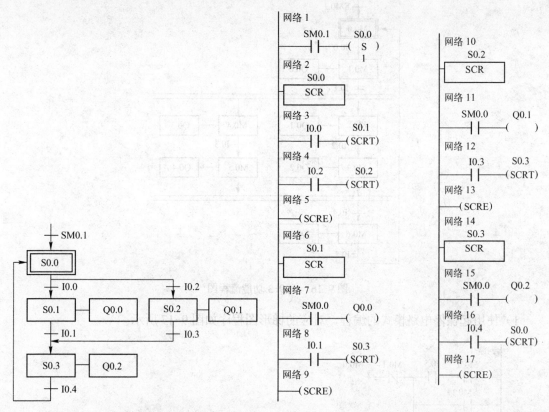

图 9-13　使用顺序控制指令编程的功能流程图　　　　图 9-14　例 9-2 用顺序控制指令编程的梯形图

（3）并行分支及编程方法

并行分支也分两种，图 9-15a 为并行分支的开始，图 9-15b 为并行分支的结束，也称为合并。并行分支的开始是指当转换条件实现后，同时使多个后续步激活。为了强调转换的同步实现，水平连线用双线表示。在图 9-15a 中，当步 2 处于激活状态，若转换条件 e=1，则步 3、4、5 同时起动，步 2 必须在步 3、4、5 都开启后，才能关断。并行分支的合并是指：当前级步 6、7、8 都为活动步，且转换条件 f 成立时，开通步 9，同时关断步 6、7、8。

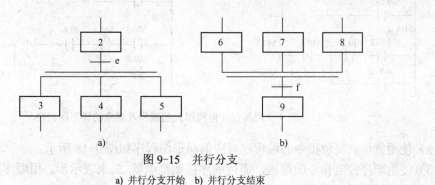

图 9-15　并行分支

a) 并行分支开始　b) 并行分支结束

【例 9-3】 根据图 9-16 所示的功能流程图，设计出梯形图程序。

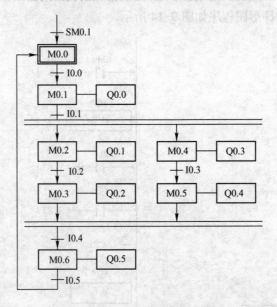

图 9-16　例 9-3 功能流程图

1）使用起保停电路模式的编程，对应的梯形图程序如图 9-17 所示。

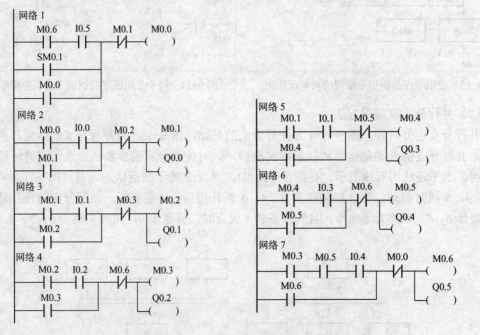

图 9-17　例 9-3 用起保停电路模式的编程及对应的梯形图程序

2）使用置位、复位指令的编程，对应的梯形图程序如图 9-18 所示。

3）使用顺序控制指令的编程，需用顺序控制继电器 S 来表示步。用顺序控制指令的编程及对应的梯形图程序如图 9-19 所示。

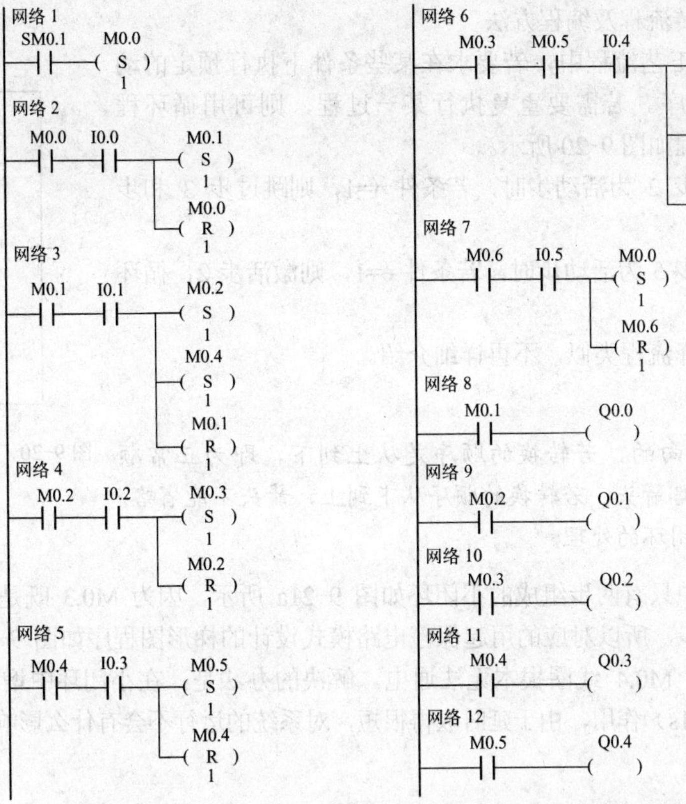

网络 1
SM0.1
M0.0
S
1
网络 2
M0.0
I0.0
M0.1
S
1
M0.0
R
1
网络 3
M0.1
I0.1
M0.2
S
1
M0.4
S
1
M0.1
R
1
网络 4
M0.2
I0.2
M0.3
S
1
M0.2
R
1
网络 5
M0.4
I0.3
M0.5
S
1
M0.4
R
1
网络 6
M0.3
M0.5
I0.4
M0.6
S
1
M0.3
R
1
M0.5
R
1
网络 7
M0.6
I0.5
M0.0
S
1
M0.6
R
1
网络 8
M0.1
Q0.0
网络 9
M0.2
Q0.1
网络 10
M0.3
Q0.2
网络 11
M0.4
Q0.3
网络 12
M0.5
Q0.4

图 9-18　例 9-3 用置位、复位指令编程及对应的梯形图程序

网络 1
SM0.1
S0.0
S
1
网络 2
S0.0
SCR
网络 3
I0.0
S0.1
(SCRT)
网络 4
(SCRE)
网络 5
S0.1
SCR
网络 6
SM0.0
Q0.0
网络 7
I0.1
S0.2
(SCRT)
S0.4
(SCRT)
网络 8
(SCRE)
网络 9
S0.2
SCR
网络 10
SM0.0
Q0.1
网络 11
I0.2
S0.3
(SCRT)
网络 12
(SCRE)
网络 13
S0.3
SCR
网络 14
SM0.0
Q0.2
网络 15
(SCRE)
网络 16
S0.4
SCR
网络 17
SM0.0
Q0.3
网络 18
I0.3
S0.5
(SCRT)
网络 19
(SCRE)
网络 20
S0.5
SCR
网络 21
SM0.0
Q0.4
网络 22
(SCRE)
网络 23
SM0.3
SM0.5
I0.4
S0.6
S
1
S0.3
R
1
S0.5
R
1
网络 24
S0.6
SCR
网络 25
SM0.0
Q0.5
网络 26
I0.5
S0.0
(SCRT)
网络 27
(SCRE)

图 9-19　例 9-3 用顺序控制指令的编程及对应的梯形图程序

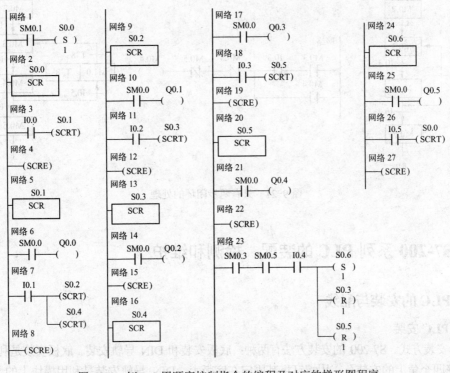

（4）循环、跳转流程及编程方法

在实际生产的工艺流程中，若要求在某些条件下执行预定的动作，则可用跳转程序。若需要重复执行某一过程，则可用循环程序，循环、跳转流程如图 9-20 所示。

跳转流程：当步 2 为活动步时，若条件 f=1，则跳过步 3 和步 4，直接激活步 5。

循环流程：当步 5 为活动步时，若条件 e=1，则激活步 2，循环执行。

编程方法和选择流程类似，不再详细介绍。

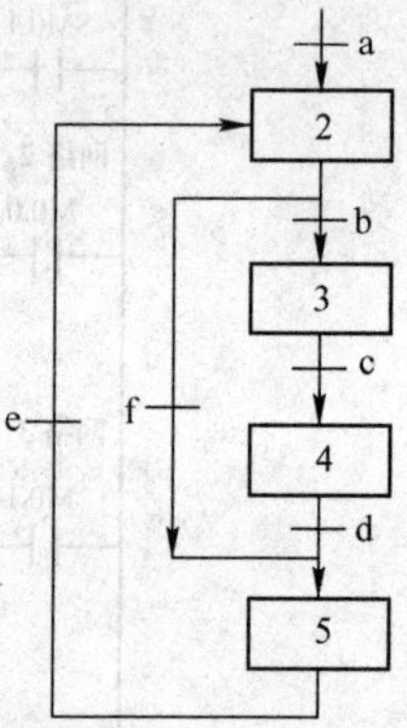

注意：

- 转换是有方向的，若转换的顺序是从上到下，即为正常顺序，可以省略箭头。若转换的顺序从下到上，箭头不能省略。
- 只有两步的闭环的处理。

图 9-20　循环、跳转流程

在顺序功能图中只有两步组成的小闭环如图 9-21a 所示，因为 M0.3 既是 M0.4 的前级步，又是它的后续步，所以对应的用起保停电路模式设计的梯形图程序如图 9-21b 所示。从梯形图中可以看出，M0.4 线圈根本无法通电。解决的办法是：在小闭环中增设一步，这一步只起短延时（≤0.1s）作用，由于延时取得很短，对系统的运行不会有什么影响，如图 9-21c 所示。

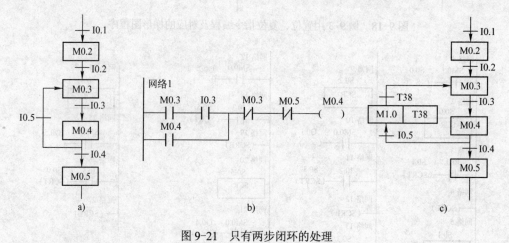

图 9-21　只有两步闭环的处理

9.2　S7-200 系列 PLC 的装配、检测和维护

9.2.1　PLC 的安装与配线

1. PLC 安装

1）安装方式。S7-200 的安装方法有两种：底板安装和 DIN 导轨安装。底板安装是利用 PLC 机体外壳四个角上的安装孔，用螺钉将其固定在底版上。DIN 导轨安装是利用模块上的 DIN 夹

子，把模块固定在一个标准的 DIN 导轨上。导轨安装既可以水平安装，也可以垂直安装。

2）安装环境。PLC 适用于工业现场，为了保证其工作的可靠性，延长 PLC 的使用寿命，安装时要注意周围环境条件：环境温度在 0～55℃范围内；相对湿度在 35%～85%范围内（无结霜），周围无易燃或腐蚀性气体、过量的灰尘和金属颗粒；避免过度的震动和冲击；避免太阳光的直射和水的溅射。

3）安装注意事项。除了环境因素，安装时还应注意：PLC 的所有单元都应在断电时安装、拆卸；切勿将导线头、金属屑等杂物落入机体内；模块周围应留出一定的空间，以便于机体周围的通风和散热。此外，为了防止高电子噪声对模块的干扰，应尽可能将 S7-200 模块与产生高电子噪声的设备（如变频器）分隔开。

2．PLC 的配线

PLC 的配线主要包括电源接线、接地、I/O 接线及对扩展单元的接线等。

1）电源接线与接地。PLC 的工作电源有 120/230V 单相交流电源和 24V 直流电源。系统的大多数干扰往往通过电源进入 PLC，在干扰强或可靠性要求高的场合，动力部分、控制部分、PLC 自身电源及 I/O 回路的电源应分开配线，用带屏蔽层的隔离变压器给 PLC 供电。隔离变压器的一次侧最好接 380V，这样可以避免接地电流的干扰。输入用的外接直流电源最好采用稳压电源，因为整流滤波电源有较大的波纹，容易引起误动作。

良好的接地是抑制噪声干扰和电压冲击保证 PLC 可靠工作的重要条件。PLC 系统接地的基本原则是单点接地，一般用独自的接地装置，单独接地，接地线应尽量短，一般不超过 20m，使接地点尽量靠近 PLC。

① 120/230V 交流电源接线安装图如图 9-22 所示。说明如下：

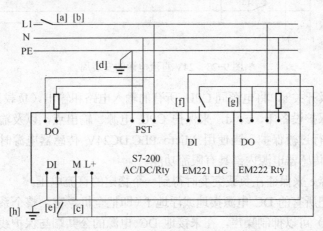

图 9-22　120/230V 交流电源接线安装图

a．用一个单极开关 a 将电源与 CPU 所有的输入电路和输出（负载）电路隔开。

b．用一台过电流保护设备 b 以保护 CPU 的电源输出点以及输入点，也可以为每个输出点加上熔体。

c．当使用 Micro PLC DC24V 传感器电源 c 时可以取消输入点的外部过流保护，因为该传感器电源具有短路保护功能。

d．将 S7-200 的所有地线端子同最近接地点 d 相连接以提高抗干扰能力。所有的接地端子都使用 14 AWG 或 1.5mm^2 的电线连接到独立接地点上（也称为一点接地）。

e．本机单元的直流传感器电源可用来为本机单元的直流输入 e，扩展模块 f，以及输出扩展模块 g 供电。传感器电源具有短路保护功能。

f．在安装中如把传感器的供电 M 端子接到地上 h 可以抑制噪声。

② 24V 直流电源的安装图如图 9-23 所示。说明如下：

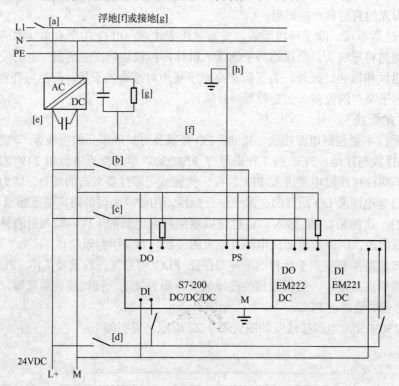

图 9-23　24V 直流电源的安装周

a．用一个单极开关 a，将电源同 CPU 所有的输入电路和输出（负载）电路隔开。

b．用过电流保护设备 b、c、d，来保护 CPU 电源、输出点，以及输入点。或在每个输出点加上熔断器进行过流保护。当使用 Micro PLC DC24V 传感器电源时不用输入点的外部过电流保护。因为传感器电源内部具有限流功能。

c．用外部电容 e 来保证在负载突变时得到一个稳定的直流电压。

d．在应用中把所有的 DC 电源接地或浮地 f（即把全机浮空，整个系统与大地的绝缘电阻不能小于 50MΩ）可以抑制噪声，在未接地 DC 电源的公共端与保护线 PE 之间串联电阻与电容的并联回路 g，电阻提供了静电释放通路，电容提供高频噪声通路。常取 $R=1MΩ$，$C=4700pF$。

e．将 S7-200 所有的接地端子同最近接地点 h 连接，采用一点接地，以提高抗干扰能力。

f．24V 直流电源回路与设备之间，以及 120/230V 交流电源与危险环境之间，必须进行电气隔离。

2）I/O 接线和对扩展单元的接线。可编程序控制器的输入接线是指外部开关设备 PLC 的输入端口的连接线。输出接线是指将输出信号通过输出端子送到受控负载的外部接线。

I/O 接线时应注意：I/O 线与动力线、电源线应分开布线，并保持一定的距离，如需在一个线槽中布线时，须使用屏蔽电缆；I/O 线的距离一般不超过 300m；交流线与直流线，输入线与输出线应分别使用不同的电缆；数字量和模拟量 I/O 应分开走线，传送模拟量 I/O 线应使用屏蔽线，且屏蔽层应一端接地。

PLC 的基本单元与各扩展单元的连接比较简单，接线时，先断开电源，将扁平电缆的一端插入对应的插口即可。PLC 的基本单元与各扩展单元之间电缆传送的信号小，频率高，易受干扰。因此不能与其他连线敷设在同一线槽内。

9.2.2 PLC 的维护与检修

虽然 PLC 的故障率很低，由 PLC 构成的控制系统可以长期稳定和可靠的工作，但对它进行维护和检查是必不可少的。一般每半年应对 PLC 系统进行一次周期性检查。检修内容包括：

1）供电电源。查看 PLC 的供电电压是否在标准范围内。交流电源工作电压的范围为 85～264V，直流电源电压应为 24V。

2）环境条件。查看控制柜内的温度是否在 0～55℃ 范围内，相对湿度在 35%～85% 范围内，以及无粉尘、铁屑等积尘。

3）安装条件。连接电缆的连接器是否完全插入旋紧，螺钉是否松动，各单元是否可靠固定、有无松动。

4）I/O 端电压。均应在工作要求的电压范围内。

9.3 实训

9.3.1 机械手的模拟控制实训

图 9-24 为传送工件的某机械手的工作示意图，其任务是将工件从传送带 A 搬运到传送带 B。

1. 控制要求

按"起动"按钮后，传送带 A 运行直到光电开关 PS 检测到物体，才停止，同时机械手下降。下降到位后机械手夹紧物体，2s 后开始上升，而机械手保持夹紧。上升到位左转（注：此处以机械手为主体，定左右），左转到位下降，下降到位机械手松开，2s 后机械手上升。上升到位后，传送带 B 开始运行，同时机械手右转，右转到位，传送带 B 停止，此时传送带 A 运行直到光电开关 PS 再次检测到物体，才停止……循环 。

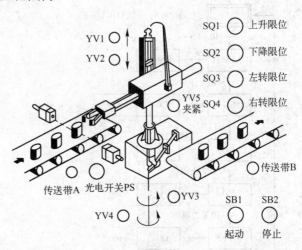

图 9-24 传送工件的某机械手的工作示意图

机械手的上升、下降和左转、右转的执行，分别由双线圈二位电磁阀控制汽缸的运动控制。当下降电磁阀通电，机械手下降，若下降电磁阀断电，机械手停止下降，保持现有的动作状态。当上升电磁阀通电时，机械手上升。同样左转/右转也是由对应的电磁阀控制。夹紧/放松则是由单线圈的二位电磁阀控制汽缸的运动来实现，线圈通电时执行夹紧动作，断电时执行放松动作。并且要求只有当机械手处于上限位时才能进行左/右移动，因此在左右转动时用上限条件作为联锁保护。由于上下运动，左右转动采用双线圈两位电磁阀控制，两个线圈不能同时通电，因此在上/下、左/右运动的电路中须设置互锁环节。

为了保证机械手动作准确，机械手上安装了限位开关 SQ1、SQ2、SQ3、SQ4，分别对机械手进行下降、上升、左转、右转等动作的限位，并给出动作到位的信号。光电开关 PS 负责检测传送带 A 上的工件是否到位，到位后机械手开始动作。

2．I/O 分配

输	入	输	出
起动按钮：　I0.0	左转限位 SQ3：I0.3	上升 YV1：Q0.1	夹紧 YV5：Q0.5
停止按钮：　I0.5	右转限位 SQ4：I0.4	下降 YV2：Q0.2	传送带 A：Q0.6
上升限位 SQ1：I0.1	光电开关 PS：I0.6	左转 YV3：Q0.3	传送带 B：Q0.7
下降限位 SQ2：I0.2		右转 YV4：Q0.4	

3．控制程序设计

根据控制要求先设计出功能流程图，机械手流程图如图 9-25 所示。根据功能流程图再设计出梯形图程序，机械手梯形图程序如图 9-26 所示。

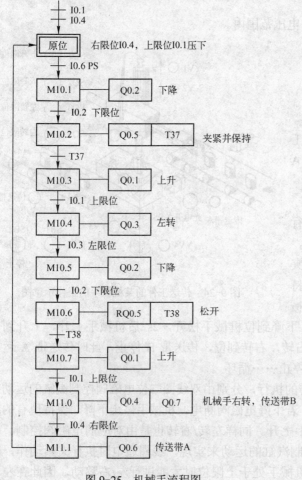

图 9-25　机械手流程图

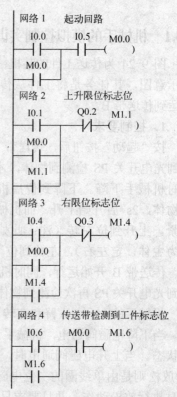

图 9-26　机械手梯形图程序

网络5   传送带A（起动后传送带A运行，直到检测到工件后停止；
        或传送带B停止时，传送带A运行，机械手到原位后停止）

```
  M0.0     M1.6      Q0.6
──┤├──────┤/├───────( )

  M11.1    M11.2
──┤├──────┤/├──
```

网络6   移位寄存器的数据输入端DATA（M10.0）数据的提供：当机械手处于原位，
        各工步未起动时，若光电开关PS检测到工件，M10.1置1

```
  M1.1   M1.4   M1.6   M10.1  M10.2  M10.3  M10.4  M10.5
──┤├────┤├────┤├────┤/├────┤/├────┤/├────┤/├────┤/├──┐
                                                       │
  ┌────────────────────────────────────────────────────┘
  │  M10.6  M10.7  M11.0  M11.1  M10.0
  └──┤/├────┤/├────┤/├────┤/├────( )
```

网络7   按下停止按钮移位寄存器复位，机械手松开

```
  I0.5            M10.0
──┤/├───────────( R )
  │              9
  │
  │              M20.0
  └─────────────( R )
                 1
```

网络8   移位脉冲信号由代表各步的中间继电器的常开接点
        和相应的转换条件接点串联支路依次并联组成

```
  M10.0                        ┌──────SHRB──────┐
──┤├──────────────────┤P├─────┤EN          ENO├─
                              │                │
  M10.1    I0.2               │                │
──┤├──────┤├──              M10.0─┤DATA         │
                            M10.1─┤S_BIT        │
  M10.2    T37                +10─┤N            │
──┤├──────┤├──               └────────────────┘

  M10.3    I0.1
──┤├──────┤├──

  M10.4    I0.3
──┤├──────┤├──

  M10.5    I0.2
──┤├──────┤├──

  M10.6    T38
──┤├──────┤├──

  M10.7    I0.1
──┤├──────┤├──

  M11.0    I0.4
──┤├──────┤├──

  M11.1    I0.6
──┤├──────┤├──
```

网络9   下降

```
  M10.1            Q0.2
──┤├───────────( R )
  │
  M10.5
──┤├──
```

网络10   夹紧置位并开始延时

```
  M10.2            M20.0
──┤├───────────( S )
  │              1
  │              ┌──────────┐
  │              │ T37      │
  └─────────────┤IN    TON │
                │          │
            +20─┤PT  100 ms│
                └──────────┘
```

网络11   夹紧输出

```
  M20.0    Q0.5
──┤├──────( )
```

网络12   上升

```
  M10.3    Q0.1
──┤├──────( )
  │
  M10.7
──┤├──
```

网络13   左转

```
  M10.4    Q0.3
──┤├──────( )
```

网络14   夹紧复位并开始延时

```
  M10.6            M20.0
──┤├───────────( R )
  │              1
  │              ┌──────────┐
  │              │ T38      │
  └─────────────┤IN    TON │
                │          │
            +20─┤PT  100 ms│
                └──────────┘
```

网络15   右转、传送带B

```
  M11.0    M11.1    Q0.7
──┤├──────┤├──────( )
                    Q0.4
                  ( )
```

图 9-26   机械手梯形图程序（续）

241

流程图是一个按顺序动作的步进控制系统，在本例中采用移位寄存器编程方法。用移位寄存器 M10.1～M11.1 位，代表流程图的各步，两步之间的转换条件满足时，进入下一步。移位寄存器的数据输入端 DATA（M10.0）由 M10.1～M11.1 各位的常闭接点、上升限位的标志位 M1.1、右转限位的标志位 M1.4 及传送带 A 检测到工件的标志位 M1.6 串联组成，即当机械手处于原位，各步未起动时，若光电开关 PS 检测到工件，则 M10.0 置 1，这作为输入的数据，同时这也作为第一个移位脉冲信号。以后的移位脉冲信号由代表步位状态中间继电器的常开接点和代表处于该步位的转换条件接点串联支路依次并联组成。在 M10.0 线圈回路中，串联 M10.1～M11.1 各位的常闭接点，是为了防止机械手在还没有回到原位的运行过程中移位寄存器的数据输入端再次置 1，因为移位寄存器中的"1"信号在 M10.1～M11.1 之间依次移动时，各步状态位对应的常闭接点总有一个处于断开状态。当"1"信号移到 M11.2 时，机械手回到原位，此时移位寄存器的数据输入端重新置 1，若起动电路保持接通（M0.0=1），机械手将重复工作。当按下停止按钮时，使移位寄存器复位，机械手立即停止工作。若按下停止按钮后机械手的动作仍然继续进行，直到完成一周期的动作后，回到原位时才停止工作，将如何修改程序？

4．输入程序，调试并运行程序

9.3.2 水塔水位的模拟控制实训

用 PLC 构成水塔水位控制系统示意图如图 9-27 所示。在模拟控制中，用按钮 SB 来模拟液位传感器，用 L1、L2 指示灯来模拟抽水电动机。

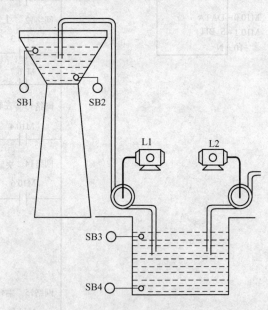

图 9-27 用 PLC 构成水塔水位控制系统示意图

1．控制要求

按下 SB4，水池需要进水，灯 L2 亮；直到按下 SB3，水池水位到位，灯 L2 灭；按 SB2，表示水塔水位低需进水，灯 L1 亮，进行抽水；直到按下 SB1，水塔水位到位，灯 L1 灭，过 2s 后，水塔放完水后重复上述过程即可。

2. I/O 分配

输入：SB1，I0.1；SB2，I0.2；SB3，I0.3；SB4，I0.4

输出：L1，Q0.1；L2，Q0.2。

3. 程序设计

水塔水位控制流程图如图 9-28 所示，水塔水位控制梯形图参考程序如图 9-29 所示。

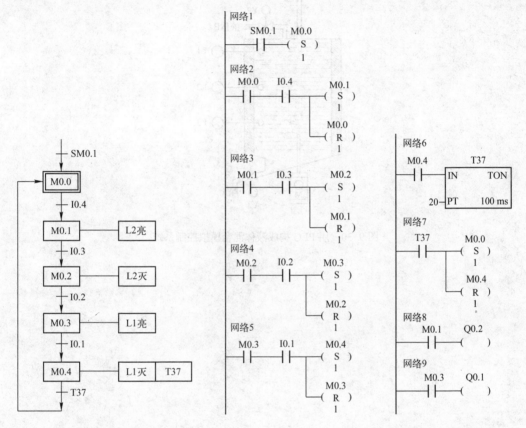

图 9-28　水塔水位控制流程图　　　　图 9-29　水塔水位控制梯形图参考程序

4. 程序的调试和运行

输入梯形图程序并按控制要求调试程序。试用其他方法编制程序。

9.4　习题

1．可编程序控制器系统设计一般分为几步？

2．如何选择合适的 PLC 类型？

3．用 PLC 构成液体混合模拟控制系统，如图 9-30 所示。控制要求如下：按下起动按钮，电磁阀 Y1 闭合，开始注入液体 A，按 L2 表示液体到了 L2 的高度，停止注入液体 A。同时电磁阀 Y2 闭合，注入液体 B，按 L1 表示液体到了 L1 的高度，停止注入液体 B，开启搅拌机 M，搅拌 4s，停止搅拌。同时 Y3 为 ON，开始放出液体至液体高度为 L3，再经 2s

停止放出液体。同时液体 A 注入。开始循环。按停止按钮，所有操作都停止，须重新启动。要求列出 I/O 分配表，编写梯形图程序并上机调试程序。

4. PLC 对安装环境有何要求？PLC 的安装方法有几种？

5. I/O 接线时应注意哪些事项？PLC 如何接地？

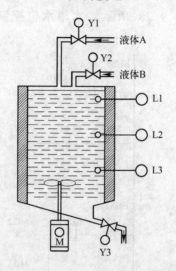

图 9-30　用 PLC 构成液体混合模拟控制系统

第 10 章　S7-200 的通信与网络

本章要点

- S7-200 PLC 通信部件的介绍
- S7-200 PLC 通信协议、通信指令及指令向导的应用

10.1　S7-200 通信部件介绍

在本节中将介绍 S7-200 通信的有关部件，包括：通信口、PC/PPI 电缆、通信卡及 S7-200 通信扩展模块等。

10.1.1　通信端口

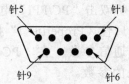

S7-200 系列 PLC 内部集成的 PPI 接口的物理特性为 RS-485 串行接口，为 9 针 D 型，该端口也符合欧洲标准 EN50170 中 PROFIBUS 标准。S7-200 CPU 上的通信口外形 如图 10-1 所示。

图 10-1　S7-200 CPU 上的通信口外

在进行调试时，将 S7-200 与接入网络时，该端口一般是作为端口 1 出现的，作为端口 1 时端口各个引脚的名称及其表示的意义见表 10-1。端口 0 为所连接的调试设备的端口。

表 10-1　S7-200 通信口各引脚名称

引　脚	名　称	端口 0/端口 1	引　脚	名　称	端口 0/端口 1
1	屏蔽	机壳地	6	+5V	+5V，100Ω串联电阻
2	24V 返回	逻辑地	7	+24V	+24V
3	RS-485 信号 B	RS-485 信号 B	8	RS-485 信号 A	RS-485 信号 A
4	发送申请	RTS（TTL）	9	不用	10 位协议选择（输入）
5	5V 返回	逻辑地	连接器外壳	屏蔽	机壳接地

10.1.2　PC/PPI 电缆

用计算机编程时，一般用 PC/PPI（个人计算机/点对点接口）电缆连接计算机与可编程序控制器，这是一种低成本的通信方式。

1. PC/PPI 电缆的连接

将 PC/PPI 电缆有"PC"的 RS-232 端连接到计算机的 RS-232 通信接口，标有"PPI"的 RS-485 端连接到 PLC 的 CPU 模块的通信口，拧紧两边螺钉即可。

PC/PPI 电缆上的 DIP 开关选择的波特率（见表 10-2）应与编程软件中设置的波特率一致。初学者可选通信速率的默认值 9600bit/s。4 号开关为 1，选择 10 位模式，4 号开关为 0

就是 11 位模式，5 号开关为 0，选择 RS-232 口设置为数据通信设备（DCE）模式，5 号开关为 1，选择 RS-232 口设置为数据终端设备（DTE）模式。未用调制解调器时 4 号开关和 5 号开关均应设为 0。

表 10-2　开关设置与波特率的关系

开关 1、2、3	传输速率/（bit/s）	转换时间/ms	开关 1、2、3	传输速率/（bit/s）	转换时间/ms
000	38400	0.5	100	2400	7
001	19200	1	101	1200	14
010	9600	2	110	600	28
011	4800	4			

2．PC/PPI 电缆通信设置

在 STEP7-Micro/WIN 的指令树中单击"通信"图标，或从菜单中选择"检视"→"通信"选项，将出现通信设置对话框，"→"表示菜单的上下层关系。在对话框中用鼠标双击"PC/PPI"电缆的图标，将出现"PC/PG 接口属性"的对话框。单击其中的"属性（Properties）"按钮，出现"PC/PPI 电缆属性"对话框。初学者可以使用默认的通信参数，在"PC/PPI 性能设置"窗口中按"Default（默认）"按钮可获得默认的参数。

1）计算机和可编程序控制器在线连接的建立。在 STEP7-Micro/WIN 的浏览条中单击"通信"图标，或从菜单中选择"查看"→"通信"选项，将出现通信连接对话框，显示尚未建立通信连接。用鼠标双击对话框中的刷新图标，编程软件检查可能与计算机连接的所有 S7-200 CPU 模块（站）在对话框中显示已建立起连接的每个站的 CPU 图标、CPU 型号和站地址。

2）可编程序控制器通信参数的修改。计算机和可编程序控制器建立起在线连接后，就可以核实或修改后者的通信参数。在 STEP7-Micro/WIN 的浏览条中单击"系统块"图标，或从主菜单中选择"检视"→"系统块"选项，将出现系统块对话框，单击对话框中的"通信口"标签，可设置可编程序控制器通信接口的参数，默认的站地址是 2，波特率为 9600bit/s。设置好参数后，单击"确认"按钮退出系统块。设置好需将系统块下载到可编程序控制器，设置的参数才会起作用。

10.1.3　网络连接器

利用西门子公司提供的两种网络连接器可以把多个设备很容易地连到网络中。两种连接器都有两组螺钉端子，可以连接网络的输入和输出。通过网络连接器上的选择开关可以对网络进行偏置和终端匹配。两个连接器中的一个连接器仅提供连接到 CPU 的接口，而另一个连接器增加了一个编程接口（网络连接器如图 10-2 所示）。带有编程接口的连接器可以把 SIMATIC 编程器或操作面板增加到网络中，而不用改动现有的网络连接。编程口连接器把 CPU 的信号传到编程口（包括电源引线）。这个连接器对于连接从 CPU 取电源的设备（例如 TD200 或 OP3）很有用。

进行网络连接时，连接的设备应共享一个共同的参考点。参考点不同时，在连接电缆中会产生电流，这些电流会造成通信故障或损坏设备。或者将通信电缆所连接的设备进行隔离，以防止不必要的电流。

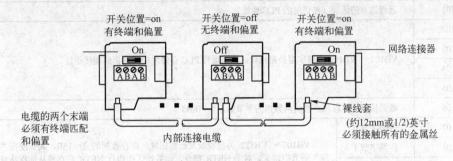

图 10-2　网络连接器

10.2　PPI 网络通信协议及网络读/网络写指令

1. PPI 通信协议

PPI 通信协议是西门子专为 S7-200 系列 PLC 开发的一个通信协议，可通过普通的两芯屏蔽双绞电缆进行联网，波特率为 9.6kbit/s、19.2kbit/s 和 187.5kbit/s。S7-200 系列 CPU 上集成的编程口同时就是 PPI 通信联网接口，利用 PPI 通信协议进行通信非常简单方便，只用 NETR 和 NETW 两条语句，即可进行数据信号的传递，不需额外再配置模块或软件。PPI 通信网络是一个令牌传递网，在不加中继器的情况下，最多可以由 31 个 S7-200 系列 PLC、TD200、OP/TP 面板或上位机插 MPI 卡为站点构成 PPI 网。

2. 网络读/网络写指令 NETR/ NETW

网络读/网络写指令 NETR（Network Read）/ NETW（Network Write）的指令格式如图 10-3 所示。指令功能也可以通过指令向导实现，具体方法见实训。

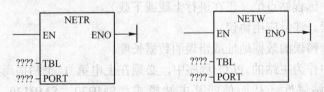

图 10-3　网络读/网络写指令 NETR（Network Read）/NETW（Network Write）的指令格式

TBL：缓冲区首地址，操作数为字节。

PROT：操作端口，CPU226 为 0 或 1，其他只能为 0。

网络读 NETR 指令是通过端口（PORT）接收远程设备的数据并保存在表（TBL）中。可从远方站点最多读取 16B 的信息。

网络写 NETW 指令是通过端口（PORT）向远程设备写入表（TBL）中的数据。可向远方站点最多写入 16B 的信息。

在程序中可以有任意多 NETR/NETW 指令，但在任意时刻最多只能有 8 个 NETR 及 NETW 指令有效。TBL 表的参数定义如表 10-3 所示。表中各参数的意义如下。

表 10-3 TBL 表的参数定义

VB100	D	A	E	0	错 误 码
VB101	远程站点的地址（被访问的 PLC 地址）				
VB102	VB102～ VB105 为双字型数据指针，指向远程 PLC 存储区中的数据的间接指针				
VB103					
VB104					
VB105					
VB106	数据长度（远程站点被访问数据的字节数，1～16B）				
VB107	数据字节 0	VB107～ VB122 为接收或发送数据区：保存数据的 1～16B，其长度在"数据长度"字节中定义。对于 NETR 指令，此数据区指执行 NETR 后存放从远程站点读取的数据区。对于 NETW 指令，此数据区指执行 NETW 前发送给远程站点的数据存储区			
VB108	数据字节 1				
…	…				
VB122	数据字节 15				

表中首字节各位的意义如下。

D：操作已完成。0=未完成，1=功能完成。

A：激活（操作已排队）。0=未激活，1=激活。

E：错误。0=无错误，1=有错误。

4 位错误代码的说明如下。

0：无错误。

1：超时错误。远程站点无响应。

2：接收错误。有奇偶错误等。

3：离线错误。重复的站地址或无效的硬件引起冲突。

4：排队溢出错误。多于 8 条 NETR/NETW 指令被激活。

5：违反通信协议。没有在 SMB30 中允许 PPI，就试图使用 NETR/NETW 指令。

6：非法参数。

7：没有资源。远程站点忙（正在进行上载或下载）。

8：第七层错误。违反应用协议。

9：信息错误。错误的数据地址或错误的数据长度。

在 PPI 网络中作为主站的 PLC 程序中，必须在上电第 1 个扫描周期，用特殊存储器 SMB30 指定其主站属性，从而使能其主站模式。SMB30、SMB130 分别 S7-200 PLC PORT0、PORT1 自由通信口的控制字节。

在 PPI 模式下，控制字节的 2～7 位是忽略掉的。即 SMB30=0000 0010，定义 PPI 主站。

SMB30 中协议选择默认值是 00=PPI 从站，因此，从站侧不需要初始化。

【例 10-1】 用 NETR 指令实现两台 PLC 之间的数据通信，用 2 号机的 IB0 控制 1 号机 QB0。1 号机为主站，站地址为 2，2 号机为从站，站地址为 3，编程用的计算机的站地址为 0。

从站在通信中是被动的，不需要通信程序。

本例中 1 号机读取 2 号机的 IB0 值并写入本机的 QB0。1 号机的网络读缓冲区内的地址安排如表 10-4 所示。主机中的通信程序如图 10-4 所示。

表 10-4 网络读缓冲区

状 态 字 节	远程站地址	指向远程站点的数据指针	数 据 长 度	数 据 字 节
VB100	VB101	VD102	VB106	VB107

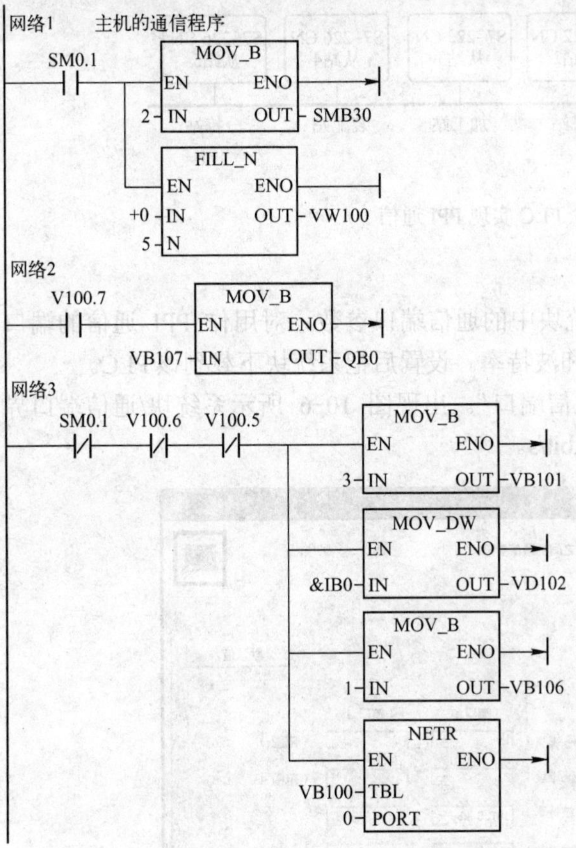

网络1   主机的通信程序

```
SM0.1              MOV_B
─┤├──────────┬──EN      ENO──
              │          
            2─IN      OUT──SMB30
              │  FILL_N
              └──EN      ENO──
                         
            +0─IN      OUT──VW100
             5─N
```

网络2
```
V100.7           MOV_B
─┤├───────────EN      ENO──
                         
       VB107──IN      OUT──QB0
```

网络3
```
SM0.1  V100.6  V100.5         MOV_B
─┤/├───┤/├────┤/├──────┬──EN      ENO──
                        │         
                      3─IN      OUT──VB101
                        │  MOV_DW
                        ├──EN      ENO──
                        │          
                   &IB0─IN      OUT──VD102
                        │  MOV_B
                        ├──EN      ENO──
                        │         
                      1─IN      OUT──VB106
                        │  NETR
                        └──EN      ENO──
                        
                  VB100─TBL
                      0─PORT
```

网络1
LD   SM0.1   //首次扫描时,
MOVB 2, SMB30   //启用PPI主模式,
FILL +0, VW100, 5   //并清除读缓冲区
网络2
LD   V100.7   //当NETR完成
MOVB VB107, QB0   //将2号机的IB0送给QB0
网络3
LDN   SM0.1   //如果不是首次扫描,
AN   V100.6   //若NETR未被激活
AN   V100.5   //且没有错误
MOVB 3, VB101   //载入2号机站址
MOVD &IB0, VD102   //载入2号机的
                           数据指针&IB0
MOVB 1, VB106   //载入将要读取的数据长度
NETR VB100, 0   //读取2号机IB0,读缓冲区
                          起始地址为VB100

图 10-4 例 10-1 主机中的通信程序

10.3 S7-200 PLC 的通信实训

1．实训目的

1）掌握利用网络连接器进行接线的方法。

2）掌握网络读写指令向导的使用方法。

2．实训内容及指导

PPI 协议是 S7-200 CPU 最基本的通信方式,通过原来自身的端口(PORT0 或 PORT1)就可以实现通信,是 S7-200 默认的通信方式。

PPI 是一种主-从协议通信,主-从站在一个令牌环网中,主站发送要求到从站,从站响应;从站不发信息,只是等待主站的要求并对要求作出响应。如果在用户程序中使能 PPI 主站模式,就可以在主站程序中使用网络读写指令来读写从站信息。而从站程序没有必要使用网络读写指令。

五个站如图 10-5 所示，输送站（1 号站）是主站；供料站（2 号站）、加工站（3 号站）、装配站（4 号站）和分拣站（5 号站）为从站。要求各站 PLC 之间要使用 PPI 协议实现通信。

图 10-5　5 个 PLC 实现 PPI 通信

操作步骤如下：

1）对网络上每一台 PLC，设置其系统块中的通信端口参数，对用作 PPI 通信的端口（PORT0 或 PORT1），指定其地址（站号）和波特率。设置后把系统块下载到该 PLC。

① 在浏览条中单击"系统块"→"通信端口"。出现图 10-6 所示系统块/通信端口界面。设置端口 0 为 1 号站，波特率为 187.5kbit/s。

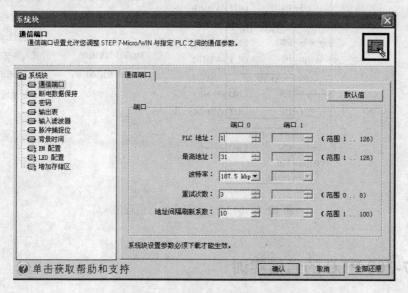

图 10-6　系统块/通信端口界面

② 利用 PPI/RS485 编程电缆单独地把输送站 PLC 系统块的设置下载到输送站的 PLC。

同样方法设置供料站 PLC 端口 0 为 2 号站，波特率为 187.5kbit/s；加工站 PLC 端口 0 为 3 号站，波特率为 187.5kbit/s；装配站 PLC 端口 0 为 4 号站，波特率为 187.5kbit/s；最后设置分拣站 PLC 端口 0 为 5 号站，波特率为 187.5kbit/s。分别把系统块下载到各站相应的 PLC 中。

注意：各站 PLC 波特率一定要保持一致，默认为 9.6kbit/s；各站 PLC 的地址不能重复，如有 PLC 地址重复，PLC 将亮起红灯提示；S7-CPU226 PLC 有两个端口（PORT0 或 PORT1），如果要和其他器件连接，仍然要保持地址一致。

2）利用网络接头和网络线把各台 PLC 中用作 PPI 通信的端口 0 连接。带编程接口的连接器如图 10-7 所示。使用的网络接头中，2~5 号站用的是标准网络连接器（具体的连接方法见前面介绍）。

用专用网线连接各站 PLC 的端口 0 后，用 PC/PPI 编程电缆连接网络连接器的编程口，将主站的运行开关拨到 STOP 状态。利用 SETP7 Micro/WIN V4.0 软件搜索网络中的 5 个站，PPI 网络上的 5 个站如图 10-8 所示。如果能全部搜索到表明网络连接正常。

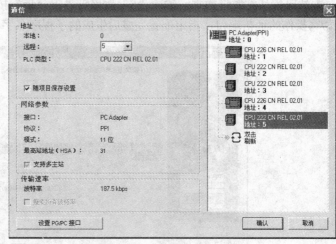

图 10-7　带编程接口的连接器　　　　　　　图 10-8　PPI 网络上的 5 个站

3）在 PPI 网络中，只有主站程序中使用网络读写指令来读写从站信息。而从站程序没有必要使用网络读写指令。

在编写主站的网络读写程序前，应预先规划好下面数据：

① 主站向各从站发送数据的长度（字节数）。② 发送的数据位于主站何处。③ 数据发送到从站的何处。④ 主站从各从站接收数据的长度（字节数）。⑤ 主站从从站的何处读取数据。⑥ 接收到的数据放在主站何处。

以上数据，应根据系统工作要求，信息交换量等统一筹划。本实训中，网络读写数据规划实例如表 10-5 所示。

表 10-5　网络读写数据规划实例

输送站 1#站（主站）	供料站 2#站（从站）	加工站 3#站（从站）	装配站 4#站（从站）	分拣站 5#站（从站）
发送数据的长度	2B	2B	2B	2B
从主站何处发送	VB100	VB100	VB100	VB100
发往从站何处	VB100	VB100	VB100	VB100
接收数据的长度	2B	2B	2B	2B
数据来自从站何处	VB200	VB200	VB200	VB200
数据存到主站何处	VB220	VB230	VB240	VB250

4）网络读写指令向导的应用。网络读写指令向导可以快速简单地配置复杂的网络读写指令操作，为所需的功能提供一系列选项。一旦完成，向导将为所选配置生成程序代码。并

初始化指定的 PLC 为 PPI 主站模式，同时使能网络读写操作。

　　要启动网络读写向导程序，在 STEP7 Mirco/WIN V4.0 软件命令菜单中选择"工具"→"指令向导"，并且在指令向导窗口中选择"NETR/NETW"（网络读/写），单击"下一步"按钮后，就会出现 NETR/NETW 指令向导界面，图 10-9 所示为本界面要求用户提供希望配置的网络读写操作总数。在本例中有 4 个从站，有 8 项网络读写操作（4 条网络读指令和 4 条网络写）安排如下：第 1～4 项为网络读操作，主站读取各从站数据。第 5～8 项为网络写操作，主站向各从站发送数据。输入"8"后单击"下一步"按钮，出现图 10-10 所示指定进行读/写操作的通信端口、指定配置完成后生成的子程序名字。

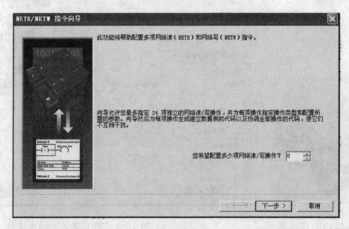

图 10-9　配置的网络读/写操作总数

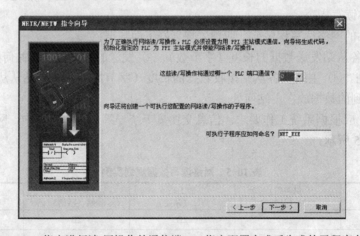

图 10-10　指定进行读/写操作的通信端口、指定配置完成后生成的子程序名字

　　指定进行读/写操作的通信端口、指定配置完成后生成的子程序名字，完成这些设置后，单击"下一步"按钮，将进入对具体每一条网络读或写指令的参数进行配置的界面，对 2 号站的网络读操作如图 10-11 所示。

　　图 10-11 为第 1 项操作配置（对 2 号站的网络读操作）界面，选择 NETR 操作，按规划填写读写数据地址。单击"下一项操作"按钮，如此类推，其他单元站的网络读操作与图 10-11 相似，完成对 4 号从站读操作的参数填写。

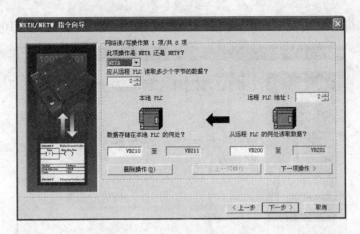

图 10-11 对 2 号站的网络读操作

继续单击"下一项操作"按钮,进入第 5 项配置(对 2 号单元站的网络写操作配置),5~8 项都是选择网络写操作,按事先各站规划逐项填写数据,直至 8 项操作配置完成。图 10-12 是对 2 号单元站的网络写操作配置。

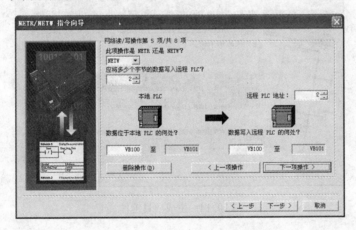

图 10-12 对 2 号单元站的网络写操作配置

八项配置完成后,单击"下一步"按钮,指令向导程序将要求指定一个 V 存储区的起始地址,以便将此配置放入 V 存储区。这时若在选择框中填入一个 VB 值(例如 VB1000),单击"建议地址"按钮,程序自动建议一个大小合适且未使用的 V 存储区地址范围,为配置分配存储区如图 10-13 所示。

单击"下一步"按钮,全部配置完成,向导将为所选的配置生成项目组件,如图 10-14 所示。修改或确认图中各栏目后,单击"完成"按钮,借助网络读写向导程序配置网络读写操作的工作结束。这时,指令向导界面将消失,程序编辑器窗口将增加 NET_EXE 子程序选项卡。

单击"NET_EXE 子程序选项卡",显示 NET_EXE 子程序,如图 10-15 所示,这是一个加密的带参数的子程序。须在主程序中调用子程序"NET_EXE",并根据该子程序局部变量表中定义的数据类型对其输入/输出变量进行赋值。使用 SM0.0 在每个扫描周期内调用此子程序，这将开始执行配置的网络读/写操作，子程序 NET_EXE 的调用如图 10-16 所示。

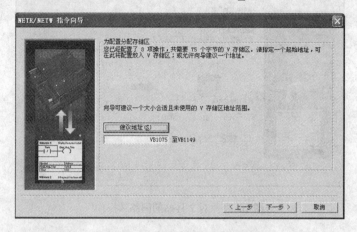

图 10-13　为配置分配存储区

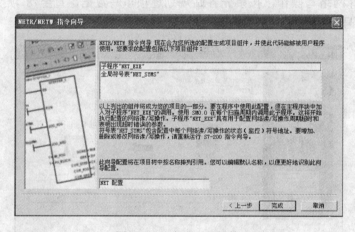

图 10-14　生成项目组件

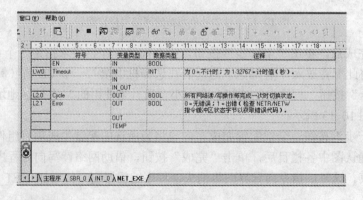

图 10-15　NET_EXE 子程序

由图 10-16 可见，NET_EXE 有 Timeout、Cycle、Error 等几个参数，它们的含义如下：
Timeout：设定的通信超时时限，1～32767s，若=0，则不计时。

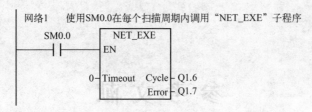

网络1   使用SM0.0在每个扫描周期内调用"NET_EXE"子程序

图 10-16   子程序 NET_EXE 的调用

Cycle：输出开关量，所有网络读/写操作每完成一次切换状态。

Error：发生错误时报警输出。

本例中 Timeout 设定为 0，Cycle 输出到 Q1.6，故网络通信时，Q1.6 所连接的指示灯将闪烁。Error 输出到 Q1.7，当发生错误时，所连接的指示灯将亮。

5）编写主站和从站网络读/写程序段，确定通信数据传输是否成功。

给主站的 VB100 通过数据块赋初值，并将该值通过 PPI 通信送到各从站。给各个从站的 VB200 赋初值，通过通信写入到主站制定的存储区。

3．思考题

用指令向导实现：主站的 IB0 控制到 2 号站的 QB0；用 3 号站的 IB0 控制主站的 QB0。

10.4 习题

1．NETR/NETW 指令各操作数的含义是什么？如何应用？

2．用 NETW 指令实现两台 PLC 之间的数据通信，用 1 号机的 IB0 控制 2 号机 QB0。1 号机为主站，站地址为 2，2 号机为从站，站地址为 3，编程用的计算机的站地址为 0。

参 考 文 献

[1] 劳动部培训司. 维修电工生产实习[M]. 2 版. 北京：中国劳动出版社，1995.

[2] 刘子林. 电机与电气控制[M]. 北京：电子工业出版社，2003.

[3] 王永华. 现代电气控制及 PLC 应用技术[M]. 北京：航空航天大学出版社，2003.

[4] 王炳实. 机床电气控制[M]. 2 版. 北京：机械工业出版社，2002.

[5] 宋健雄. 低压电气设备运行与维修[M]. 北京：高等教育出版社，1997.

[6] 黄净. 电气控制与可编程控制器[M]. 北京：机械工业出版社，2004.

[7] 许缪. 工厂电气控制设备[M]. 2 版. 北京：机械工业出版社，2006.

[8] 马应魁. 电气控制技术实训指导[M]. 北京：化学工业出版社，2001.

[9] 何焕山. 工厂电气控制设备[M]. 北京：高等教育出版社，2004.

[10] 郁汉琪. 机床电气控制技术[M]. 北京：高等教育出版社，2006.

[11] 许晓峰. 电机及拖动[M]. 2 版. 北京：高等教育出版社，2001.

[12] 李益民，刘小春. 电机与电气控制技术[M]. 北京：高等教育出版社，2006.

[13] 全龙，刘明皓. 液压与气动[M]. 北京：科学出版社，2005.

[14] 廖常初. PLC 编程及应用[M]. 北京：机械工业出版社，2002.

[15] 廖常初. PLC 基础及应用[M]. 北京：机械工业出版社，2004.

[16] 孙平. 可编程控制器原理及应用[M]. 北京：高等教育出版社，2003.

[17] 周万珍，高鸿斌. PLC 分析与设计及应用[M]. 北京：电子工业出版社，2004.

[18] 王也仿. 可编程控制器应用技术[M]. 北京：机械工业出版社，2004.

[19] 吕景泉. 可编程控制器技术教程[M]. 北京：高等教育出版社，2001.

[20] 张进秋. 可编程控制器原理及应用[M]. 北京：机械工业出版社，2004.

[21] 龚仲华. S7-200/300/400 PLC 应用技术提高篇[M]. 北京：人民邮电出版社，2008.

[22] 吴丽. 电气控制与 PLC 应用技术[M]. 北京：机械工业出版社，2008.